高等职业教育公共课程“十四五”规划教材

计算机应用基础实训教程

（Windows 10+Office 2016）

蒋年华◎主　编
尤文坚◎副主编

中国铁道出版社有限公司
CHINA RAILWAY PUBLISHING HOUSE CO., LTD.

内 容 简 介

本书简要介绍了计算机的基础知识，详细介绍了目前流行的操作系统 Windows 10、Word 2016、Excel 2016、PowerPoint 2016 的使用方法。此外，还介绍了计算机网络的基本设置、信息获取方法以及收发电子邮件的方法等。

本书理论联系实际，深入浅出，循序渐进，涉及的案例具有很强的代表性，具有一定的广度和深度，有利于教师对不同程度的学生进行施教，便于学生理解、掌握所学内容。

本书适合作为高等职业教育公共课程的教材，也可作为计算机一级等级考试的配套教材，以及社会各界人员的自学用书。

图书在版编目(CIP)数据

计算机应用基础实训教程：Windows 10+Office 2016/蒋年华主编.—北京:中国铁道出版社有限公司，2022.4（2025.8 重印）

高等职业教育公共课程“十四五”规划教材

ISBN 978-7-113-28863-1

Ⅰ.①计… Ⅱ.①蒋… Ⅲ.①Windows 操作系统-高等职业教育-教材②办公自动化-应用软件-高等职业教育-教材 Ⅳ.①TP316.7 ②TP317.1

中国版本图书馆 CIP 数据核字(2022)第 023044 号

书　　名：计算机应用基础实训教程（Windows 10+Office 2016）
作　　者：蒋年华

策　　划：王春霞　尹　鹏　　　　**编辑部电话**：（010）63551006
责任编辑：王春霞　彭立辉
封面设计：付　巍
封面制作：刘　颖
责任校对：苗　丹
责任印制：赵星辰

出版发行：中国铁道出版社有限公司（100054，北京市西城区右安门西街 8 号）
网　　址：https://www.tdpress.com/51eds
印　　刷：北京铭成印刷有限公司
版　　次：2022 年 4 月第 1 版　2025 年 8 月第 5 次印刷
开　　本：850 mm×1 168 mm 1/16　**印张**：12.25　**字数**：305 千
书　　号：ISBN 978-7-113-28863-1
定　　价：38.00 元

前言

随着信息技术的不断发展，计算机已经成为人们工作、学习和生活的基本工具，熟练地操作并运用计算机进行信息处理已成为当代大学生必备的能力。为了适应高等职业教育改革的新形势，编者根据计算机应用技术发展的新动态以及长期积累的教学和培训经验，采用项目教学的方式编写了本书。

本书简要介绍了计算机的基础知识，详细介绍了目前流行的操作系统Windows 10、Word 2016、Excel 2016、PowerPoint 2016的使用方法。此外，还介绍了计算机网络的基本设置、信息获取方法以及收发电子邮件的方法等。

本书理论联系实际，深入浅出，循序渐进，涉及的案例具有很强的代表性，具有一定的广度和深度。实训内容包括验证型、设计型、综合型，大部分案例附有案例效果图，有利于教师对不同程度的学生进行施教，也有利于社会各界人士的自学。

本书共包括六个项目，各项目主要内容如下：

项目1：介绍计算机基础知识，包括三个实训任务，主要介绍计算机的发展史、计算机的分类、应用及发展趋势、计算机系统的组成、计算机中数制的转换、I/O设备的选择、打印机的设置与使用等知识。

项目2：介绍Windows 10操作系统的安装及基本操作方法。本项目包括四个实训任务，内容主要涉及Windows 10操作系统的安装、Windows 10操作系统的个性化设置、安装应用软件、文件和文件夹管理。

项目3：介绍Microsoft Office 2016的一个重要组件——文字处理软件Word 2016，包括六个实训任务，每个任务精选了编辑排版的典型案例，帮助读者掌握文字处理的基本排版方法，以及表格、图文混排等综合应用的高级排版方法。实训内容深入浅出，理论联系实际，有助于提高办公质量和办公效率。

项目4：介绍Microsoft Office 2016的一个重要组件——电子表格Excel 2016，包括五个实训任务，每个实训精选了实际工作中的典型案例，帮助读者掌握用Excel制作表格的方法，美化表格，根据表格的数据进行计算处理、统计和分析，利用表格数据生成图表等，为读者的工作和学习提供帮助。

项目5：介绍Microsoft Office 2016的一个重要组件——演示文稿软件PowerPoint 2016的使用。PowerPoint 2016主要用于制作幻灯片，通常专家报告、老师上课、产品展示、广告宣传等都制成幻灯片演示文稿，通过计算机进行投影演示。本项目包括四个实训任务，内容涉及幻灯片的基本编辑、美化、创建图表、设置动画和放映方式等。

项目6：介绍互联网的设置与应用，包括3个实训任务，主要涉及计算机网络的基本设置、用搜索引擎查找计算机信息以及收发电子邮件的方法，使读者掌握Internet接入的操作技能，更好地利用Internet的资源。

正文涉及的素材可到http://www.tdpress.com/51eds/下载。

本书落实立德树人根本任务，坚定文化自信，践行二十大报告精神，充分认识党的二十大报告提出的“实施科教兴国战略，强化现代人才建设支撑”的精神，落实“加强教材建设和管理”新要求。

本书由蒋年华任主编，尤文坚任副主编，粟圣森、韦婉辰、罗万新、陈君姿、杨晓洁参与编写。具体编写分工：项目1、项目6由粟圣森编写，项目2由陈君姿编写，项目3由蒋年华、尤文坚编写，项目4由韦婉辰、罗万新编写，项目5由杨晓洁编写。

由于时间仓促，编者水平有限，书中难免存在疏漏和不妥之处，恳请广大读者批评指正。

编　者

2023年7月

目录

项目1
计算机基础知识

项目导入

李晓晓是一名大一新同学，为了方便平时学习，计划于近期购买一台计算机。但作为一名刚入学的新生，她对计算机软硬件知识了解甚少，不清楚一台计算机是由哪些硬件组成以及各个部件是如何工作的，因此，她需要通过学习来了解计算机的基本组成，以便配置一台适合其需求的计算机。

项目分析

在配置计算机硬件之前，李晓晓需要先了解计算机的基础知识。比如，要了解计算机的发展史、计算机的分类与应用及发展趋势。此外，她还需要了解计算机系统的组成、计算机的硬件组成、计算机中数制的转换、I/O设备的选择、打印机的安装与设置等知识。

职业能力目标与要求

根据分析，李晓晓需要学习的计算机基础知识可以概括为以下三个任务:

① 全面了解计算机基础知识。

② 台式计算机的配置。

③ 计算机的数制表示。

任务1　全面了解计算机基础知识

任务要求

① 了解计算机。

② 掌握计算机的分类及应用。

任务实施

1. 了解计算机

（1）计算机的概念

计算机（Computer）俗称电脑，是一种能够按照程序运行，自动、高速处理海量数据的现代化智能电子设备。它既可以进行数值计算，又可以进行逻辑计算，还具有存储记忆功能。计算机由硬件系统和软件系统所组成，没有安装任何软件的计算机称为裸机。

（2）世界上第一台电子计算机

1946 年 2 月 14 日，世界上第一台通用电子数字积分计算机“埃尼阿克”（ENIAC）（见图 1-1）在美国研制成功，最初，美国国防部用它来进行弹道计算。ENIAC 用了 18 000 个电子管，占地 150 m^2，质量为 30 t，功率约 150 kW，每秒可进行 5 000 次加法运算。

ENIAC 以电子管作为元器件，由于使用的电子管体积很大，耗电量大，易发热，因而工作时间不能太长。

图1-1 ENIAC

（3）计算机的发展史

① 第一代：电子管数字机（1946—1958 年）。硬件方面，逻辑元件采用的是真空电子管，主存储器采用汞延迟线、阴极射线示波管静电存储器、磁鼓、磁芯；外存储器采用的是磁带；软件方面采用的是机器语言、汇编语言；应用领域以军事和科学计算为主。其特点是体积大、功耗高、可靠性差、速度慢（一般为每秒数千次至数万次）、价格昂贵，但为以后的计算机发展奠定了基础。

② 第二代：晶体管数字机（1958—1964 年）。应用领域以科学计算和事务处理为主，并开始进入工业控制领域。其特点是体积缩小、能耗降低、可靠性提高、运算速度提高（一般为每秒数 10 万次，可高达 300 万次），性能比第一代计算机有很大的提高。

③ 第三代：集成电路数字机（1964—1970 年）。硬件方面，逻辑元件采用中、小规模集成电路（MSI、SSI），主存储器仍采用磁芯。软件方面出现了分时操作系统以及结构化、规模化程序设计方法。其特点是速度更快（一般为每秒数百万次至数千万次），而且可靠性有了显著提高，价格进一步下降，

产品走向了通用化、系列化和标准化等。应用领域开始进入文字处理和图形图像处理领域。

④ 第四代：大规模集成电路机（1970 年至今）

硬件方面，逻辑元件采用大规模和超大规模集成电路（LSI 和 VLSI）。软件方面出现了数据库管理系统、网络管理系统和面向对象语言等。其特点是 1971 年世界上第一台微处理器在美国硅谷诞生，开创了微型计算机的新时代。应用领域从科学计算、事务管理、过程控制逐步走向家庭。

2. 掌握计算机的分类及应用

（1）了解计算机的分类

计算机的分类很多，一般可以从下面几方面划分：

① 按计算机规模来分：分为巨型机、大型机、中型机、小型机和微型机。

② 按信息表现形式和被处理的信息来分：分为数字计算机（数字量、离散的）、模拟计算机（模拟量、连续的）、数字模拟混合计算机。

③ 按照用途来分：分为通用计算机、专用计算机。

④ 按采用操作系统来分：分为单用户机系统、多用户机系统、网络系统和实时计算机系统。

⑤ 按厂家来分：有原装机、兼容机。

⑥ 按 CPU 来分：分为 386、486、Pentium、Core 等。

⑦ 按主机形式来分：分为台式机、便携机、笔记本计算机、掌上计算机。

（2）了解计算机的应用

① 科学计算：气象预报、人造卫星轨道、宇宙飞船制造。

② 数据处理：文档编排、图像处理等。

③ 实时控制：自动化生产流水线控制、导弹拦截系统控制等。

④ 计算机辅助工程：计算机辅助设计（Computer Aided Design，CAD）、计算机辅助制造（Computer Aided Manufacturing，CAM）、计算机辅助教学（Computer Aided Instruction，CAI）、计算机辅助测试（Computer Aided Test，CAT）、计算机集成制造系统（Computer Integrated Manufacturing Systems，CIMS）、计算机管理教学（Computer Managed Instruction，CMI）。

任务小结

① 第一台通用电子计算机 ENIAC 的特点：体积大、功耗高、运算速度慢。

② 计算机的发展及每个阶段主要的电子元器件：电子管、晶体管、中小规模集成电路、大规模和超大规模集成电路。

③ 计算机的应用：应用于各行各业，并朝着巨型化、微型化、智能化、网络化等方向发展。

理论习题

选择题

1. CAI 指的是什么（　　）？

A. 计算机辅助设计　B. 计算机辅助教学　C. 计算机辅助制造　D. 办公自动化系统

2. 计算机最早的用途是（　　）？

A. 科学计算　　B. 自动控制　　C. 数据处理　　D. 辅助设计

3. 我们一般按照（　　）将计算机的发展划分为四代。

A. 体积的大小　　B. 速度的快慢　　C. 价格高低　　D. 使用元器件的不同

4.（　　）是第四代计算机的典型代表。

A. 大中型机　　B. 巨型机　　C. 微型机　　D. 小型机

5. 第二代电子计算机采用（　　）作为主要的电子元器件。

A. 集成电路　　B. 电子管　　C. 继电器　　D. 晶体管

6. 按规模划分，可以将电子计算机分为（　　）。

A. 科学与过程计算计算机、工业控制计算机和数据计算机

B. 通用计算机和专用计算机

C. 巨型计算机、小型计算机和微型计算机

D. 电子数字计算机和电子模拟计算机

7.（　　）属于为某种特定目的而设计的计算机。

A. 数模混合计算机　　B. 军事计算机　　C. 电子模拟计算机　　D. 专用计算机

8.（　　）表示计算机辅助设计。

A. CAM　　B. CAT　　C. CAB　　D. CAD

任务2　台式计算机的配置

任务要求

① 了解计算机系统的构成。

② 能按所学知识配置一台计算机裸机。

任务实施

1. 了解计算机系统的构成

一个完整的计算机系统由计算机硬件系统及软件系统两大部分构成，如图 1-2 所示。

① 计算机硬件：指计算机系统中的实际装置，是构成计算机的看得见、摸得着的物理部件，它是计算机的“躯壳”。例如，配置一台计算机应该包括主板、CPU、内存、硬盘、鼠标键盘等硬件。

② 计算机软件：指计算机所需的各种程序及有关资料。它是计算机的“灵魂”，如 Windows 7/10 等操作系统及 Office 2016、QQ 及微信等应用软件。

2. 配置一台计算机裸机

（1）选购主板

计算机主板是最重要的硬件载体，市面上有非常多的品牌、型号与规格，常见的主板结构图如图 1-3 所示。Intel 和 AMD 处理器所用的主板是不同的，因此在购买时，一定要根据处理器来选择主板。它们的判别方法很简单，Intel 主板 CPU 插槽有金属针脚，而 AMD 主板则是一堆小孔。

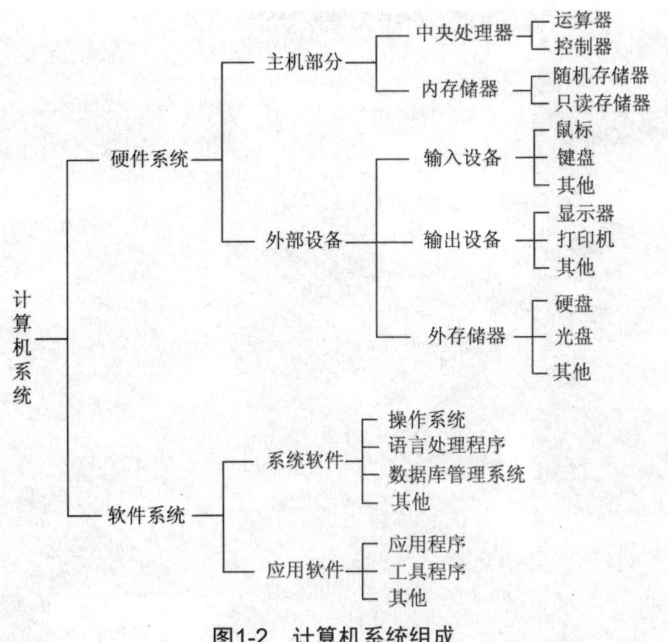

图1-2 计算机系统组成

① Intel 主板芯片组有四个等级，X/Z/B/H。

X 字母开头：最高级，用来搭配高端 CPU，一般 CPU 型号后缀有 X 字母。比如 X299 主板，就可以搭配 i9-7960X 或者 i7-7800X。

Z 字母开头：次高端，都支持超频，搭配的 CPU 一般带有 K 字母后缀。比如 Z370 主板，就可以搭配 i5-8600K 或者 i7-8700K。

B 字母开头：中端主流，这种主板不支持超频。B 开头的主板性价比最高，主要搭配不带 K 字母后缀的 CPU。比如 B360，就可以使用 i3-8100、i5-8500、i7-8700。

H 字母开头：入门级，不支持超频，价格非常便宜。当然，H 字母开头不代表都是低端产品，比如 H310 和 H370，第二个数字越高，规格就越高，H370 就相当于不能超频的 Z370 主板。

② AMD 主板芯片组有三个等级，X/B/A。

X 字母开头：最高级，支持自适应动态扩频超频，和 Intel 一样，也是搭配 AMD 中带 X 字母后缀的处理器。

B 字母开头：中端主流，可以超频，不支持完整的自适应动态扩频超频，性价比较高。

A 字母开头：入门级，不支持超频，普通办公用户使用，价格非常便宜。

③ 主板的选购原则：

- 工作稳定，兼容性好。
- 功能完善，扩充力强。
- 使用方便，可以在 BIOS 中对尽量多的参数进行调整。
- 厂商有更新及时、内容丰富的网站，维修方便快捷。
- 价格相对便宜，性价比高。

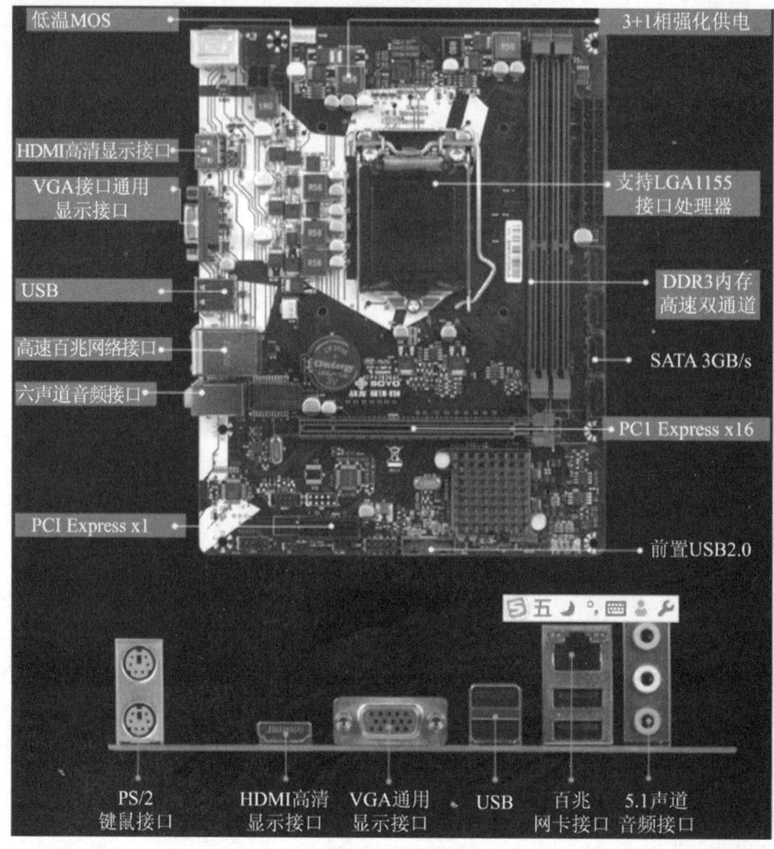

图1-3　主板结构图

（2）选购 CPU

中央处理器（CPU）是计算机的核心，其结构如图 1-4 所示。CPU 的性能基本决定了计算机的性能，CPU 是整个计算机系统的核心，目前市场上主要有 Intel 和 AMD 处理器。CPU 的主要性能指标如下：

图1-4　CPU

① 主频，即 CPU 的内部时钟频率。

② 外频，即 CPU 的外部时钟频率。

③ 内部缓存，即封闭在 CPU 芯片内部的高速缓存。

④ 外部缓存，即 CPU 外部的高速缓存。

⑤ MMX 技术，“多媒体扩展指令集”的缩写。

⑥ 制造工艺。

（3）选购内存

内存（见图 1-5）分为随机存储器（RAM）和只读存储器（ROM）两大类，是与 CPU 直接交换数据的内部存储设备。内存作为操作系统或其他正在运行中的程序的临时数据存储介质是计算机中重要的硬件之一，是 CPU 的中转站。其作用是接收 CPU 的指令信息，然后把 CPU 的指令信息处理好之后，再反馈给 CPU，CPU 再指导计算机运行工作。

在选择内存时首先需要关注主板上的插槽支持哪种型号的内存，现在能看到的内存有五种：DDR、DDR2、DDR3、DDR4、DDR5。从 2010 年开始普及 DDR3，DDR4 则是最近五年开始普及的，所以在中间有一段时间是 DDR3 和 DDR4 并存的，在选购时一定要注意，特别是升级平台增加内存的时候。因为不同型号的内存是不通用的，DDR3 的插槽是无法使用 DDR4 的内存。与 DDR4 内存相比，DDR5 标准性能更强，功耗更低；电压从 1.2 V 降低到 1.1 V，同时每通道 32/40 位（ECC）、总线效率提高、增加预取的 Bank Group 数量以改善性能等。

选购内存时还需要注意内存的频率，实际物理频率没有标称的那么高。比如 DDR3 1600 内存，内存核心频率只有 200 MHz，而标称的 1600 只是因为一次传输多倍数据而已，不代表它运行在 1 600MHz 的频率下，DDR4 2400 内存核心运行频率为 300 MHz。目前，DDR3 主要就是 1600 的规格，DDR4 则有 2133、2400、2666 几种规格，DDR5 的频率变化以 400 MHz 为阶梯，比如 CES 上公布的锐龙 7000 就会支持 DDR5 5200。其中 DDR4 2400 为当前主流产品，在购买内存的时候，如果不是超频玩家，DDR4 2400 就足够了。目前，个人计算机内存容量大小通常选配 8 GB 或者 16 GB 即可。

（4）选购硬盘

① 硬盘简介：硬盘是计算机最重要的一个外部存储设备，数据通常保存在硬盘里。作为计算机系统的数据存储器，容量是硬盘最主要的参数。硬盘的容量以兆字节（MB）、吉字节（GB）或太字节（TB）为单位，1 GB=1 024 MB，1 TB=1 024 GB。但硬盘厂商在标称硬盘容量时通常取 1 GB=1 000 MB，因此在 BIOS 中或在格式化硬盘时看到的容量会比厂家的标称值要小。

另外，转速是硬盘内电动机主轴的旋转速度，也就是硬盘盘片在一分钟内所能完成的最大转数。转速的快慢是标示硬盘档次的重要参数之一，它是决定硬盘内部传输速率的关键因素之一，在很大程度上直接影响到硬盘的读/写速度。硬盘的转速越快，寻找文件的速度也就越快，相对的硬盘的传输速率也就得到了提高。目前，个人计算机的转速通常是 7 200r/min。

② 硬盘分类：硬盘有固态硬盘（SSD 盘，新式硬盘）和机械硬盘（HDD 传统硬盘）等，如图 1-6～图 1-8 所示。常见的硬盘接口可分为 IDE 接口、SATA 接口及 NVME 接口等。相对机械硬盘，固态硬盘读取速度更快，寻道时间更短，可加快操作系统启动速度和软件启动速度，但价格相对机械盘要贵。

图1-5 内存

图1-6 SATA接口机械盘

图1-7　M.2 NVME 固态硬盘

图1-8　SATA口固态硬盘

（5）计算机参考配置

综合考虑李晓晓同学的实际情况，其选择的配置可参考表 1-1（注：价格为参考价格，会随市场变化）。

表 1-1　计算机主机配置参考

配　置	品 牌 型 号	数　量	单价/元	备　注
主板	技嘉 Z390 GAMING X	1	1 398	
CPU	英特尔酷睿 i5 9400F	1	1 100	
内存	金士顿骇客神条 Impact 16GB DDR4 2666	1	490	
硬盘	西部数据 1TB 7 200r/min 64 MB SATA3 蓝盘	1	290	存放数据用
固态硬盘	金士顿 A400 240G	1	250	装系统用
显卡	小影霸 GT730 厉影	1	500	
机箱及电源	爱国者 YOGO M2	1	200	
键盘鼠标	罗技 MK120 有线键盘鼠标套装	1	65	
合计			4 293	

任务小结

① 计算机的组成：计算机硬件系统及软件系统。

② 计算机主板、CPU、内存及硬盘的简介与选配。

理论习题

选择题

1. 下列部件中（　　）属于存储器。

   A. RAM 和硬盘　　B. 扫描仪　　C. 绘图仪　　D. 打印机

2. 以下说法中正确的是（　　）。

   A. 计算机系统包括硬件系统和软件系统　　B. 小型机又称微机

   C. 数字计算机可直接处理连续变化的模拟量　　D. 主机包括 CPU、显示器

3. 微型计算机外部存储器是指（　　）。

   A. ROM　　B. RAM　　C. 磁盘　　D. 虚盘

4. 计算机的存储器呈现出一种层次结构，硬盘属于（　　）。

   A. 主存　　B. 内存　　C. 辅存　　D. 高速缓存

5. 计算机软件系统一般分为（　　）两大部分。

   A. 支撑软件和工具软件　　B. 工具软件和办公软件

C. 系统软件和应用软件　　D. 办公软件和通信软件

6. 下列（　　）不属于外部存储器。

A. U盘　　B. 硬盘　　C. 高速缓存　　D. 磁带

7. CPU内包含有控制器和（　　）两部分。

A. 存储器　　B. 接口　　C. 运算器　　D. BIOS

8. 完整的微型计算机硬件系统一般包括外围设备和（　　）。

A. 中央处理器　　B. 运算器和控制器　　C. 主机　　D. 存储器

任务3　计算机的数制表示

任务要求

① 掌握数制的分类。

② 掌握各种数制间的转换方法。

任务实施

1. 掌握数制的分类

（1）十进制

基数为10，即逢十进一，由0、1、2、3、4、5、6、7、8、9十个数字组成。

（2）二进制

基数为2，即逢二进一，由0、1两个数字组成。二进制是计算机中使用的数制，即所有的数据信息在计算机内部都是以二进制的形式来表示和处理的。计算机中使用二进制是因为二进制具有：可行性、简易性、逻辑性、可靠性的特点。二进制的弊端在于数字冗长、不便阅读，因此在计算机文献中常以八进制和十六进制表示。

（3）八进制

基数为8，即逢八进一，由0、1、2、3、4、5、6、7八个数字组成。

（4）十六进制

基数为16，即逢十六进一，由0、1、2、3、4、5、6、7、8、9、A、B、C、D、E、F十六个符号组成。

（5）不同数制的表示方法

因为不同数制的存在，在给出一个数值的时候需要指明该数是什么数制中的数。

① $(1010)_2$、$(1010)_8$、$(1010)_{10}$、$(1010)_{16}$：分别表示二进制、八进制、十进制、十六进制中的数1010。

② 1010B、1010O、1010D、1010H：分别表示二进制、八进制、十进制、十六进制中的数1010。

2. 各种数制间的转换

（1）非十进制转十进制（位权展开）

系数 × 基数^{权重}，即把各个非十进制的数按该数的基数（权）展开即可。

① 二进制数转换成十进制数。例如：

$(1011.101)_2=1\times2^3+0\times2^2+1\times2^1+1\times2^0+1\times2^{-1}+0\times2^{-2}+1\times2^{-3}=8+0+2+1+0.5+0+0.125=(11.625)_{10}$

② 八进制数转换成十进制数。例如：

$(345.67)_8= 3\times8^2 + 4\times8^1 + 5\times8^0 + 6\times8^{-1} + 7\times8^{-2}= (229.234375)_{10}$

③ 十六进制数转换成十进制数。例如：

$(ABC.2F)_{16}= 10\times16^2 + 11\times16^1 + 12\times16^0 + 2\times16^{-1} + 15\times16^{-2}=(2748.18359375)_{10}$

（2）十进制转其他进制（除基数取余）

整数部分除以基数取余数，将其小数部分乘以基数取整数。

十进制数转换成二进制数（整数部分采用“除二取余”法，小数部分采用“乘二取整”法）（8421码，快速转换）。

例如，将$(215.687\ 5)_{10}$ 转换成二进制数：

整数部分$(215)_{10} = (11010111)_2$

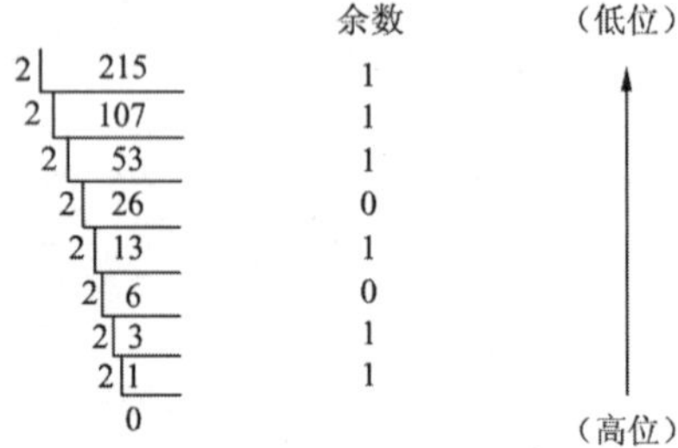

小数部分$(0.6875)_{10} = (0.1011)_2$

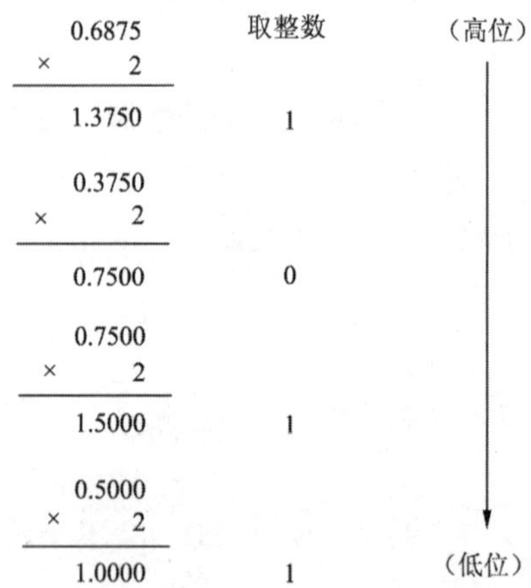

最终结果： $(215.6875)_{10} = (11010111.1011)_2$。

（3）非十进制数之间的转换

① 二进制数与八进制数之间的转换。每1位八进制数最大是$(7)_{10}$，相当于3位二进制数，即$(7)_{10} = (111)_2$，即八进制1位对应二进制3位。

八进制数转换成二进制数法则是“1位拆3位”，即把1位八进制数写成对应的3位二进制数，然后按权连接。

二进制数转换成八进制数法则是：“3位并1位”，即以小数点为基准，整数部分从右至左每3位一组，最高位不足3位时在前面添0以补足3位；小数部分从左至右，每3位一组，最低位不足3位时在尾后添 0 补足 3 位，然后将各组的 3 位二进制数按 2^2、2^1、2^0 权展开后相加，得到八进制数。

例 1：将$(2754.41)_8$转换成二进制数。

计算结果：$(2754.41)_8 = (10111101100.100001)_2$

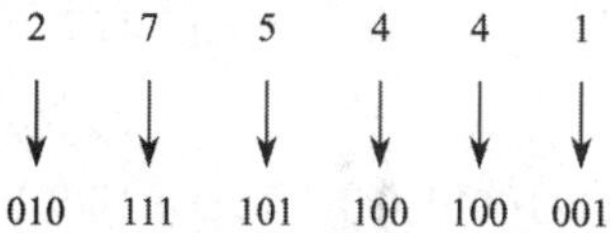

例 2：将$(1010111011.0010111)_2$转换为八进制数。

计算结果：$(1010111011.0010111)_2 = (1273.134)_8$

001 010 111 011 001 011 100

↓ ↓ ↓ ↓ ↓ ↓ ↓

1 2 7 3 1 3 4

② 二进制数与十六进制数之间的转换。每 1 位十六进制数最大是$(15)_{10}$，相当于 4 位二进制数，即$(15)_{10} = (1111)_2$，即十六进制 1 位对应于二进制 4 位。

十六进制数转换成二进制数的法则是“1 位拆 4 位”，即把 1 位十六进制数写成对应的 4 位二进制数，然后按权连接。

二进制数转换成十六进制数法则是：“4 位并 1 位”，即以小数点为基准，整数部分从右至左每 4 位一组，不足 4 位时在前面添 0 补足；小数部分从左至右每 4 位一组，不足部分在尾后添 0 补足，然后将各组的 4 位二进制数按 2^3、2^2、2^1、2^0 权展开相加，得到十六进制数。

例 1：将$(5A0B.1E)_{16}$转换成二进制数。

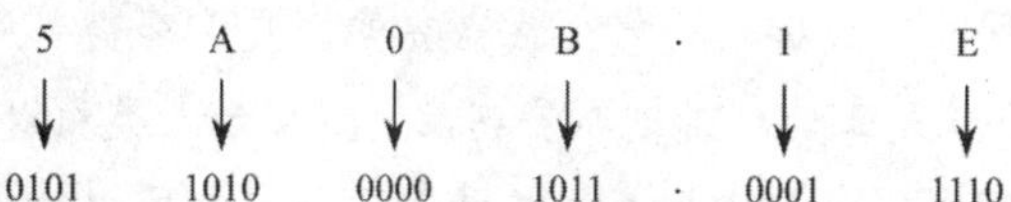

计算结果：$(5A0B.1E)_{16} = (101101000001011.0001111)_2$。

例 2：将$(1110100101.01101011)_2$ 转换成十六进制数。

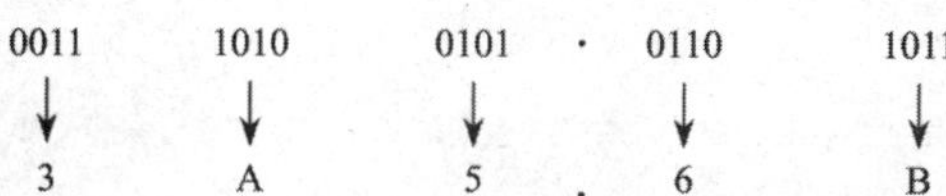

计算结果：$(1110100101.01101011)_2 = (3A5.6B)_{16}$。

任务小结

① 数制的分类及表示方法：二进制、八进制、十六进制、十进制及相应表示方法。

② 数据间的转换方法及技巧。

理论习题

选择题

1. 把十进制数 180 转化为八进制数是（　　）。

A. 270　　B. 462　　C. 113　　D. 264

2. 在计算机内部用来传送、存储、加工处理的数据或指令都是（　　）形式进行的。

A. 八进制　　B. 二进制　　C. 十进制　　D. 十六进制

3. 二进制数 10110001 等于十进制数（　　）。

A. 167　　B. 199　　C. 177　　D. 127

4. 把十进制数 625.25 转化为二进制数是（　　）。

A. 1011110001.01　　B. 1000111001.001　　C. 1001110001.01　　D. 100011101.10

5. 十进制数 91 转换成二进制数是（　　）。

A. 1001101　　B. 10101101　　C. 1011011　　D. 1011101

6. 把二进制数 01011011 转化为十进制数是（　　）。

A. 103　　B. 91　　C. 171　　D. 71

7. 与十进制数 291 等值的十六进制数是（　　）。

A. 123　　B. 213　　C. 231　　D. 296

8. 在下面不同进制数中，最小的一个数是（　　）。

A. 11011001B　　B. 75D　　C. 370　　D. 2AH

工匠精神

工匠精神首先是一种劳动精神。人民创造历史从根本上看是劳动创造历史。人类在改造自然的伟大斗争中，不断认识自然的客观规律，通过在劳动实践中不断积累实践经验与技能，从而推动历史进步和创造更为丰富的社会财富。中国梦的实现，人民群众美好生活需要的满足，都需要广大劳动人民的劳动创造。通过劳动实现自我价值或人生价值是工匠精神的本质内涵。劳动是人类赖以生存的根本，同时也为个人提供了实现人生价值的舞台和空间。一个人只有通过诚实劳动，才可为社会创造物质财富与精神财富，才可得到他人和社会的认可与褒奖。与此同时，实现自我人生价值目标而产生的幸福感和愉悦感，会进一步激发劳动者的创造激情，从而为社会和他人创造更为丰富的财富。工匠精神首先就是热爱劳动、专注劳动、以劳动为荣的精神。

项目 2 Windows 10 操作系统及应用

项目导入

购买计算机之后，李晓晓想要使用新买的计算机，发现目前这台计算机还是一台“裸机”，计算机里面还没有安装操作系统和所需要的应用软件，无法正常使用。为了能尽快正常使用新买的计算机，需要安装操作系统和一些应用软件。

项目分析

只有硬件，没有安装软件的计算机只能算是一台“裸机”，一台“裸机”需要安装操作系统和常用的应用软件后才能正常使用。目前，个人计算机广泛使用 Windows 10 操作系统。为了更好地使用计算机，李晓晓还需要做一些 Windows 10 的环境设置，安装工作和学习上所需要的日常应用软件，学会文件和文件夹管理操作。

职业能力目标与要求

根据需要，李晓晓需要安装的软件及要掌握的常用文件管理操作可以概括为以下四个任务：

① 安装操作系统。

② Windows 10 系统的个性化设置。

③ 安装应用软件。

④ 文件和文件夹管理。

任务1　安装操作系统

任务要求

① 了解操作系统及其分类。

② 熟悉操作系统的安装过程。

任务实施

1．了解操作系统

（1）操作系统组成及概念

计算机是一个高速运转的复杂系统：它有 CPU、内存储器、外存储器、各种各样的输入/输出设备，通常称为硬件资源；可能有多个用户同时运行各自的程序，共享着大量数据，通常称为软件资源。如果没有一个对这些资源进行统一管理的软件，计算机不可能协调一致、高效率地完成用户交给它的任务。

操作系统（Operation System，OS）是最重要的系统软件。从资源管理的角度，操作系统是为了合理、方便地利用计算机系统，而对其硬件资源和软件资源进行管理的软件。它是系统软件中最基本的一种软件，任何一种计算机系统都要配置操作系统。

（2）常用的操作系统

① DOS：Microsoft 公司研制的配置在 PC 的，单用户命令行界面操作系统，从 4.0 版开始成为支持多任务的操作系统。

② Windows：图形用户界面。

③ UNIX 分时操作系统：主要用于"服务器/客户机"体系。

④ Linux：由 UNIX 发展而来，源代码开放。

⑤ OS/2：为 PS/2 设计的操作系统，用户可自行定制界面。

⑥ Mac OS：较好的图形处理能力，主要用在桌面出版和多媒体应用等领域。用在苹果公司的 Macintosh 计算机上，与 Windows 缺乏较好的兼容性。

⑦ Novell NetWare：基于文件服务和目录服务的网络操作系统，用于构建局域网，是一种局域网操作系统。

2．安装 Windows 10 操作系统

具体安装步骤如下：

（1）准备光盘：准备好具有 Windows 10 操作系统 ISO 镜像文件的光盘（注：亦可通过制作 U 盘启动盘来安装）。

（2）安装 Windows 10 操作系统：

① 将光盘放入光驱中，重启计算机，进入 BIOS 中设置光盘为第一启动项（也可在开机时按【F12】键，然后选择光驱并按【Enter】键），保存设置，重新启动计算机。在刚开机的几秒屏幕上显示"Press any key to boot from CD or DVD……"时，按下任意键。

② 依据屏幕上的提示信息设置语言、时间、输入法，一般按默认设置即可，如图 2-1 所示。

③ 选择要安装的操作系统"Windows 10 专业版"，如图 2-2 所示。

④ 选择"我接受许可条款"，单击"下一步"按钮，如图 2-3 所示。

⑤ 选择安装类型为"自定义"安装，同时根据需要对硬盘进行分区，如图 2-4 所示。

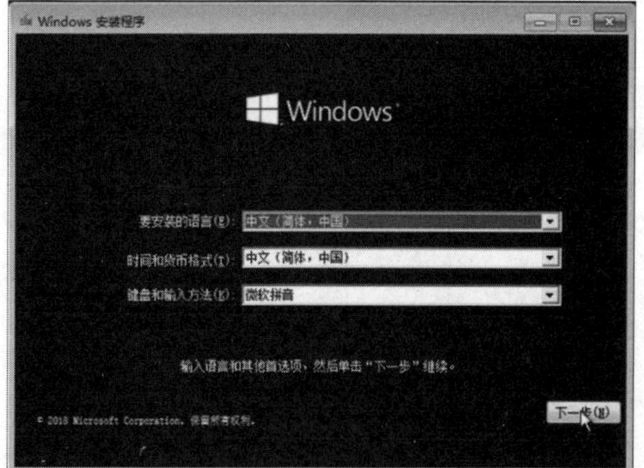

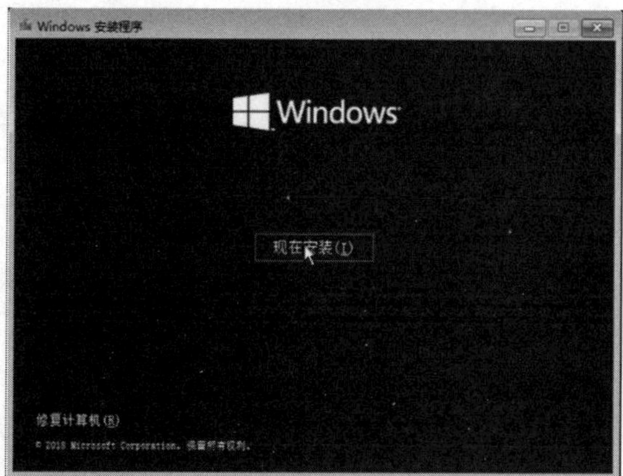

图2-1　设置时间、语言

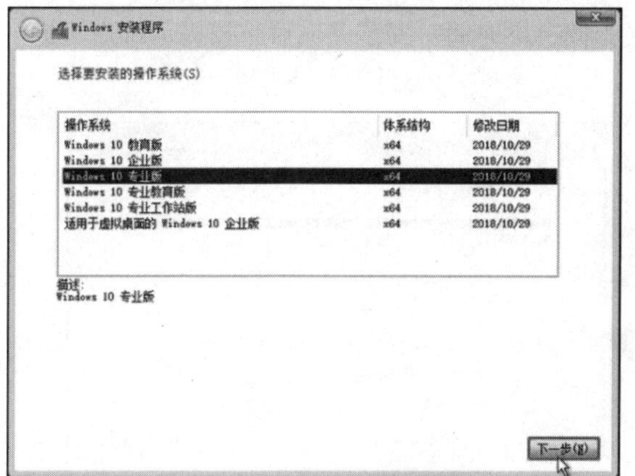

图2-2　选择操作系统版本

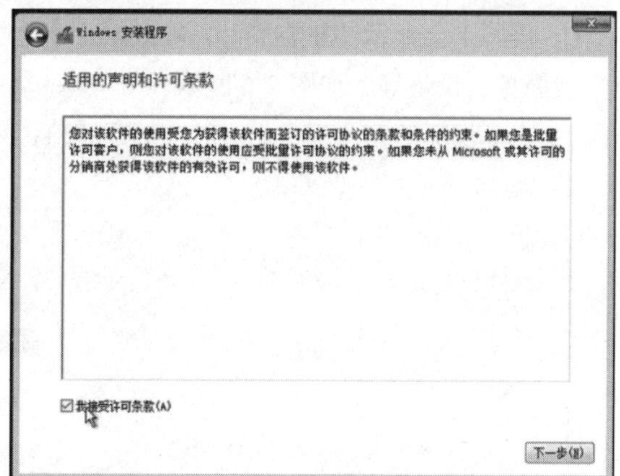

图2-3　接受协议

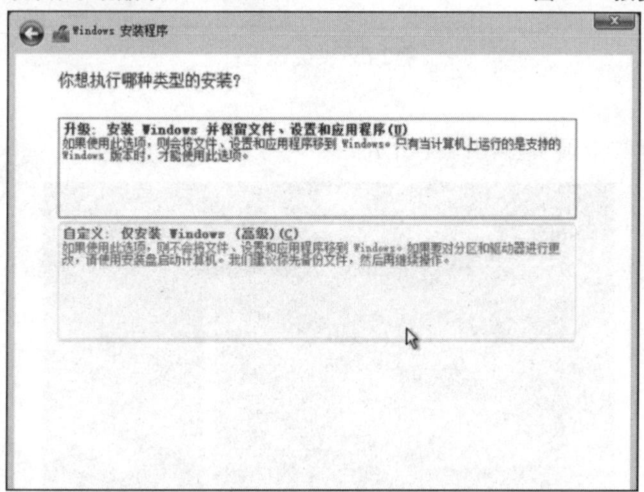

图2-4　选择安装类型

⑥ 选择安装路径，如图 2-5 所示。

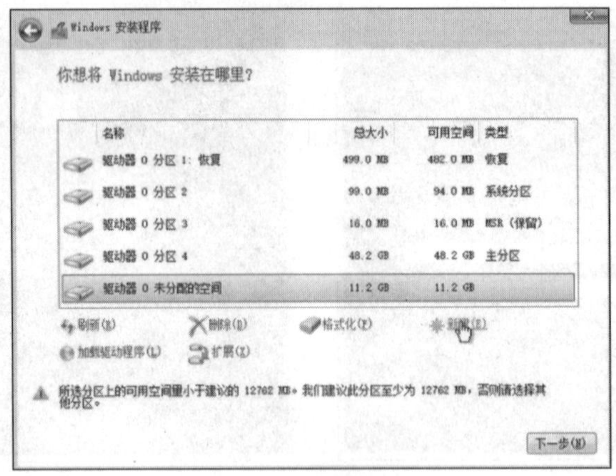

图2-5　设置安装路径

⑦ 屏幕上会显示“正在安装 Windows”，此时要等待一段时间。安装完成后，按提示重启，进一步安装服务、设备等，如图 2-6 所示。

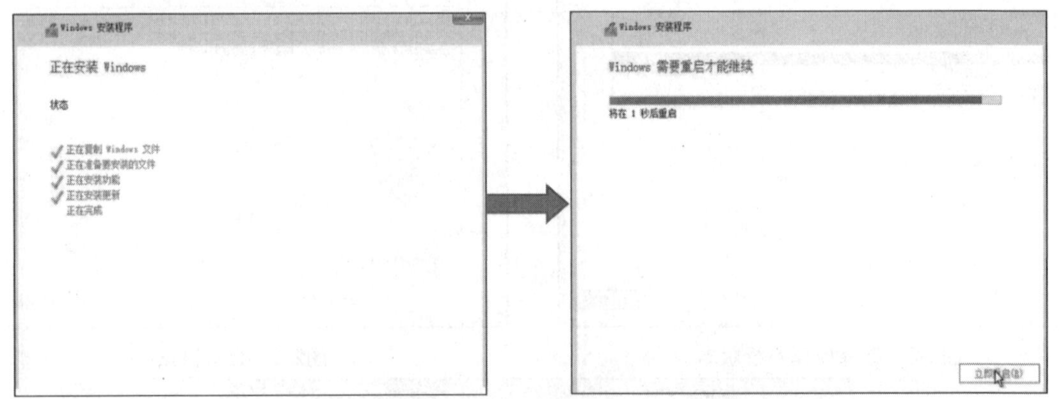

图2-6　安装过程

3．设置操作系统

① 设置区域，选择“中国”，如图 2-7 所示。

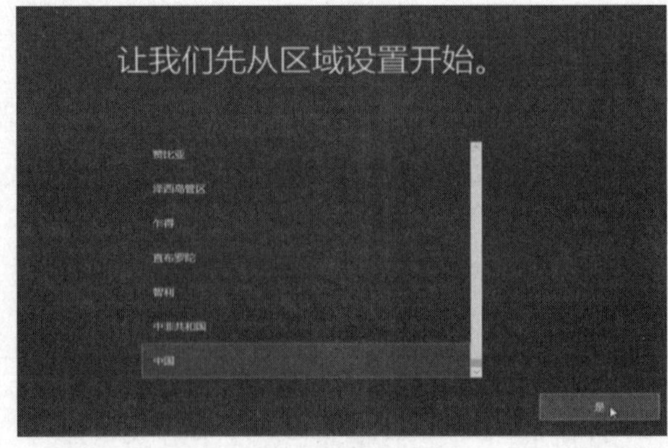

图2-7　设置区域

② 设置键盘，选择“微软拼音”，如图 2-8 所示。

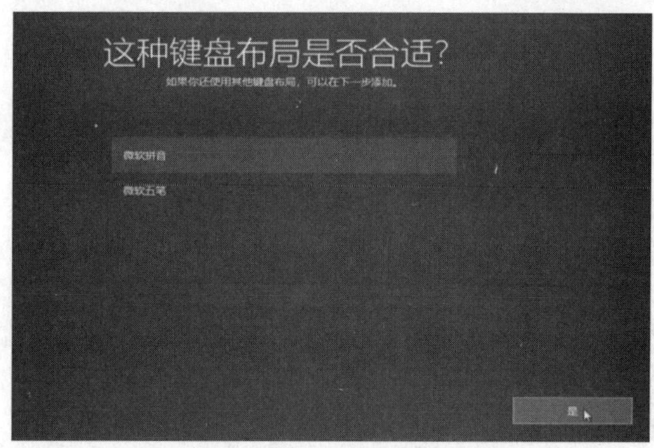

图2-8 设置键盘

③ 设置账户，选择“针对个人使用进行设置”（见图 2-9），并设置用户名（见图 2-10）和密码（见图 2-11）。

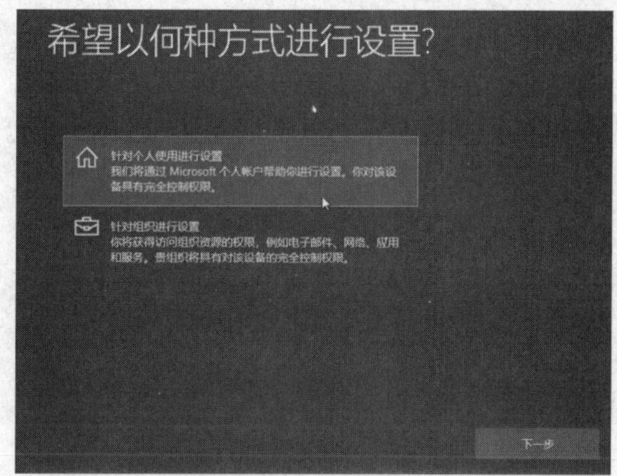

图2-9 设置账户

图2-10 设置用户名

图2-11　设置密码

④ 根据个人喜好，设置是否开启 Cortana，单击“接受”按钮，如图 2-12 所示。

图2-12　开启小娜Cortana

⑤ 设置完成，进入 Windows 10 系统，如图 2-13 所示。

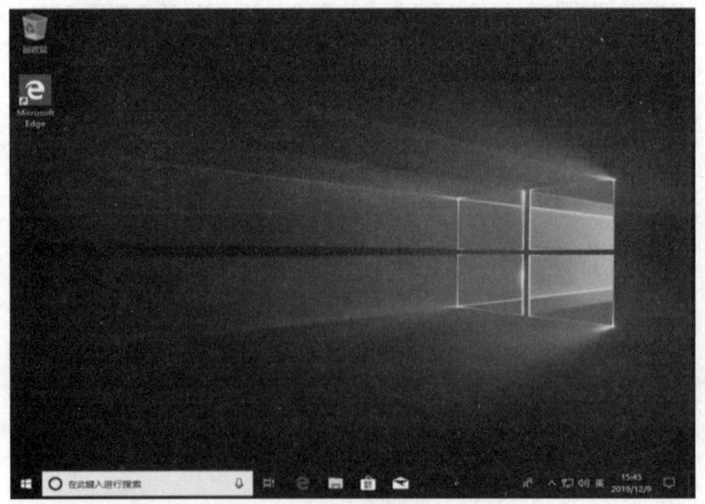

图2-13　安装完成后登录系统

任务小结

① 操作系统的概念。

② 操作系统的安装。

课后实训

安装 Windows 10 操作系统：

① 将系统光盘放入光驱中，开机，等待系统从光盘引导。

② 根据提示，按任意键进入光盘安装界面。

③ 按安装界面提示一步步往下进行。

理论习题

选择题

1. 最基础、最重要的系统软件是（　　），若缺少它，计算机系统就无法工作。

A. 编辑程序　　B. 操作系统　　C. 语言处理程序　　D. 应用软件

2. 计算机软件系统主要是由（　　）组成。

A. 应用软件和操作系统　　B. 系统软件和应用软件

C. 程序和文档　　D. 程序和数据

3. （　　）负责管理、控制和维护计算机的各种软硬件资源的最基本的软件。

A. 应用软件　　B. 操作系统　　C. 数据库　　D. 语言处理程序

4. 系统软件和应用软件的关系是（　　）。

A. 系统软件是应用软件的基础理论　　B. 应用软件是系统软件的基础

C. 相互独立，没有关系　　D. 相互依存，互为基础

5. 下面列出的软件中，不属于系统软件的是（　　）。

A. 记事本　　B. 调试程序　　C. 操作系统　　D. 语言处理程序

6. Windows 操作中，经常用到剪切，其中剪切功能的快捷键为（　　）。

A.【Ctrl+C】　　B.【Ctrl+S】　　C.【Ctrl+X】　　D.【Ctrl+V】

7. 在 Windows 环境下，剪贴板是（　　）上的一块区域。

A. U盘　　B. 硬盘　　C. 光盘　　D. 内存

8. 要关闭没有响应的程序，最确切的方法是按（　　）。

A. 主机“重启”按钮　　B.【Ctrl+F4】

C.【Ctrl+Alt+Del】　　D.【Alt+Tab】

9. 在 Windows 的资源管理器中，选择（　　）查看方式可以显示文件的“大小”和“修改时间”。

A. 大图标　　B. 小图标　　C. 列表　　D. 详细信息

10. Windows 系统的文件系统规定是（　　）。

A. 同一文件夹中的文件可以同名　　B. 同一文件夹中的文件不可以同名

C. 同一文件夹中子文件夹可以同名　　D. 不同文件夹中的文件不可以同名

11. 在资源管理器的窗口中，若要选定连续的几个文件或文件夹，可以在选中第一个对象后，用（　）键+单击最后一个对象完成选取。

A.【Tab】　B.【Shift】　C.【Alt】　D.【Ctrl】

12. 在 Windows 的默认设置下，用户按（　）组合键进行全角和半角的切换。

A.【Alt+Tab】　B.【Shift+pace】

C.【Alt+F4】　D.【Ctrl+Space】

13. 在 Windows 的默认设置下，用户按（　）组合键进行中/英文的切换。

A.【Alt+Tab】　B.【Shift+Space】

C.【Ctrl+Shif】　D.【Ctrl+Space】

14. 要让一台计算机做不同的工作，只要输入不同的（　）数据，就可以改变计算机的行为。

A. 代码　B. 程序　C. 命令　D. 指令

15. 一个完整的计算机系统是由（　）两大部分组成的。

A. 内部设备和外围设备　B. 硬件系统和软件系统

C. 存储器和中央处理器　D. 主机和显示器

任务2　Windows 10 系统的个性化设置

任务要求

① 更换“桌面”背景。

② 设置屏幕保护程序为画报，等待时间为 3 min。

③ 将“画图”程序固定到“开始”屏幕，将“截图工具”固定到“任务栏”。

④ 将日期设置为“2021 年 8 月 1 日”，时间设置为 15:37。

任务实施

操作 1：更换“桌面”背景。

操作过程：

① 在“桌面”的空白处右击，在弹出的快捷菜单中选择“个性化”命令，如图 2-14 所示。

② 打开“设置”窗口，在左侧列表中单击“背景”，在右侧“选择图片”选项组中单击任意图片，将所选图片应用于“桌面”背景，如图 2-15 所示。

操作 2：设置屏幕保护程序为画报，等待时间为 3 min。

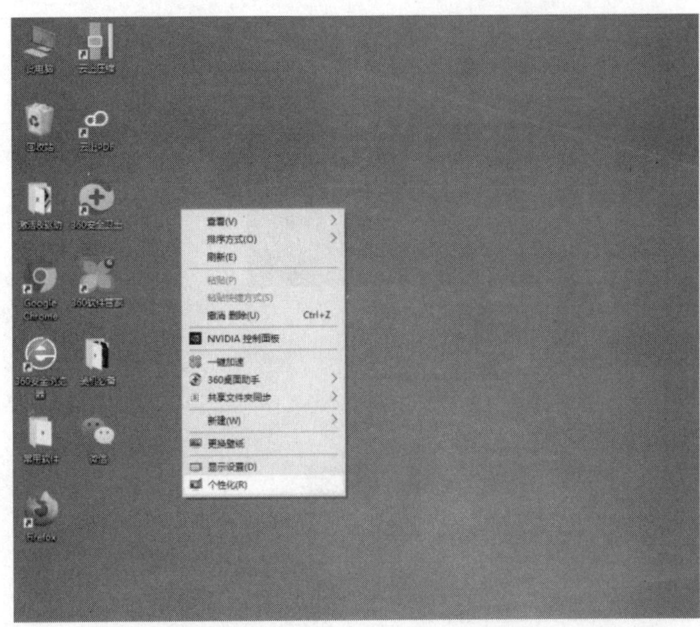

图2-14　Windows 10背景个性化设置

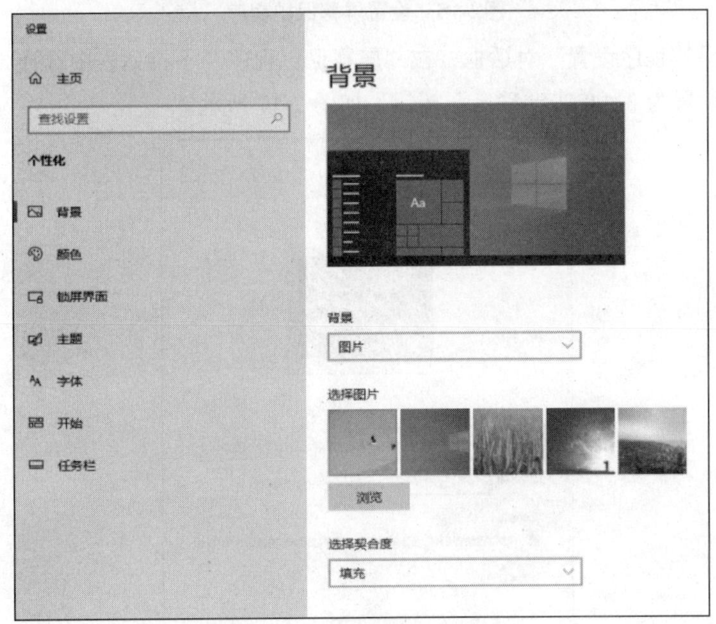

图2-15　设置桌面背景

操作过程：

① 右击“桌面”空白处，在弹出的快捷菜单中选择“个性化”命令。

② 打开“设置”窗口，在左侧列表中单击“锁屏界面”，在右侧选项卡中单击“屏幕保护程序设置”，如图 2-16 所示。

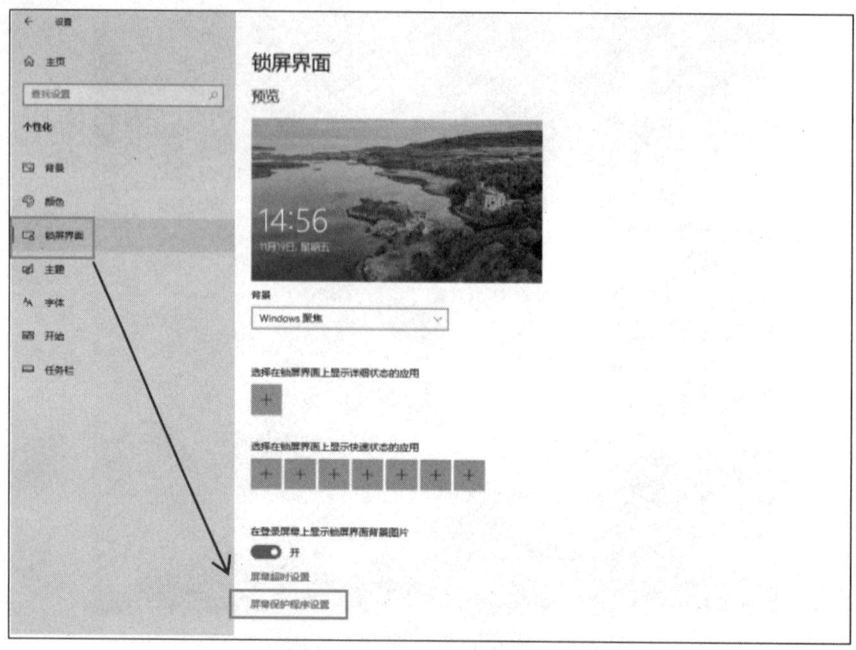

图2-16　设置屏幕保护程序

③ 打开“屏幕保护程序设置”对话框，在“屏幕保护程序”下拉列表中选择“360 画报”选项，“等待”选项的数值设置为 3，单击“确定”按钮，如图 2-17 所示。

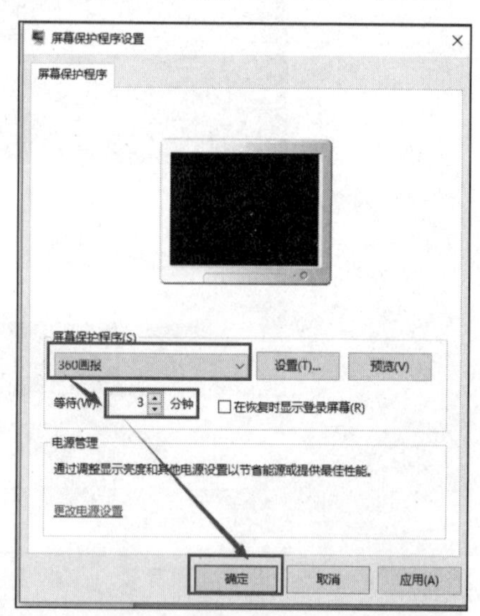

图2-17　屏幕保护程序选择和设置

操作 3：将“画图”程序固定到“开始”屏幕，将“截图工具”固定到“任务栏”。

操作过程：

① 单击“开始”按钮，在弹出的“开始”菜单中选择“Windows 附件”，右击其中的“画图”选项。

② 在弹出的快捷菜单中选择“固定到‘开始’屏幕”命令，如图 2-18 所示。

③ 重复本操作的第①步。

④ 在“Windows 附件”中右击“截图工具”。

⑤ 在弹出的快捷菜单中选择“固定到任务栏”命令，如图 2-19 所示。

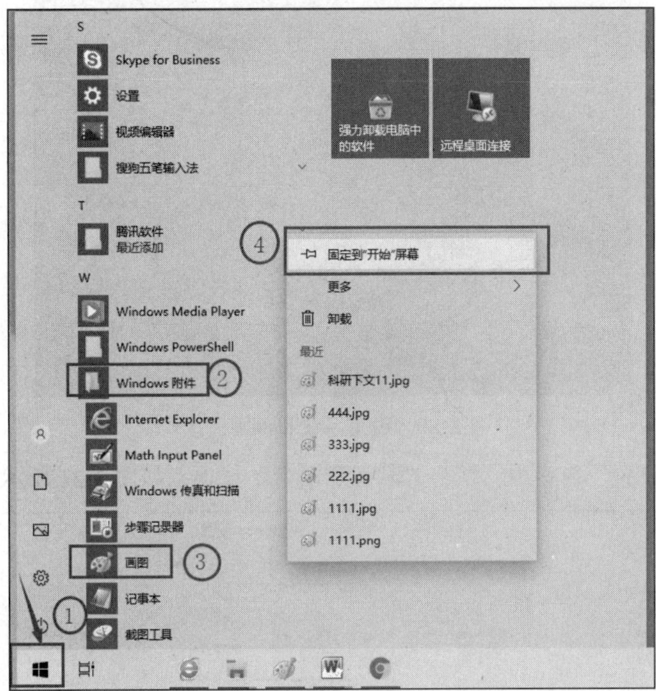

图2-18　将“画图”小程序固定到“开始”屏幕

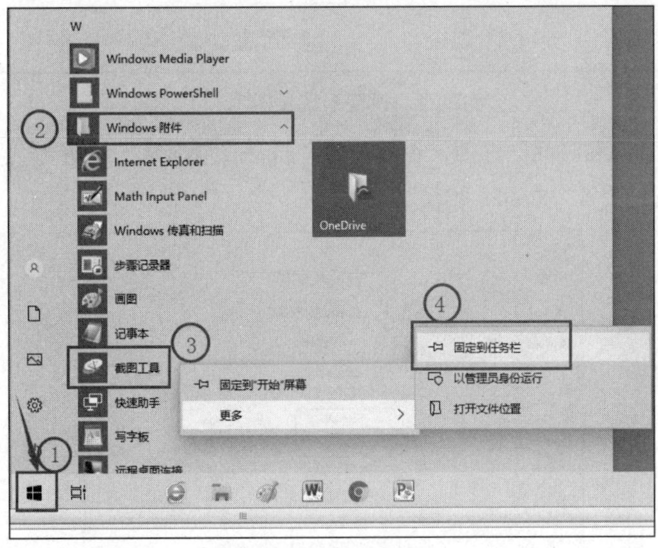

图2-19　“截图工具”小程序固定到“任务栏”

操作 4：将日期设置为“2021 年 8 月 1 日”，时间设置为 15:37。

操作过程：

① 单击桌面左下角的“开始”按钮，在弹出的“开始”菜单中，单击“设置”按钮，如图 2-20 所示。

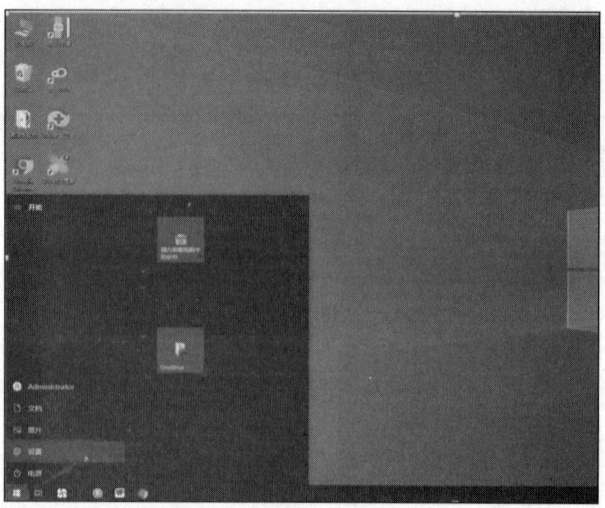

图2-20　设置系统日期（一）

② 在“Windows 设置”窗口中，单击“时间和语言”选项，如图 2-21 所示。

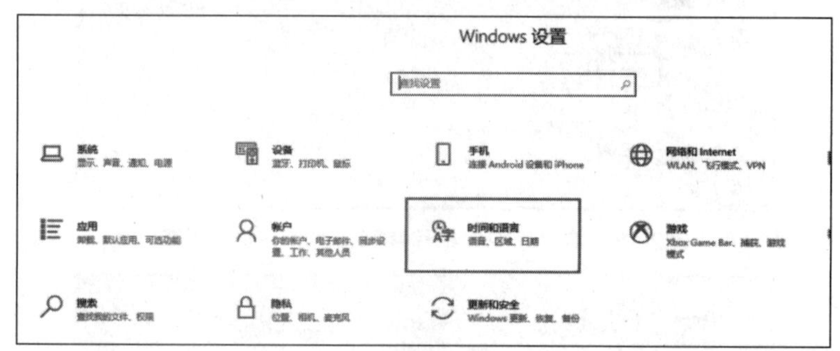

图2-21　设置系统日期（二）

③ 单击左侧的“日期和时间”选项，在右侧将“自动设置时区”设置为“关”，再单击“手动设置日期和时间”下方的“更改”按钮，如图 2-22 所示。

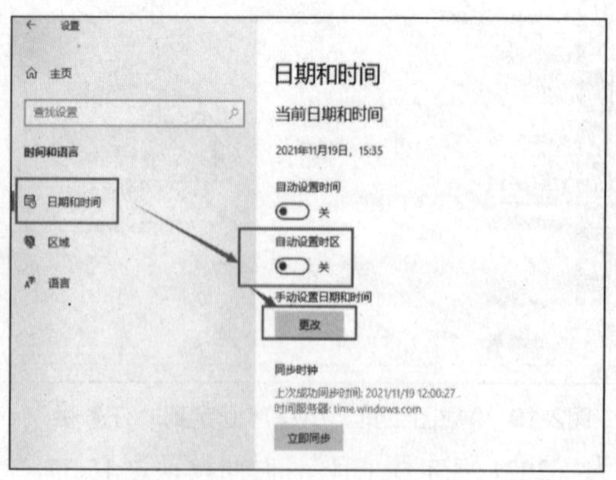

图2-22　设置系统日期（三）

④ 在弹出的“更改日期和时间”对话框中，将日期设置为“2021 年 8 月 1 日”，时间设置为 15:37，单击右下方的“更改”按钮，如图 2-23 所示。

图2-23 设置系统日期（四）

任务小结

本次任务学会使用 Windows 10 自带的小程序，掌握“开始”菜单的使用及掌握常用的 Windows 10 操作系统的个性化设置。常用个性化操作总结如下：

① 设置桌面背景图片：“桌面”→“个性化”→“背景”。

② 设置屏幕保护程序：“桌面”→“个性化”→“锁屏界面”→“屏幕保护程序设置”。

③ 设置日期和时间：“开始”→“设置”→“时间和语言”→“时间和日期”。

④ 设置任务栏：“开始”→“Windows 附件”→“截图工具”→“更多”→“固定到任务栏”。

课后实训

① 使用 Windows 10 自带的计算器，计算 18×19+22×56 的结果。

② 查看计算机的配置信息，并把结果截图保存到计算机的桌面，文件名为：计算机系统信息。

• 右击“桌面”上的“此电脑”图标。

• 在弹出的快捷菜单中选择“属性”命令，打开计算机系统的基本信息对话框，即可查看有关计算机的一些基本信息，如 CPU 型号、内存容量、操作系统类型等。

③ 剪贴板及其使用。剪贴板实际上是内存中的一块临时存储区。当对数据执行“复制”或“剪切”操作时，即将数据放入剪贴板中。在 Windows 中，剪贴板只能保留最后一次复制或剪切的内容。

• 双击桌面上的“此电脑”图标，打开“此电脑”窗口，按键盘右上角的【PrintScreen】键，即可将屏幕上的内容全部复制到剪贴板中。

• 单击“开始”→“Windows 附件”→“画图”命令，打开 Windows 的画图小程序，右击空白处，在弹出的快捷菜单中选择“粘贴”命令，即可看到复制到剪贴板中的内容。

注意：把按【PrintScreen】键改为按【Alt+ PrintScreen】组合键，看一下会出现什么结果。

理论习题

选择题

1. 在 Windows 中，以下（　　）是任务栏的作用之一。

A. 显示系统的所有功能　　B. 只显示当前活动窗口名
C. 只显示正在后台工作的窗口名　　D. 实现窗口之间的切换

2. 在 Windows 资源管理器资源树中所选择的文件夹内，文件和子文件夹的图标表示方法有（　　）。
A. 小图标、大图标、详细资料　　B. 图标、列表、详细资料
C. 小图标、大图标、列表　　D. 小图标、大图标、列表、详细资料、缩略图

3. Windows 的特点包括（　　）。
A. 图形界面　　B. 多任务
C. 即插即用　　D. 以上都对

4. Windows 10 操作系统是一个（　　）。
A. 单用户单任务操作系统　　B. 单用户多任务操作系统
C. 多用户多任务操作系统　　D. 多用户单任务操作系统

5. 在 Windows 中，下列关于文件名的叙述，错误的是（　　）。
A. 文件名至多可有 8 个字符　　B. 文件名允许使用多个圆点分隔符
C. 文件名中允许使用空格　　D. 文件名允许使用大小写字母

6. 根据 Windows 文件名的叙述，错误的是（　　）。
A. 文件名中不允许使用多个圆点分隔符　　B. 文件名中允许使用汉字和空格
C. 模糊文件名中可以使用通配符*或？　　D. 文件名区分大小写

7. 在 Windows 中，用户可将文件属性设置为（　　）。
A. 存档、系统和隐藏　　B. 只读、系统和存档
C. 只读、存档和隐藏　　D. 只读、隐藏和系统

8. 在 Windows 中，当一个应用程序窗口被关闭后，该应用程序将（　　）。
A. 仅保留在内存中　　B. 同时保留在内存和外存中
C. 从外存中清除　　D. 仅保留在外存中

9. 在计算机系统中，通常所说的系统资源指的是（　　）。
A. 硬件　　B. 软件
C. 数据　　D. 以上三者都是

10. 在 Windows 中，文档指的是（　　）。
A. 计算机系统中的所有文件　　B. 由应用程序生成的文字、图形、声音等文件
C. 文本文件　　D. 可执行的程序文件

任务3　安装应用软件

任务要求

① 了解日常学习和工作中常用软件的分类和相关概念。

② 学会安装常用应用软件。

任务实施

1．了解软件分类的概念

① 软件的概念。软件是指与计算机系统操作有关的计算机程序、规程、规则，以及可能有的文件和数据。

② 软件的分类。软件的本质是数据，根据应用范围，软件可分成系统软件和应用软件两类。

2．安装常用应用软件

操作 1：安装 Office 2016。

操作步骤：

① 准备好 Microsoft Office 2016 安装文件，通常情况下文件名为 setup.exe，双击该安装文件，如图 2-24 所示。

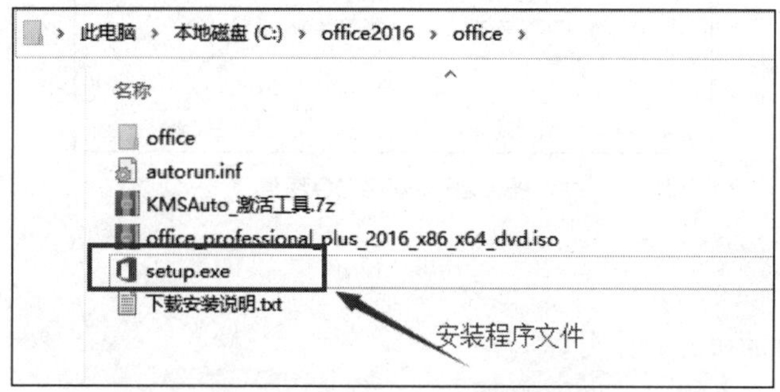

图2-24 Office 2016安装程序

② 选择“自定义”安装方式。在“安装选项”中，将不需要安装的软件设置为不可用，单击“立即安装”按钮。

③ 安装完成后，系统自动打开安装完成的对话框，单击“关闭”按钮，完成 Office 2016 的安装。

操作 2：安装腾讯 QQ。

操作步骤：

① 登录腾讯官网 https://im.qq.com/，单击“下载”选项卡。

② 选择“QQ Windows 版”，单击“立即下载”按钮，如图 2-25 所示。

图2-25 下载QQ软件

③ 程序下载完成后，双击安装程序文件，运行 QQ 安装程序。选择程序安装位置，单击“立即安

装”按钮，如图 2-26 所示。等待程序完成自动安装，单击“完成安装”按钮。

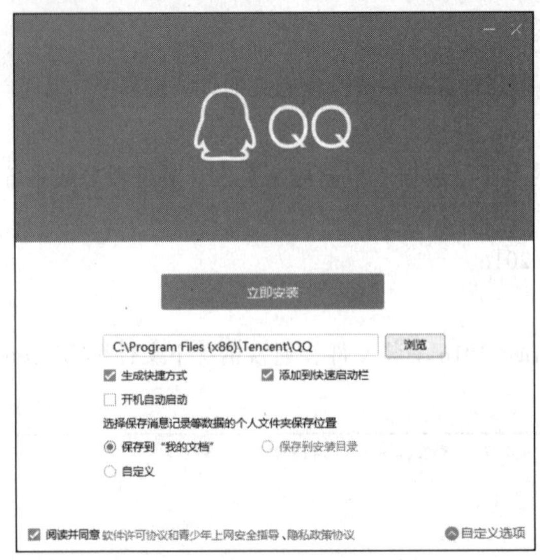

图2-26 安装QQ程序

任务小结

① 基础知识：软件的概念、分类。

② 技能操作：安装几个常用的应用软件。

课后实训

登录腾讯官网，查找并下载“腾讯电脑管家”软件，试着给计算机安装这一软件。

理论习题

选择题

1. Word 2016 软件属于（　　）。

   A. 编辑程序　　B. 系统软件　　C. 应用软件　　D. 语言处理程序

2. 系统软件和应用软件主要由（　　）组成。

   A. 应用软件和操作系统　　B. 系统软件和应用软件

   C. 程序和文档　　D. 程序设计语言和语言处理器

3. CAD 的含义是（　　）。

   A. 计算机科学计算　　B. 办公自动化　　C. 计算机辅助设计　　D. 管理信息系统

4. 在 Windows 中，下列不属于“附件”的是（　　）。

   A. 计算器　　B. 记事本　　C. 回收站　　D. 画图

5. 在 Windows 环境中，显示属性不能改变的是（　　）。

   A. 桌面背景　　B. 更新显示器的驱动程序

   C. 对窗口的外观进行设置　　D. 屏幕保护程序

任务4　文件和文件夹管理

任务要求

① 新建文件夹：在E盘建立名为A1的文件夹，在A1文件夹中建立两个子文件夹B1和B2。

② 复制文件或文件夹：将E盘nzd02\CGS文件夹中的所有文件复制到A1文件夹中；将A1文件夹中所有以e开头的文件复制到B1文件夹中。

③ 移动文件或文件夹：将A1文件夹中所有文件扩展名为.bak的文件移到B2文件夹中。

④ 新建文本文件：在A1文件夹中建立一个文本文件，文件名为“学生信息.txt”，使用记事本打开新建文本文件，录入班级和学号，保存文件并退出。

⑤ 设置文档属性：把B1文件夹中exc.doc文件的属性改为“只读”。

⑥ 重命名文件或文件夹：将B2文件夹中fex.bak文件改名为newfex.bak。

⑦ 搜索文件、删除文件或文件夹：搜索文件夹A1，查找文件XF.bak，并将该文件删除。

⑧ 创建快捷方式：在桌面上创建B1文件夹的快捷方式，用于快速打开B1文件夹，并将快捷方式重命名为KB1。

任务实施

操作1：在E盘建立名为A1的文件夹，在A1文件夹中建立两个子文件夹B1和B2。

操作过程：

① 在Windows 10桌面，双击“此电脑”图标，打开图2-27所示的窗口，在左侧窗口中选择“本地磁盘（E:)”，在右侧窗口空白处右击，在弹出的快捷菜单中选择“新建”→“文件夹”命令，输入文件名A1，按【Enter】键确认，如图2-28所示。

② 双击打开A1文件夹，在窗口右侧空白处右击，在弹出的快捷菜单中选择“新建”→“文件夹”命令，输入文件夹名B1，按【Enter】键确认。重复以上步骤，建立B2子文件夹，如图2-29所示。

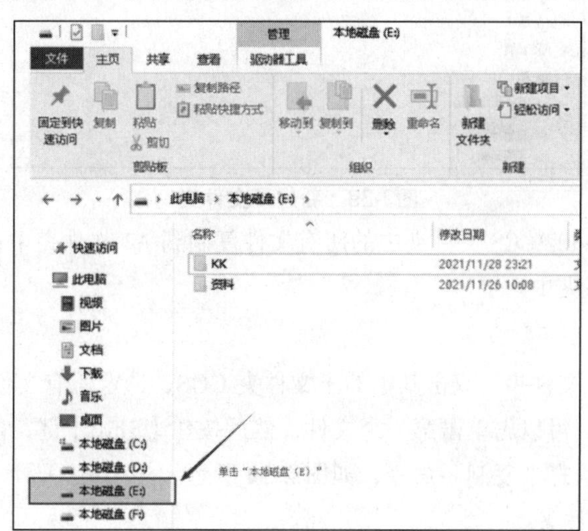

图2-27　打开“此电脑”的E盘

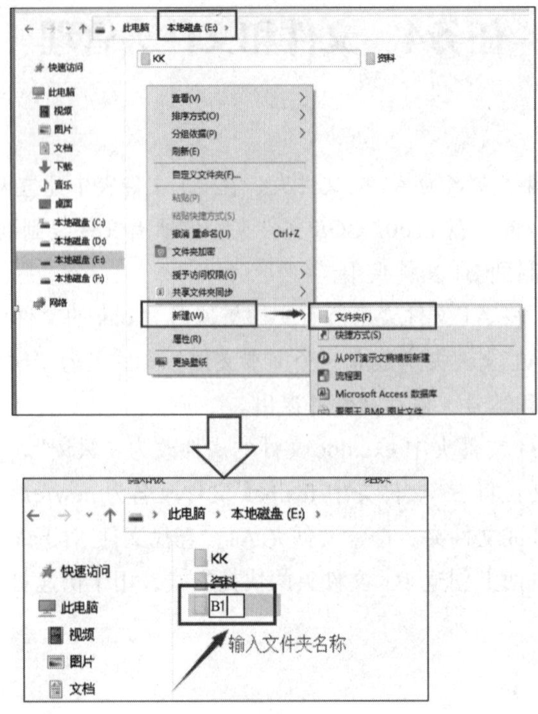

图2-28　新建文件夹

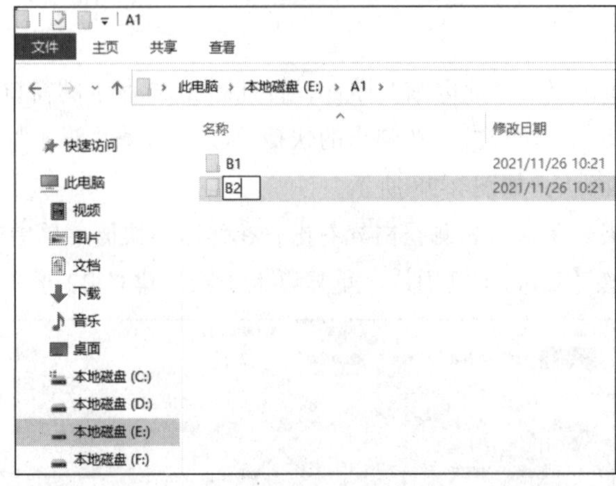

图2-29　新建子文件夹

操作 2：将 E 盘 nzd02\CGS 文件夹中的所有文件复制到 A1 文件夹中；将 A1 文件夹中所有以 e 开头的文件复制到 B1 文件夹中。

操作过程：

① 打开 E 盘的 nzd02 文件夹，双击其中的子文件夹 CGS，选定所有文件（全选文件的方法 1：按【Ctrl+A】组合键；方法 2：可以先单击第一个文件，然后按住【Shift】键，再单击最后一个文件），右击，在弹出的快捷菜单中选择“复制”命令，如图 2-30 所示。

② 打开 E 盘的 A1 文件夹。

③ 右击 A1 文件夹的空白处，在弹出的快捷菜单中选择“粘贴”命令，如图 2-31 所示。

图2-30　选择文件，复制文件

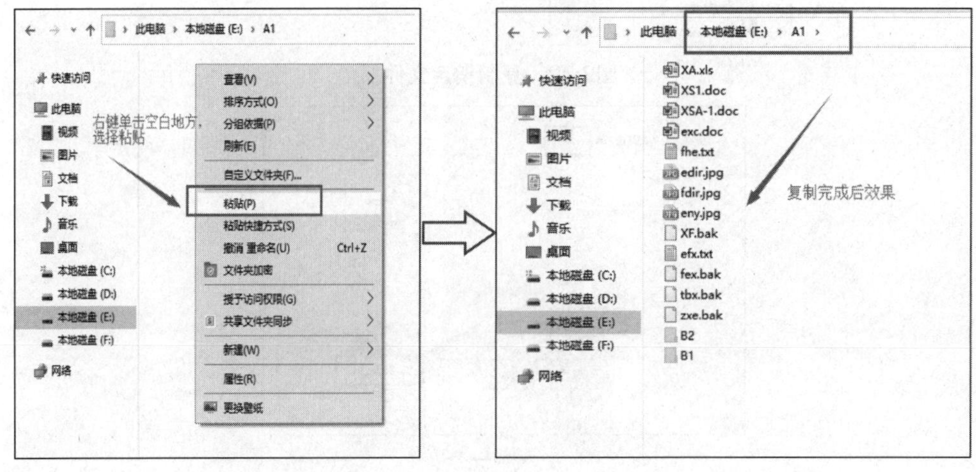

图2-31　粘贴文件，完成复制

④ 完成以上操作后，在 A1 文件中，用鼠标选定以 e 开头的文件（按住【Ctrl】键，再单击其他以 e 字母开头的文件，即可选中不连续的多个文件）。

⑤ 右击选中的文件，在弹出的快捷菜单中选择“复制”命令，如图 2-32 所示。

⑥ 双击 B1 文件夹将其打开。

⑦ 右击 B1 文件夹的空白处，在弹出的快捷菜单中选择“粘贴”命令，完成复制文件操作。主要过程如图 2-32 所示。

操作 3：将 A1 文件夹中所有文件扩展名为.bak 的文件移到 B2 文件夹中。

操作过程：

① 打开 A1 文件夹，右击 A1 文件夹窗口的空白处，在弹出的快捷菜单中选择“分组依据”→“类型”命令，扩展名为.bak 的文件按组排列在一起，如图 2-33 所示。

② 全部选中.bak的文件，右击，在弹出的快捷菜单中选择“剪切”命令。

③ 打开B2文件夹，右击空白处，在弹出的快捷菜单中选择“粘贴”命令。

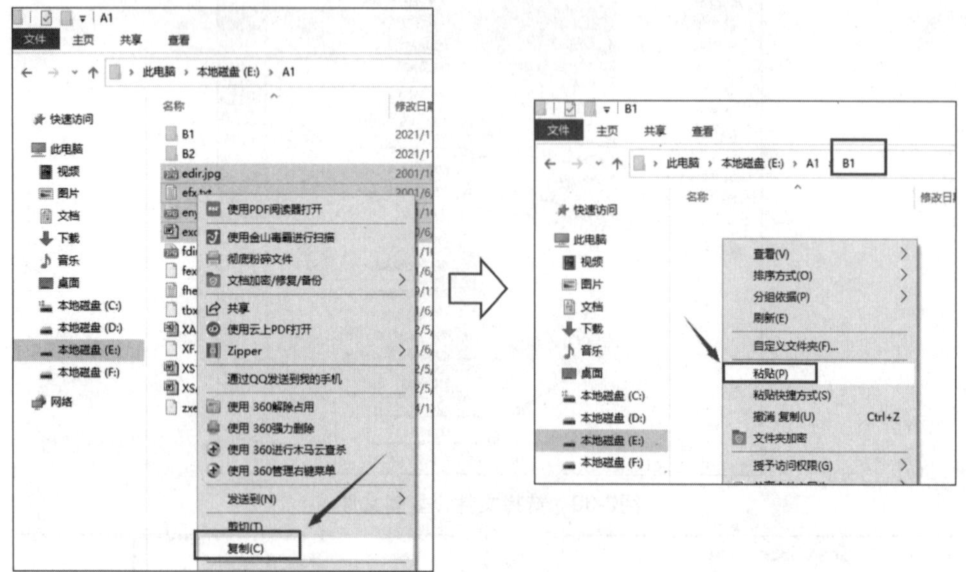

图2-32　复制指定文件

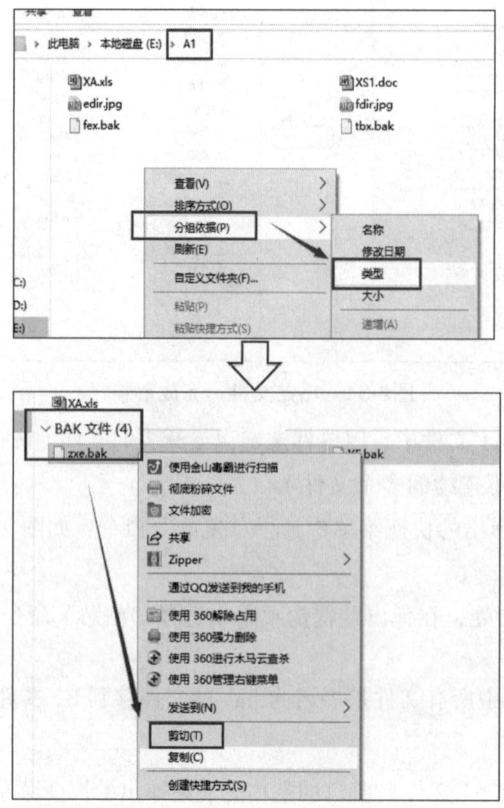

图2-33　文件先分组后复制

操作 4：在 A1 文件夹中建立一个文本文件，文件名为“学生信息.txt”，使用记事本打开新建文本文件，录入班级和学号，保存文件并退出。

操作过程：

① 打开 E 盘的 A1 文件夹，右击空白处，在弹出的快捷菜单中选择“新建”→“文本文档”命令，如图 2-34 所示。

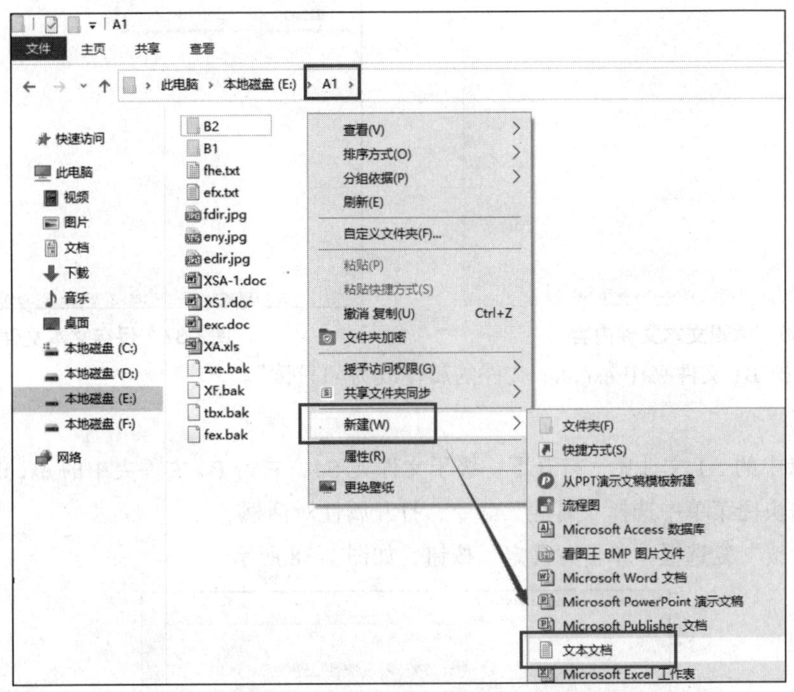

图2-34　在指定位置新建文本文件

② 在默认的改名状态下把“新建文本文档”改成对应的新文件名“学生信息”，如图 2-35 所示。

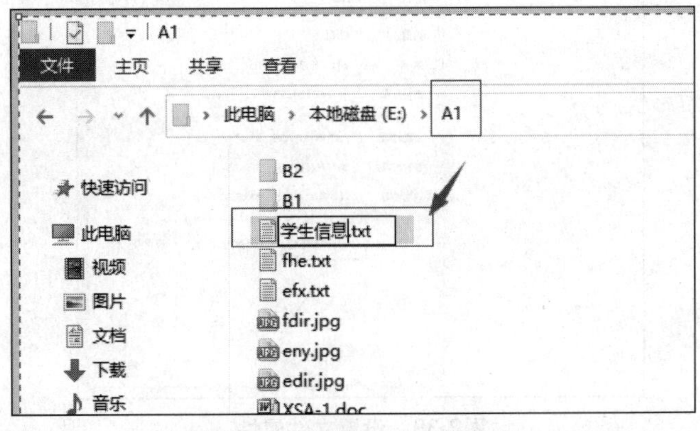

图2-35　给新建文本文件命名

③ 双击打开“学生信息.txt”文件，在窗口的编辑区域内输入相应内容（见图 2-36），选择“文件”→“保存”命令（或者按【Ctrl+S】组合键），完成文件保存操作，如图 2-37 所示。

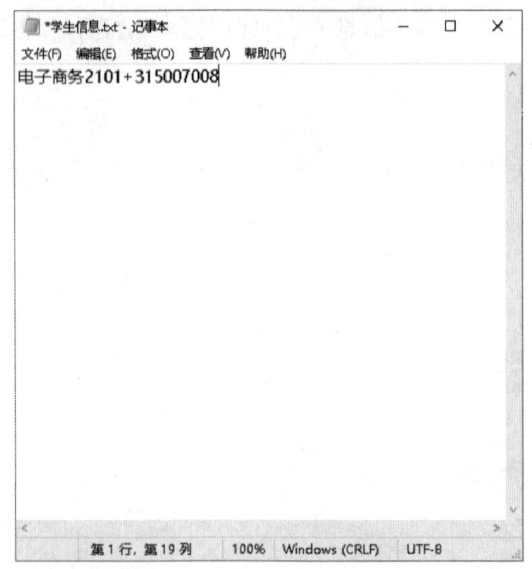

图2-36 编辑文本文件内容

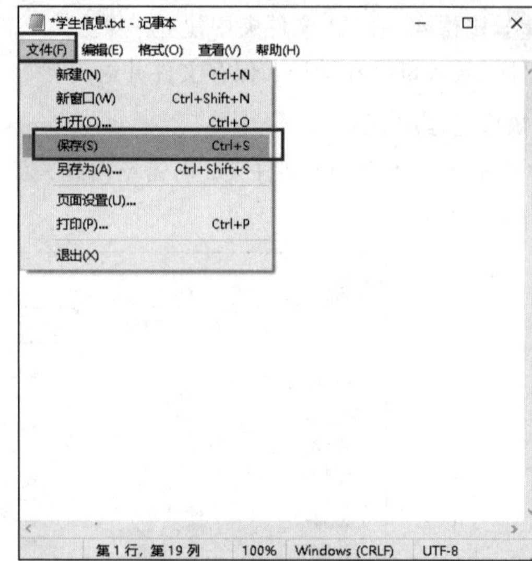

图2-37 保存文本文件

操作 5：把 B1 文件夹中 exc.doc 文件的属性改为“只读”。

操作过程：

① 打开 E 盘中的 A1 文件夹，打开下一级子文件夹 B1，右击 B1 文件夹中的 exc.doc 文件。

② 在弹出的快捷菜单中选择“属性”命令，打开属性对话框。

③ 选中“只读”复选框，单击“确定”按钮，如图 2-38 所示。

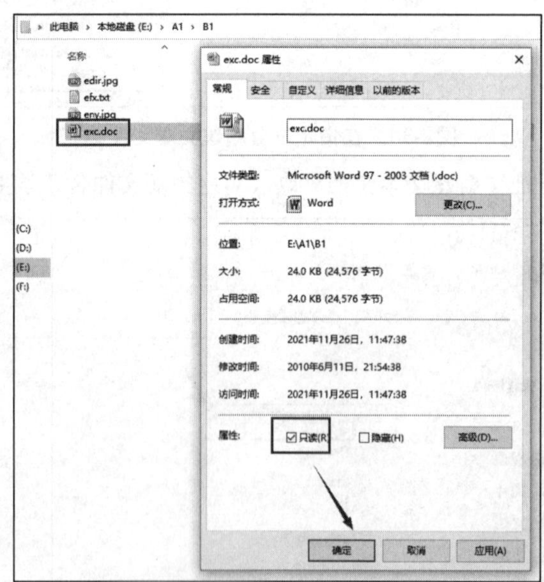

图2-38 设置文件属性

操作 6：将 B2 文件夹中 fex.bak 文件改名为 newfex.bak。

操作过程：

① 打开 A1 文件夹下的子文件夹 B2，找到文件 fex.bak，右击，在弹出的快捷菜单中选择“重命

名”命令，如图 2-39 所示。

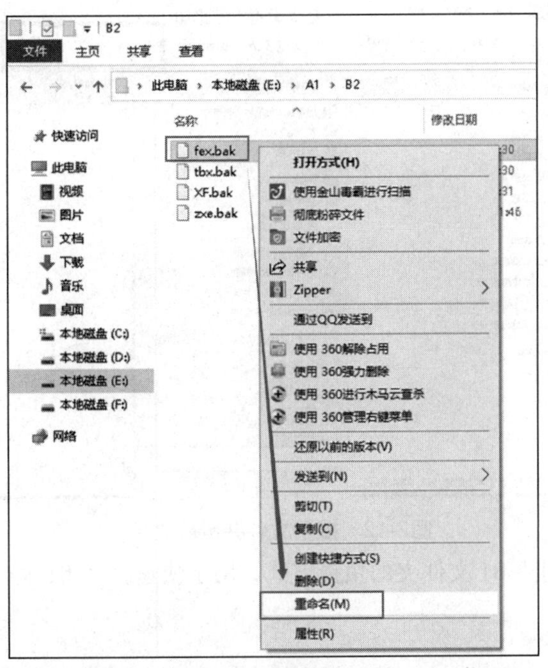

图2-39　重命名文件

② fex.bak 的文件名处于高亮度显示状态时即表示处于重命名状态，从键盘上输入新的文件名，如图 2-40 所示。

③ 按【Enter】键确认新的文件名，完成重命名操作，如图 2-41 所示。

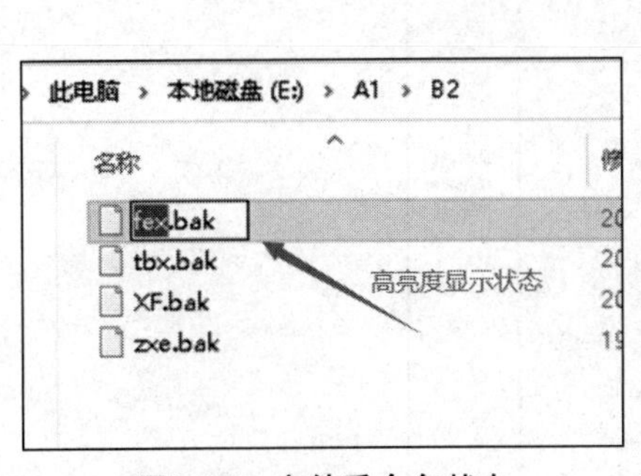

图2-40　文件重命名状态

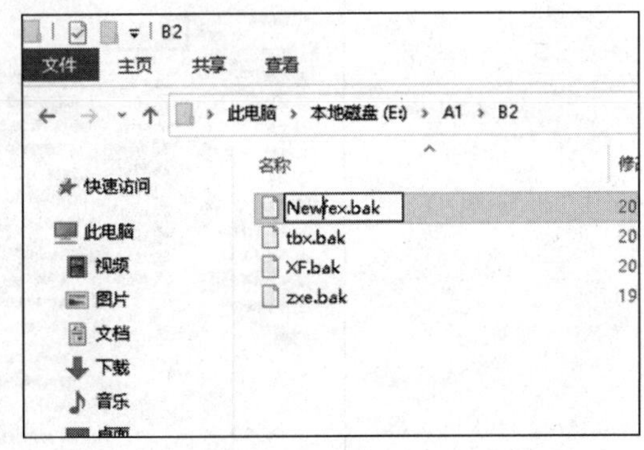

图2-41　文件重命名

注意：同一文件夹下，不能有两个相同的文件或者文件夹，如果相同则重命名不成功。

操作 7：搜索文件夹 A1，查找文件 XF.bak，并将该文件删除。

操作过程：

① 打开 E 盘下的文件夹 A1，在打开的窗口右边的搜索框中输入要查找的文件名，如图 2-42 所示。

② 右击搜索出来的文件 XF.bak，在弹出的快捷菜单中选择“删除”命令，文件即被删除，如图 2-42 所示。

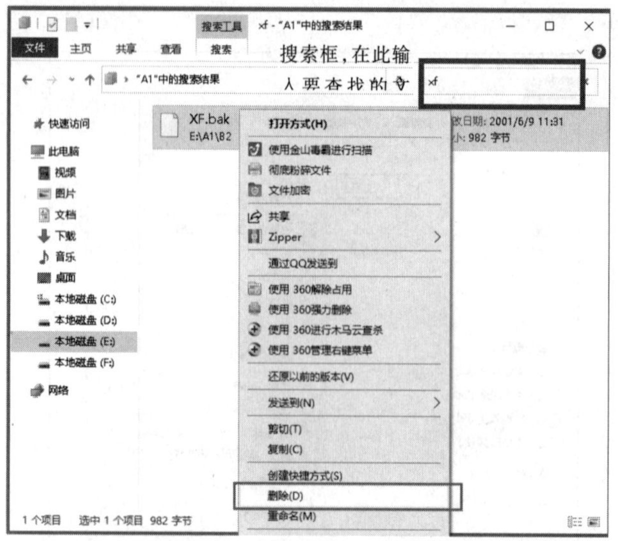

图2-42　搜索文件并删除文件

操作 8：在桌面上创建 B1 文件夹的快捷方式，用于快速打开 B1 文件夹，并将快捷方式重命名为 KB1。

操作过程：

① 打开 A1 文件夹，找到 A1 文件夹中的子文件夹 B1。右击 B1 文件夹图标，在弹出的快捷菜单中选择“创建快捷方式”命令，如图 2-43 所示。

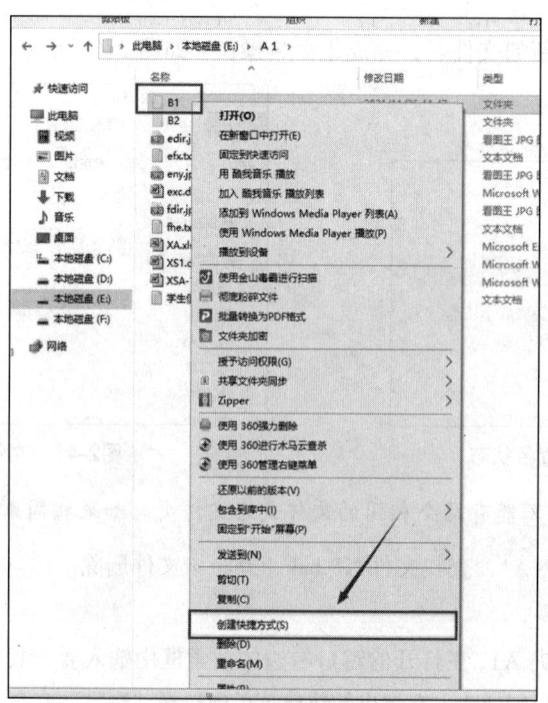

图2-43　创建快捷方式

② 右击创建好的快捷方式“B1-快捷方式”，在弹出的快捷菜单中选择“重命名”命令，输入文件名 KB1，如图 2-44 所示。

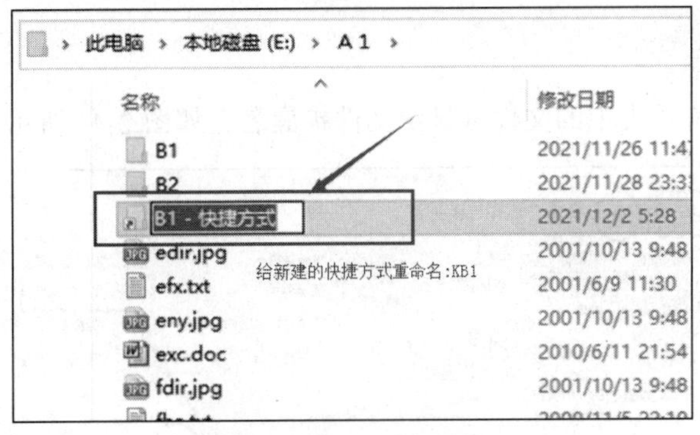

图2-44 重命名快捷方式

③ 右击重命名好的快捷方式 KB1，在弹出的快捷菜单中选择“剪切”命令，返回桌面，在桌面的空白处右击，在弹出的快捷菜单中选择“粘贴”命令，完成把 B1 文件夹的快捷方式 KB1 移动到桌面，效果如图 2-45 所示。

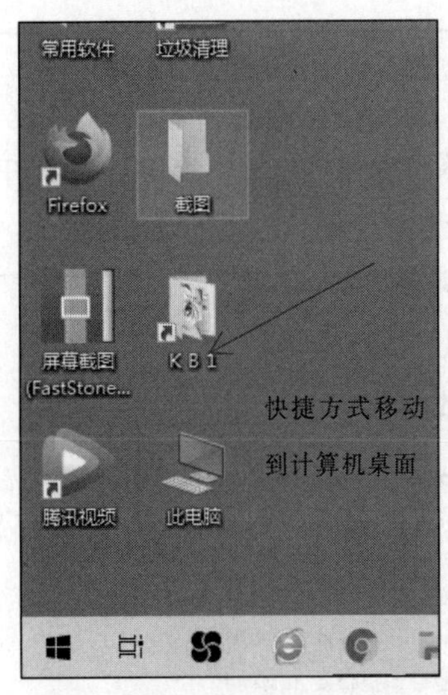

图2-45 快捷方式移到指定位置

任务小结

① 基础知识：文件和文件夹、文件和文件夹的命名规则、Windows 窗口、快捷方式。

② 文件和文件夹的基本操作：新建、重命名、复制、移动、删除文件或文件夹，设置文件和文件夹的属性。

课后实训

① 显示/隐藏已知文件类型的扩展名：设置 A1 文件夹中的文件可显示文件扩展名。

② 文件的隐藏或显示：把 A1 文件夹中的文件 XA.xls 隐藏起来。

③ 压缩文件：把 A1 文件夹中所有扩展名为.JPG 类型的文件压缩到文件“图片.rar”，压缩文件存放到当前位置。

课后实训主要操作步骤：

操作 1：设置 A1 文件夹中的文件可显示文件扩展名，如图 2-46 所示。

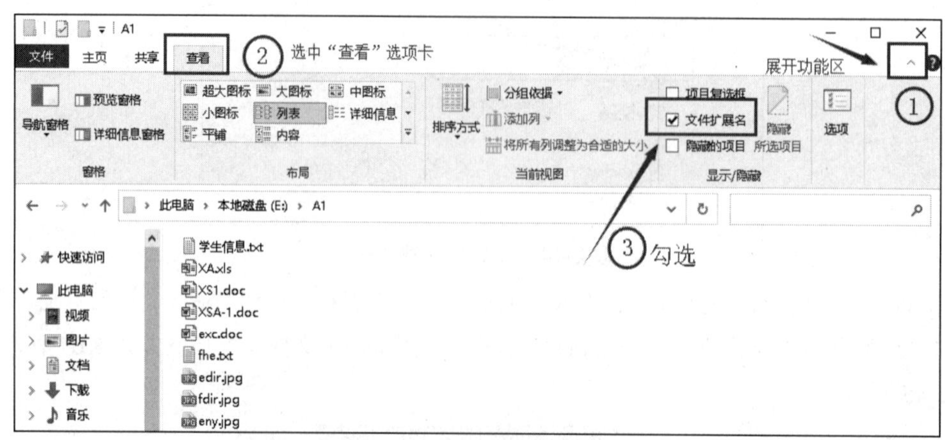

图2-46 设置显示文件扩展名

操作 2：把 A1 文件夹中的文件 XA.xls 隐藏起来。

右击 XA.xls，在弹出的快捷菜单中选择“属性”命令，在打开的文件属性对话框中选中“隐藏”复选框，如图 2-47 所示。

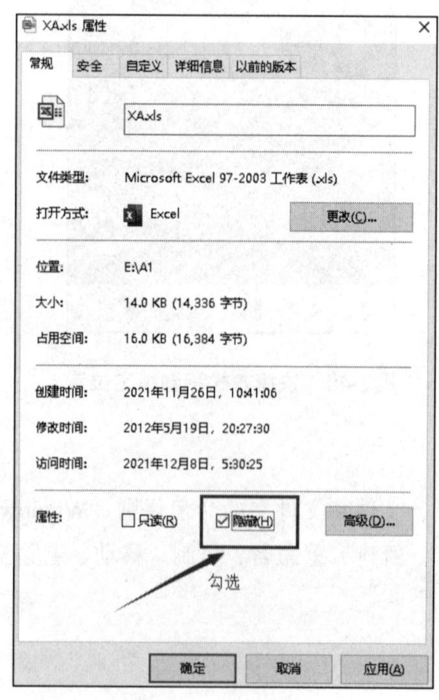

图2-47 隐藏文件

操作 3：把 A1 文件夹中所有扩展名为.JPG 类型的文件压缩到文件“图片.rar”，压缩文件存放到当前位置，如图 2-48 所示。

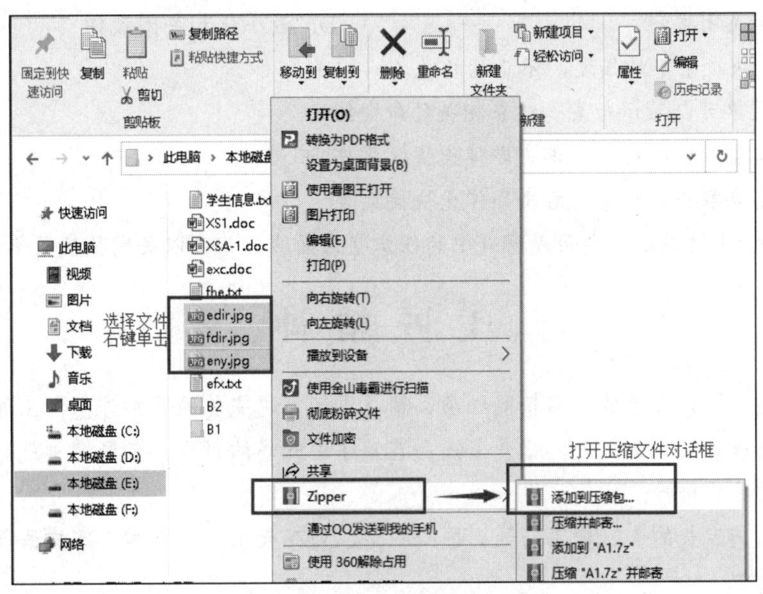

图2-48 压缩文件

理论习题

选择题

1. 以下对 Windows 文件名取名规则的描述，(　　) 是不正确的。
   A. 文件名的长度可以超过 11 个字符　　B. 文件的取名可以用中文
   C. 在文件名中不能有空格　　D. 文件名中不允许使用西文符号
2. 在 Windows 中一个文件夹可以包含 (　　)。
   A. 文件　　B. 文件夹　　C. 快捷方式　　D. 以上三个都可以
3. 用户需要使用某一个文件时，在命令中指出 (　　) 是必要的。
   A. 文件的性质　　B. 文件的内容　　C. 文件路径　　D. 文件路径与文件名
4. 记事本程序的默认文件类型是 (　　)。
   A. .TXT　　B. DOCX　　C. .IST　　D. .EXE
5. 下列文件格式中，(　　) 表示图像文件。
   A. *.DOC　　B. *.XLS　　C. *.BMP　　D. *.TXT
6. Windows 的文件夹组织结构是一种 (　　)。
   A. 表格结构　　B. 树状结构　　C. 网状结构　　D. 线状结构
7. 在 Windows 中，文件夹中包含 (　　)。
   A. 只有文件　　B. 根目录　　C. 文件和子文件夹　　D. 只有子文件夹
8. 在 Windows 中，文件有多种属性，用户建立的文件一般具有 (　　) 属性。
   A. 存档　　B. 只读　　C. 系统　　D. 隐藏

9. 窗口的控制按钮中，不可能同时出现的是（　　）。

A. 最小化和还原按钮　　B. 最大化和还原按钮

C. 还原和关闭按钮　　D. 最小化和关闭按钮

10. 下面关于快捷菜单的描述，不正确的是（　　）。

A. 快捷菜单可以显示与某一对象相关的命令组

B. 选定需要操作的对象，单击即弹出快捷菜单

C. 选定需要操作的对象，右击即弹出快捷菜单

D. 按【Esc】键或单击桌面或窗口中的任意空白区域，都可以关闭快捷菜单

工匠精神

工匠精神是指工匠对自己的产品精雕细琢，精益求精、更完美的精神理念。工匠们喜欢不断雕琢自己的产品，不断改善自己的工艺，享受着产品在双手中升华的过程。工匠精神就是追求卓越的创造精神、精益求精的品质精神。

工匠是指有手艺专长的人。能工巧匠、匠心独运、巧夺天工、鬼斧神工等成语就是对工匠及其技艺的赞誉之词。

2004 年，南车四方股份公司引进时速 200 km 的高速动车组。产品进入试制阶段，转向架上的定位臂成了困扰转向架制造的拦路虎。高速动车组以 200 多千米时速飞奔时，不足 10 cm^2 的接触面，承受的冲击力达到二三十吨，要求定位臂与轮对节点必须严丝合缝。按要求，必须保证 75%以上的接触面间隙小于 0.05 mm，相当于一根细头发丝的间距。这要靠纯手工研磨来实现，研磨精度磨小了，精度达不到要求，稍有不慎磨大了，动辄十几万的构架就会报废。宁允展主动请缨，挑战这项难度极高的研磨技术。平时的深厚积累加上夜以继日的潜心琢磨，不到一个星期就出了师。他研磨出的定位臂，令人都啧啧称奇，向他竖起大拇指。

项目 3 Word 2016 的使用

项目导入

毕业论文是培养学生综合能力的一个重要教学环节，是检验毕业生的专业理论基础知识、操作技能以及独立工作能力的一种手段，也是衡量学生是否达到培养目标、能否毕业的重要依据。经过半年的紧张忙碌，李晓晓同学终于完成毕业论文《步进电机原理及电路设计》的撰写，接下来需要对论文进行编辑、排版和打印，以使论文的格式符合学校毕业论文的格式规范要求。

项目分析

文本的编辑和排版可以通过文字处理软件 Word 2016 来完成。Word 2016 除了具有最基本的创建文档、设置字体段落格式、插入图片及表格等功能外，还具有强大的文字排版功能，特别是对于一些长文档（例如毕业论文等），为其设置高级版式，可以使文档看起来更规范和美观。李晓晓同学可以通过 Word 2016 编辑和排版毕业论文。

职业能力目标与要求

要掌握 Word 2016 的基本操作方法和运用技巧，李晓晓同学需要掌握以下几项知识和技能：

① Word 2016 基本操作。

② Word 2016 文本编辑。

③ Word 2016 文本格式化。

④ Word 2016 表格制作与编辑。

⑤ Word 2016 图文混排。

⑥ Word 2016 综合应用。

任务1　Word 2016基本操作

任务要求

① 启动 Word 2016，认识窗口的组成。

② 进入文本编辑状态，输入以下文本内容：

黄山是中华十大名山之一，天下第一奇山。位于安徽省南部黄山市境内，有 72 峰，主峰莲花峰海拔 1 864 m，与光明顶、天都峰并称三大黄山主峰，为 36 大峰之一。黄山是安徽旅游的标志，是中国十大风景名胜唯一的山岳风光。现为世界文化与自然双重遗产，世界地质公园，国家 AAAAA 级旅游景区，国家级风景名胜区，全国文明风景旅游区示范点。

③ 以“WSX1+学号.docx”为文件名保存在自己的文件夹中，并关闭该文档。

④ 打开所建立的“WSX1+学号.docx”文件，在文本的最前面插入一段标题文字“黄山”。

⑤ 将文档视图分别切换成阅读视图、大纲视图、Web 版式视图或页面视图，并观察。

⑥ 新建一个名“WSX1+学号”的文件夹。

⑦ 将“WSX1+学号.docx”文件以同名文件另存到“WSX1+学号”文件夹中。

⑧ 以“黄山”为名，将“WSX1+学号.docx”文件另存到“WSX1+学号”文件夹中。

任务实施

操作 1：启动 Word 2016，认识窗口的组成。

操作过程：

① 选择“开始”中的 Office Word 2016 命令，启动 Word 2016，如图 3-1 所示。

图3-1　启动Word 2016

② 观察 Word 2016 的窗口组成，如图 3-2 所示。

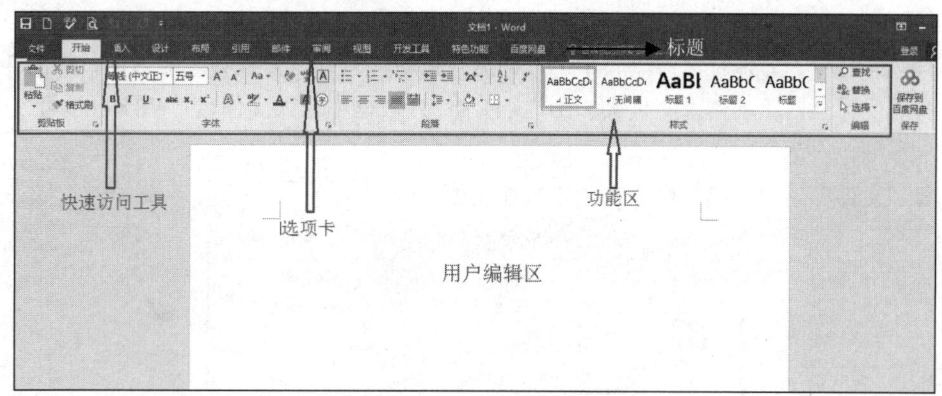

图3-2　Word 2016窗口

操作 2：进入文本编辑状态，输入以下文本内容。

黄山是中华十大名山之一，天下第一奇山。位于安徽省南部黄山市境内，有 72 峰，主峰莲花峰海拔 1 864 m，与光明顶、天都峰并称三大黄山主峰，为 36 大峰之一。黄山是安徽旅游的标志，是中国十大风景名胜唯一的山岳风光。现为世界文化与自然双重遗产，世界地质公园、国家 AAAAA 级旅游景区、国家级风景名胜区、全国文明风景旅游区示范点。

操作过程：

在空白文档的插入点输入相关内容。如果在 Word 运行过程中，还需要创建另外一个或多个新文档，则可以用下列操作方法：

按【Ctrl+N】组合键，或选择“文件”→“新建”命令，此时屏幕出现可用模板界面，如图 3-3 所示。双击“空白文档”，即可创建一个空白的新文档。

图3-3　可用模板界面

操作 3：以“WSX1+学号.docx”为文件名保存在自己的文件夹中，并关闭该文档。

操作过程：

① 选择“文件”→“保存”命令，单击“浏览”按钮，打开“另存为”对话框，如图 3-4 所示。

② 选择需要保存的驱动器及文件夹。在“文件名”列表框中输入文件名“WSX1+学号”，单击“保存”按钮。

③ 选择“文件”→“关闭”命令，关闭当前文档。

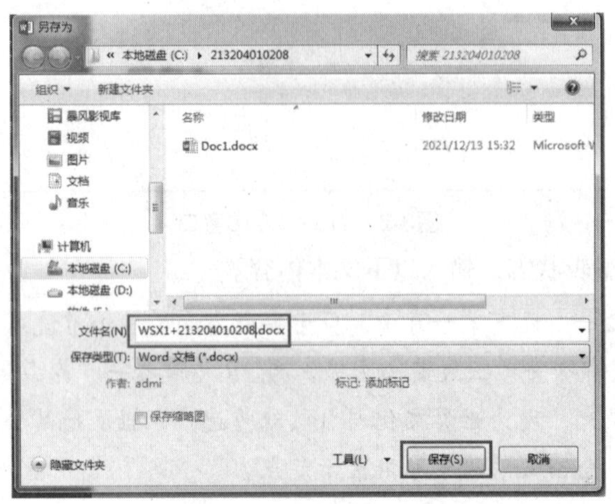

图3-4 “另存为”对话框

操作 4：打开所建立的“WSX1+学号.docx”文件，在文本的最前面插入一段标题文字“黄山”。

操作过程：

① 启动 Word 2016。

② 单击选择“文件”→“打开”命令，单击“浏览”按钮，打开“打开”对话框，如图 3-5 所示。

③ 选择要打开文档的驱动器和文件夹。

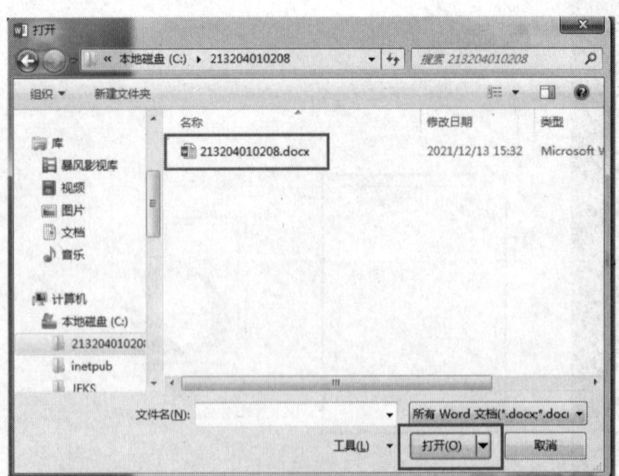

图3-5 “打开”对话框

④ 在文件列表中选定所需的文档“WSX1+学号.docx”，单击“打开”按钮。

⑤ 将光标定位在文本最首位置，输入标题文字。

⑥ 单击【Enter】键，产生段落。

操作 5：将文档视图分别切换成阅读视图、大纲视图、Web 版式视图或页面视图，并观察。

操作过程：

各种视图的切换可在“视图”选项卡中单击相应按钮实现（见图 3-6），也可以通过单击文档窗口右下方的“视图切换区”中的按钮来实现，如图 3-7 所示。

图3-6 “视图”组中的按钮

图3-7 “视图切换区”中的按钮

操作 6：新建一个名“WSX1+学号”的文件夹。

操作过程：

① 打开 E 盘驱动器。

② 在窗口的空白位置右击。

③ 在弹出的快捷菜单中选择“新建”→“文件夹”命令。

④ 输入文件夹名称“WSX1+学号”。

⑤ 按【Enter】键。

操作 7：将“WSX1+学号.docx”文件以同名文件另存到“WSX1+学号”文件夹中。

操作过程：

① 在“WSX1+学号.docx”文档窗口，选择“文件”→“另存为”命令。

② 单击“浏览”按钮，在打开的“另存为”对话框中选择驱动器及“WSX1+学号”文件夹。

③ 单击“保存”按钮。

操作 8：以“黄山”为名，将“WSX1+学号.docx”文件另存到“WSX1+学号”文件夹中。

操作过程：

① 在“WSX1+学号.docx”文档窗口，选择“文件”→“另存为”命令。

② 单击“浏览”按钮，在打开的“另存为”对话框中选择 E 盘驱动器“WSX1+学号”文件夹，输入文件名“黄山”。

③ 单击“保存”按钮。

任务小结

① 启动 Word 2016，选择“文件”→“打开”命令，单击“浏览”按钮，打开“打开”对话框。

② 新建 Word 文档。选择“文件”→“新建”命令，或按【Ctrl+N】组合键，即可创建一个空白的新文档。

③ 保存文档。选择“文件”→ “另存为”命令，或按【Ctrl+S】组合键，即可保存一个文档。

④ 关闭文档。单击屏幕右上角的“关闭”按钮，或按【Ctrl+W】组合键，即可关闭一个文档。

课后实训

1. 创建一份请示文件

① 新建一个文档，将此文档保存到“WSX1+学号”的文件夹中，文档名取为 WSX1-KH-1.docx，文件类型为 Word 类型，录入以下文本内容，然后保存并关闭此文档。

××公司关于组成考察小组出国考察的请示

××总公司：

我公司正处在发展的关键时刻，为了革新产品，适应世界市场的需要，开拓销售渠道，拟派经理朱××、副经理林××、工程师张××和王××、供销科长胡××等五人，组成考察小组，前往欧洲德、法、意等国进行为期 15 天的考察，初拟时间为七月中下旬，经费由我公司自行解决。

妥否，请批示。

××公司

二〇二一年一月十日

② 打开文档，选择“文件”→“打开”命令，在“WSX1+学号”文件夹中选定 Word 文档 WSX1-KH-1.docx，单击“打开”按钮，即可看到刚才保存的 WSX1-KH-1.docx 文档。

③ 将文档保存为 WSX1-KH-2.docx，然后关闭文档，再将文档打开。

④ 关闭所有的文档窗口，退出 Word 2016。

2. 创建一份个人简历

建立一个 Word 文档，在文档中录入一份 200 字的个人简历，保存为“××个人简历.docx”，并完成以下要求：

① 选择“文件”→“选项”命令，在打开的“Word 选项”对话框中选择“保存”选项，设置 Word 文档自动保存时间间隔为 5 min。

② 选择“文件”→“信息”命令，单击“保护文档”按钮，选择“用密码进行加密”命令，设置修改文件时的密码为“123”。

③ 单击“审阅”选项卡“校对”组中的“字数统计”按钮自动统计文档的字数，并将字数输入在文档末尾。

理论习题

一、填空题

1. Word 2016 的“开始”选项卡中包括______、______、______、______和______ 5 个组。

2. Word 2016 的“插入”选项卡中包括______、______、______、______、______、______、______、______、______和______ 10 个组。

3. 在 Word 2016 中，______视图的特点是便于用户阅读文档。

4. ______是一种特殊的文档，它具有预先设置好的文档外观框架。

5. Word 2016 是重要的______工具。

二、选择题

1. 启动 Word 后，系统为新文档的命名应该是（　　）。

A. 系统自动以用户输入的前 8 个字符作为文件名

B. 自动命名为“*.docx”

C. 自动命名为“文档 1”或“文档 2”等

D. 没有文件名

2. 在 Word 主窗口的右上角，有可能同时显示的按钮是（　　）。

A. 最小化、还原和最大化　　B. 还原、最大化和还原

C. 最小化、还原和关闭　　D. 还原和最大化

3. 在 Word 编辑状态，可以同时显示水平标尺和垂直标尺的视图方式是（　　）。

A. 草稿　　B. 页面视图　　C. 大纲视图　　D. Web 版式视图

4. 对已有的文档进行编辑修改后，执行“文件”选项卡中的（　　）既可保留修改前文档，又可得到修改后的文档。

A. “保存”命令　　B. “关闭”命令　　C. “另存为”命令　　D. “全部保存”命令

5. 在 Word 的编辑状态下打开一个文档，对文档做了修改，执行“关闭”文档操作后，（　　）。

A. 文档被关闭，并自动保存修改后的内容　　B. 文档不能关闭，并提示出错

C. 文档被关闭，修改后的内容不能保存　　D. 弹出对话框，并询问是否保存对文档的修改

6. 在 Word 2016 中输入文字到达行尾而不是一段结束时，换行（　　）。

A. 不要按【Enter】键 B. 必须按【Enter】键 C. 必须按空格键　　D. 必须按换档键

任务2　Word 2016 文本编辑

任务要求

① 打开 Word 文档 WSC-2-1.docx 后，以“WSX2+学号.docx”为名将文件另存到“WSX2+学号”的文件夹中。

② 在文本第一段、第二段段首分别插入特殊符号。

③ 打开 Word 文档 WSC-2-2.docx，将该文档中的文字内容复制到“WSX2+学号.docx”文本末尾处。

④ 利用剪切法，将文档“WSX2+学号.docx”中的第 6 段落“4.表格绘制与美化”与第 7 段落“3.图形与图表制作”互换位置。

⑤ 将文档“WSX2+学号.docx”中的“6.丰富的多媒体”修改为“6.预定模板和图样”。

⑥ 将文档“WSX2+学号.docx”中的“2.专业的排版功能”删除。

⑦ 撤销第六步中的删除操作。

⑧ 将“WSX2+学号.docx”文本中所有的“文本处理”替换为“文字处理”，所有的“计算机”设置为红色、加粗。

⑨ 保存文档。

操作结果如图 3-8 所示。

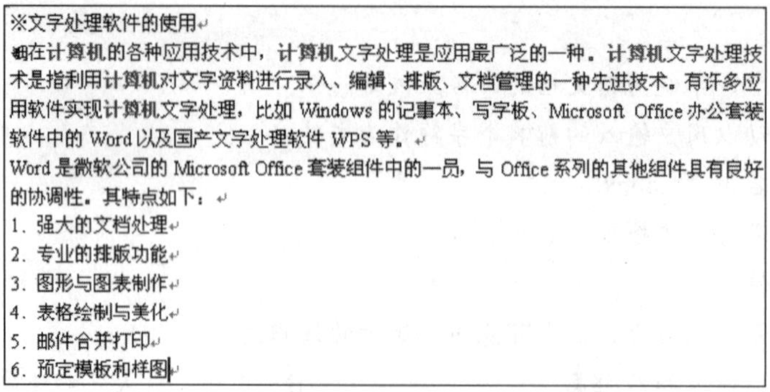

※文字处理软件的使用

※在计算机的各种应用技术中，计算机文字处理是应用最广泛的一种。计算机文字处理技术是指利用计算机对文字资料进行录入、编辑、排版、文档管理的一种先进技术。有许多应用软件实现计算机文字处理，比如 Windows 的记事本、写字板、Microsoft Office 办公套装软件中的 Word 以及国产文字处理软件 WPS 等。

Word 是微软公司的 Microsoft Office 套装组件中的一员，与 Office 系列的其他组件具有良好的协调性。其特点如下：

1. 强大的文档处理
2. 专业的排版功能
3. 图形与图表制作
4. 表格绘制与美化
5. 邮件合并打印
6. 预定模板和样图

图3-8 实训结果

任务实施

操作 1：打开 Word 文档 WSC–2–1.docx 后，以“WSX2+学号.docx”为名将文件另存到“WSX2+学号”的文件夹中。

操作过程：

① 在磁盘驱动器及文件夹中找到 Word 文档 WSC-2-1.docx，双击打开。

② 在 WSC-2-1.docx 文档窗口，选择“文件”→“另存为”命令。

③ 选择驱动器及“WSX2+学号”文件夹。

④ 在“文件名”列表框中输入文件名“WSX2+学号”。

⑤ 单击“保存”按钮。

操作 2：在文本第一段、第二段段首分别插入特殊符号。

操作过程：

① 将光标定位在第一段段首。

② 单击“插入”→“符号”下拉按钮，选择“其他符号”命令，打开“符号”对话框，如图 3-9 所示。

③ 单击“字体”下拉按钮，选择“普通文本”。

④ 单击“子集”下拉按钮，选择“广义标点”。

⑤ 在符号列表中找到“※”，双击该符号。

⑥ 将光标定位在第二段段首，按如上方法插入符号。

结果如图 3-9 所示。

操作 3：打开 Word 文档 WSC–2–2.docx，将该文档中的文字内容复制到“WSX2+学号.docx”文本末尾处。

操作过程：

① 在磁盘驱动器中，找到 Word 文档 WSC-2-2.docx，双击打开。

② 在“开始”选项卡的“编辑”组中，单击“选择”按钮，在下拉列表中选择“全选”命令。

③ 在“开始”选项卡的“剪贴板”组中，单击“复制”按钮。

④ 切换至“WSX2+学号.docx”文档窗口。

⑤ 将光标定位至“WSX2+学号.docx”文本末尾处。

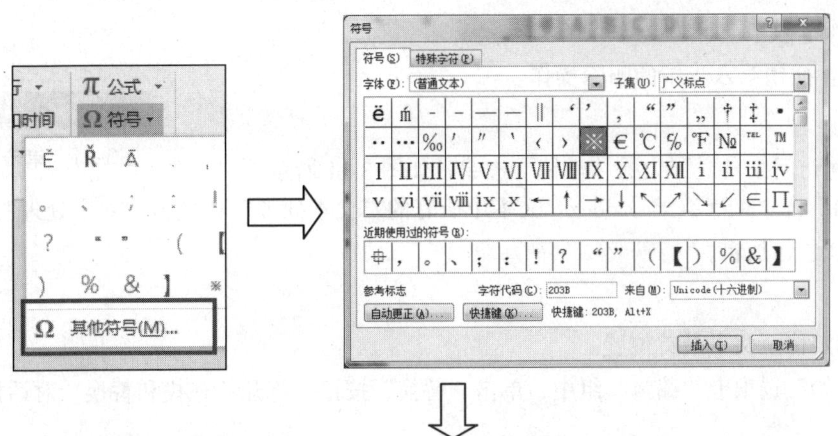

※文本处理软件的使用

在计算机的各种应用技术中，计算机文本处理是应用最广泛的一种。计算机文本处理技术是指利用计算机对文字资料进行录入、编辑、排版、文档管理的一种先进技术。有许多应用软件实现计算机文本处理，比如 Windows 的记事本、写字板、Microsoft Office 办公套装软件中的 Word 以及国产文本处理软件 WPS 等。

图3-9　插入特殊符号

⑥ 在“开始”选项卡的“剪贴板”组中，单击“粘贴”按钮，如图 3-10 所示。

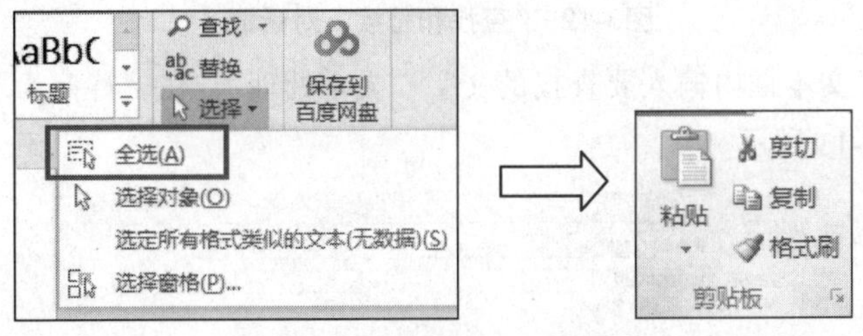

图3-10　选择及剪贴板的操作

操作 4：利用剪切法，将文档“WSX2+学号.docx”中的第 6 段落“4.表格绘制与美化”与第 7 段落“3.图形与图表制作”互换位置。

操作过程：

① 选定第七段“3.图形与图表制作”。

② 在“开始”选项卡的“剪贴板”组中，单击“剪切”按钮。

③ 将光标定位至第六段“4.表格绘制与美化”段首。

④ 在“开始”选项卡的“剪贴板”组中，单击“粘贴”按钮。

操作 5：将文档“WSX2+学号.docx”中的“6.丰富的多媒体”修改为“6.预定模板和图样”。

操作过程：

① 选定文本“丰富的多媒体”。

② 输入“预定模板和图样”。

操作 6：将文档“WSX2+学号.docx”中的“2.专业的排版功能”删除。

操作过程：

① 选定段落“2.专业的排版功能”。

② 按【Del】键。

操作 7：撤销第六步中的删除操作。

操作过程：

单击“快速访问工具栏”中的“撤销”按钮，如图 3-11 所示。

图3-11　单击“撤销”按钮

操作 8：将“WSX2+学号.docx”文本中所有的“文本处理”替换为“文字处理”，所有的“计算机”设置为红色、加粗。

操作过程：

① 将光标定位至文本最首位置。

② 在“开始”选项卡“编辑”组中，单击“替换”按钮，打开“查找和替换”对话框，如图 3-12 所示。

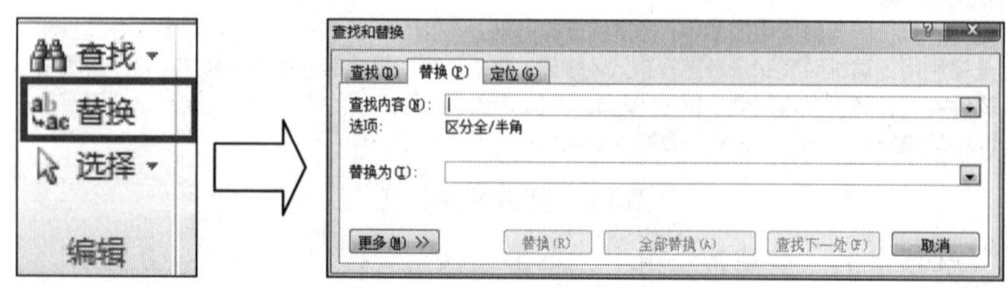

图3-12　“查找和替换”对话框

③ 在“查找内容”文本框内输入要查找的文字“文本处理”，在“替换为”文本框内输入替换文字“文字处理”，如图 3-13 所示。

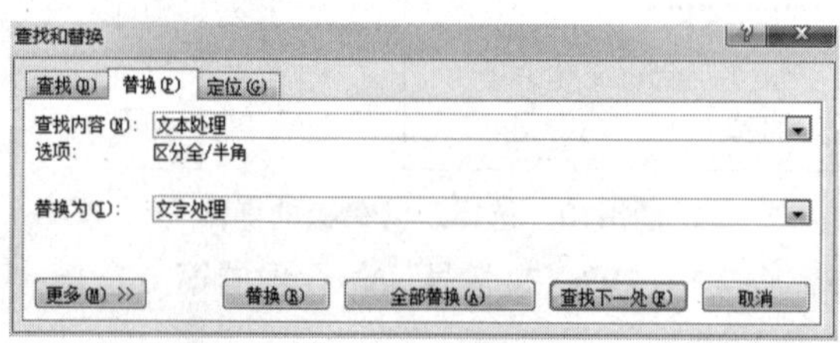

图3-13　“替换”选项卡

④ 单击“全部替换”按钮，单击“关闭”按钮。

⑤ 将光标定位至文本最首位置。

⑥ 在“开始”选项卡的“编辑”组中，单击“替换”按钮，打开“查找和替换”对话框。

⑦ 在“查找内容”和“替换为”文本框内输入“计算机”，单击“更多”按钮。

⑧ 确定光标在“替换为”文本框内，单击“格式”→“字体”，打开“替换字体”对话框。

⑨ 单击“字形”中的“加粗”，单击“字体颜色”下拉按钮，选择“红色”，单击“确定”按钮。

⑩ 单击“全部替换”按钮，单击“关闭”按钮。

以上操作如图 3-14 所示。

操作 9：保存文档。

操作过程：

单击“快速访问工具栏”中的“保存”按钮，完成文档保存操作。

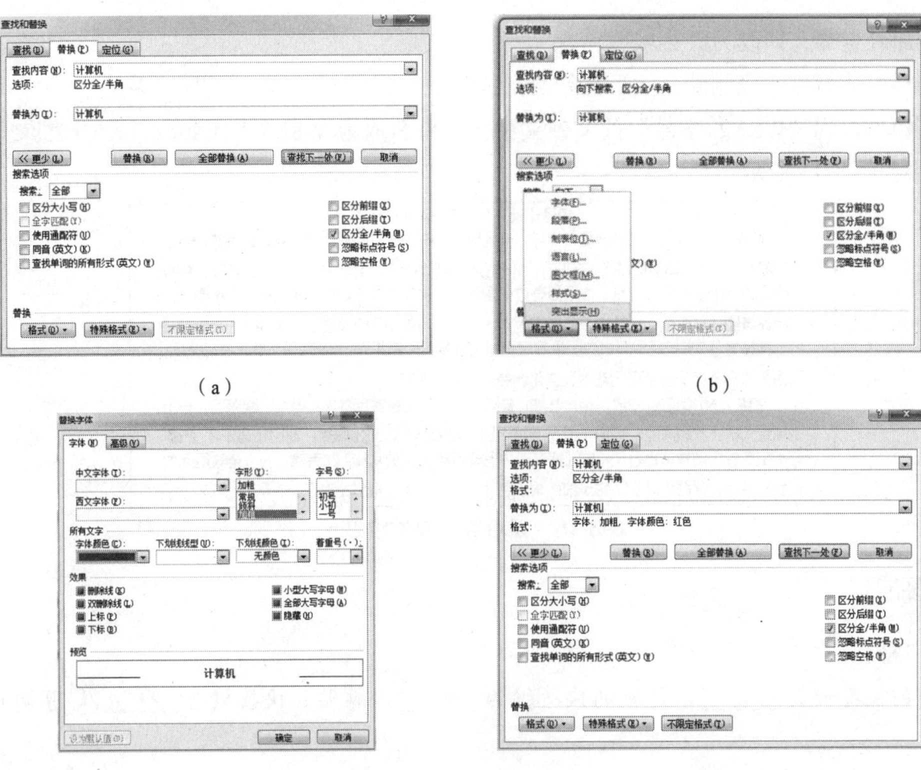

图3-14　替换的操作过程

任务小结

① 打开一个 Word 文档，插入特殊符号。单击“插入”→“符号”下拉按钮，选择“其他符号”命令，打开“符号”对话框。

② 复制或剪切文档中的文字内容。选择文本，再单击“复制”或“剪切”，将光标定位至文本需要的地方，单击“粘贴”按钮。

③ 文本的查找和替换。打开“查找和替换”对话框，在“查找内容”文本框中输入要查找的文字，在“替换为”文本框中输入替换的文字，单击“全部替换”按钮。

课后实训

① 在 Word 文档区录入以下内容：

相遇平遥，传播艺术与美

平遥，一个山西省内的神秘古县城，曾经拥有过中国最富庶群体的县城。欧莱雅，一个全球最大的化妆品集团。这两个似乎不相干的名词因艺术、文化和美，他们相遇了。

② 进行如下选定操作：选词、选一行、选一段、选全文、选某个区域。

③ 将正文第一段复制到文档的末尾，复制四次，并将正文前三段合并为一段，后两段合并为一段落。

④ 利用查找和替换功能，将正文中所有的“平遥”二字加粗倾斜，即改为“***平遥***”。将文档中的

"县城"红色加着重号，即改为"县城"。

⑤ 将文档中的最后一段删除，然后撤销删除操作。

⑥ 将文档另存到"WSX2+学号"的文件夹中，文件名取为 WSX7-KH.docx。

操作结果如图 3-15 所示。

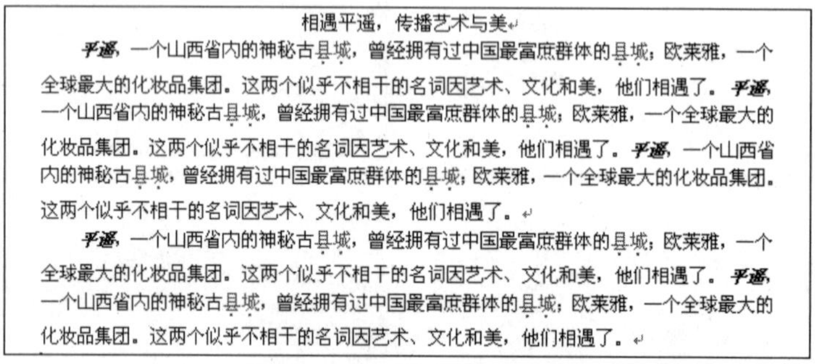

相遇平遥，传播艺术与美↵

平遥，一个山西省内的神秘古县城，曾经拥有过中国最富庶群体的县城；欧莱雅，一个全球最大的化妆品集团。这两个似乎不相干的名词因艺术、文化和美，他们相遇了。***平遥***，一个山西省内的神秘古县城，曾经拥有过中国最富庶群体的县城；欧莱雅，一个全球最大的化妆品集团。这两个似乎不相干的名词因艺术、文化和美，他们相遇了。***平遥***，一个山西省内的神秘古县城，曾经拥有过中国最富庶群体的县城；欧莱雅，一个全球最大的化妆品集团。这两个似乎不相干的名词因艺术、文化和美，他们相遇了。↵

平遥，一个山西省内的神秘古县城，曾经拥有过中国最富庶群体的县城；欧莱雅，一个全球最大的化妆品集团。这两个似乎不相干的名词因艺术、文化和美，他们相遇了。***平遥***，一个山西省内的神秘古县城，曾经拥有过中国最富庶群体的县城；欧莱雅，一个全球最大的化妆品集团。这两个似乎不相干的名词因艺术、文化和美，他们相遇了。↵

图3-15 课后实训操作结果

理论习题

一、填空题

1. 全选的快捷键为______，复制的快捷键为______，粘贴的快捷键为______，剪切的快捷键为______。

2. 在删除文本时，按______键可以删除光标左侧的字符，按______键可以删除光标右侧的字符。

3. 输入文字时，首先需要确定______的位置。

4. 在 Word 2016 编辑状态，要把某一段落分成两个段落，应进行的操作是将______放到分段处，按______键。

5. 在文档窗口最左边有一个为标记的空白栏，称为______。当鼠标指针移动到该区域，指向某一行______即可选定该行文字。

二、选择题

1. 打开 Word 文档一般是指（　　）。

A. 把文档的内容从内存中读入，并显示出来

B. 为指定文件开设一个新的、空的文档窗口

C. 把文档的内容从磁盘调入内存，并显示出来

D. 显示并打印出指定文档的内容

2. 在 Word 文档中，每一个段落都有自己的段落标记，段落标记位于（　　）。

A. 段落的首部　　B. 段落的结尾处

C. 段落的中间位置　　D. 段落中，但用户看不到

3. 以下选定文本的方法，正确的是（　　）。

A. 把鼠标指针置于目标开始处，按住所标左键拖动到文本结束处

B. 把鼠标指针放在目标处，双击鼠标右键

C. 移动鼠标到文本选定区，双击即可选定整个文档

D. 按住【Alt】键的同时，单击该句的任意位置即可选定一句

4. 选定文本块并执行清除命令，被删除的内容不送剪贴板，故不能进行（　　）操作来实现文本块的移动。

A. 复制　　B. 剪切　　C. 插入　　D. 粘贴

5. 如果误用“清除”命令删除了不该删除的内容，应立即执行（　　）命令，将误删的内容恢复过来。

A. 粘贴　　B. 清除　　C. 撤销　　D. 恢复

6. 在 Word 2016 中，进行复制或移动操作的第一步必须是（　　）。

A. 单击剪切或复制按钮　　B. 选择要操作的对象

C. 将插入点放在要操作的对象处　　D. 将插入点放在要操作的目标处

7. 选择文本后，如果要删除这部分文本，可按（　　）键。

A.【Del】　　B.【Space】　　C.【Backspace】　　D.【以上都对】

8. 单击“开始”选项卡“编辑”组中的“替换”按钮，在对话框中指定了“查找内容”，但在“替换为”文本框中未输入任何内容，此时单击“全部替换”按钮，将（　　）。

A. 只做查找不做任何替换　　B. 每查到一个，就询问“替换为什么？”

C. 将所查到的内容全部替换为空格　　D. 将所查到的内容全部删除

9. 若想设置分布在文档多处的某个单词的格式，最好的方法是选择（　　）。

A. 格式刷　　B.“编辑”→“替换”　C.“格式”→“字体”　D. 格式工具栏

10. 查找命令的快捷键是（　　）。

A.【Ctrl+F】　　B.【Ctrl+A】　　C.【Ctrl+O】　　D.【Ctrl+V】

任务3　Word 2016文本格式化

任务要求

① 打开 Word 文档 WSC-3-1.docx，以“WSX3+学号.docx”为名将文件另存到“WSX3+学号”的文件夹中。

② 将文档页面格式设置为上下边距各为 4 cm，左右边距各为 3.3 cm，纸张大小为 A4。

③ 插入“边线型”页眉，在页眉标题处录入“秋天”，对齐方式为左对齐；插入页码“第 1 页”，左对齐。

④ 将标题文字“秋天”设置为隶书、二号、红色、倾斜、居中。

⑤ 将第一段的第 1 句文本“秋季，是‘春夏秋冬’四季之一。在我国，传统上是以二十四节气的‘立秋’作为秋季的起点。”的字体设置为楷体、小四、加粗、加红色下画线。将第一段的最后 1 句文本“在自然界中万物开始从繁茂成长趋向萧索成熟”的字体设置为方正舒体、四号、加粗、加着重号。

⑥ 将正文各段落首行缩进 2 个字符，行距设置为“固定值：20 磅”，将第一段的段后间距设置 0.5 行，最后一段的段前间距设置为 0.5 行。

⑦ 将第二段设置为两栏式。

⑧ 将第一段设置首字下沉，下沉行数 2 行。

⑨ 将最后一段加上浅绿色底纹。

⑩ 打印预览与打印文档。

⑪ 保存文档。实训结果如图 3-16 所示。

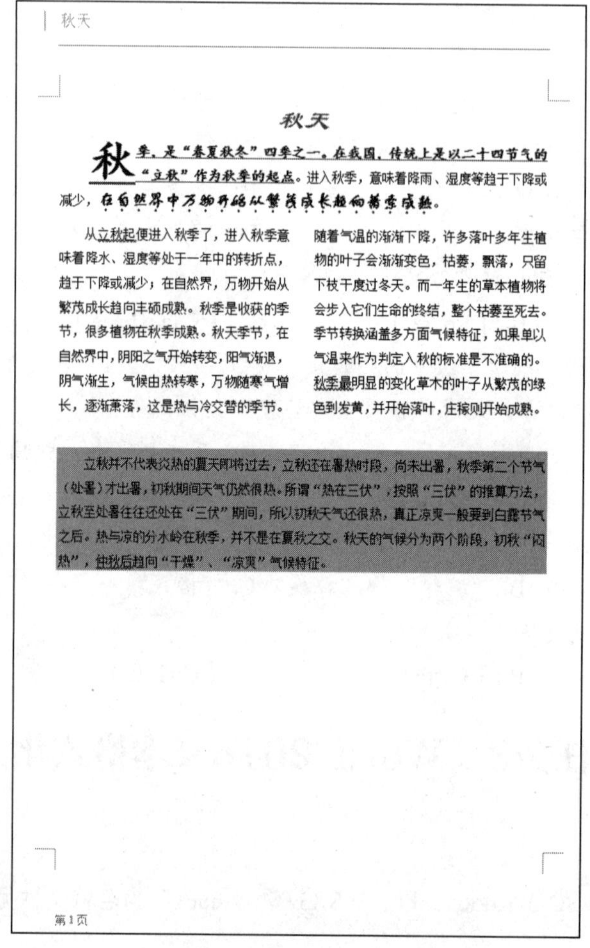

秋天

秋天

秋季，是“春夏秋冬”四季之一。在我国，传统上是以二十四节气的“立秋”作为秋季的起点。进入秋季，意味着降雨、湿度等趋于下降或减少，在自然界中万物开始从繁茂成长趋向萧索成熟。

从立秋起便进入秋季了，进入秋季意味着降水、湿度等处于一年中的转折点，趋于下降或减少；在自然界，万物开始从繁茂成长趋向丰硕成熟。秋季是收获的季节，很多植物在秋季成熟。秋天季节，在自然界中，阴阳之气开始转变，阳气渐退，阴气渐生，气候由热转寒，万物随寒气增长，逐渐萧落，这是热与冷交替的季节。随着气温的渐渐下降，许多落叶多年生植物的叶子会渐渐变色，枯萎，飘落，只留下枝干度过冬天。而一年生的草本植物将会步入它们生命的终结，整个枯萎至死去。季节转换涵盖多方面气候特征，如果单以气温来作为判定入秋的标准是不准确的。秋季最明显的变化草木的叶子从繁茂的绿色到发黄，并开始落叶，庄稼则开始成熟。

立秋并不代表炎热的夏天即将过去，立秋还在暑热时段，尚未出暑，秋季第二个节气（处暑）才出暑，初秋期间天气仍然很热。所谓“热在三伏”，按照“三伏”的推算方法，立秋至处暑往往还处在“三伏”期间，所以初秋天气还很热，真正凉爽一般要到白露节气之后。热与凉的分水岭在秋季，并不是在夏秋之交。秋天的气候分为两个阶段，初秋“闷热”，仲秋后趋向“干燥”、“凉爽”气候特征。

第 1 页

图3-16　实训结果

任务实施

操作 1：打开 Word 文档 WSC-3.docx，以“WSX3+学号.docx”为名将文件另存到“WSX3+学号”的文件夹中。

操作步骤略。

操作 2：将文档页面格式设置为上下边距各为 4 cm，左右边距各为 3.3 cm，纸张大小为 A4。

操作过程：

① 单击“布局”→“页面设置”组中的对话框启动器按钮（见图 3-17），打开“页面设置”对话框，如图 3-18 所示。

② 在“页边距”选项卡中进行“页边距”设置。

③ 在“纸张”选项卡中进行“纸张大小”设置，单击“确定”按钮。

具体操作过程如图 3-18 所示。

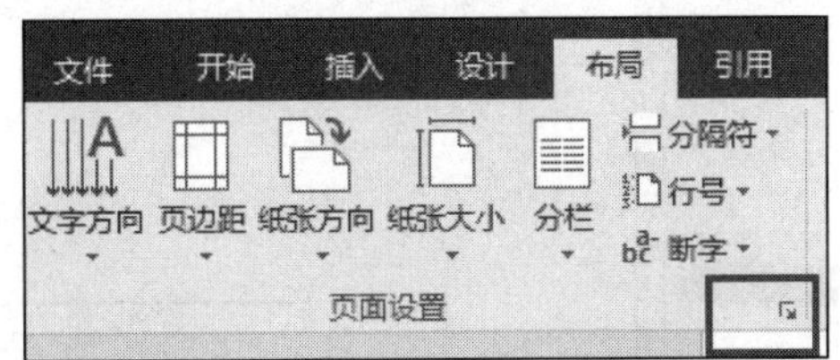

图3-17 单击对话框启动器按钮

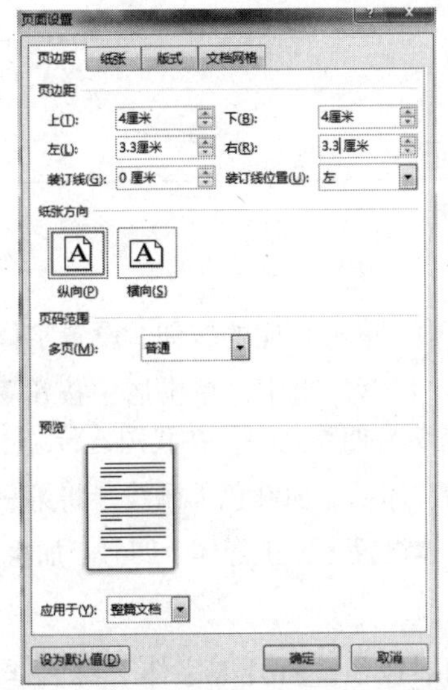

（a）“页面距”选项卡

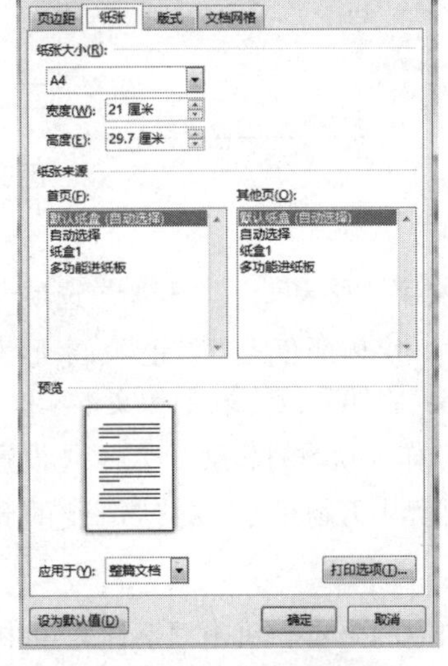

（b）“纸张”选项卡

图3-18 “页面设置”对话框

操作 3：插入“边线型”页眉，在页眉标题处录入“秋天”，对齐方式为左对齐，在左侧插入页码“第 1 页”。

操作过程：

① 在“插入”选项卡的“页眉和页脚”组中单击“页眉”按钮，在弹出的下拉列表中选择“边线型”的页眉样式，如图 3-19 所示。

② 将光标定位在页眉的“文档标题”标题框中，输入文字“秋天”，在“开始”选项卡的“段落”组中单击“文本”左对齐按钮。

③将光标移到页脚处，在“插入”选项卡的“页眉和页脚”组中单击“页码”按钮，在页面底端插入页码“1”。将光标移到“1”前，输入“第”，将光标移到“1”后，输入“页”，单击“关闭页眉和页脚”按钮。

操作 4：将标题文字“秋天”设置为隶书、二号、红色、倾斜、居中。

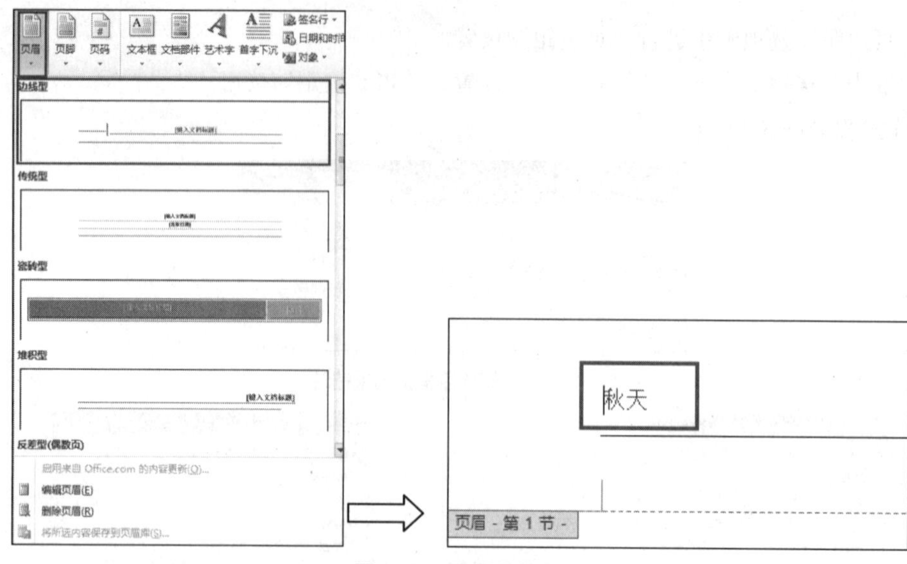

图3-19 页眉的设置

操作过程：

选定标题文字“秋天”，在“开始”选项卡的“字体”组中，单击相应的按钮，设置字体为“隶书”、字号为“二号”、字体颜色为“红色”、字形为“倾斜”，在“段落”组中，单击居中按钮。

操作 5：将第一段的第 1 句文本“秋季，是‘春夏秋冬’四季之一。在我国，传统上是以二十四节气的‘立秋’作为秋季的起点。”的字体设置为楷体、小四、加粗、加红色下画线。将第一段的最后 1 句文本“在自然界中万物开始从繁茂成长趋向萧索成熟”的字体设置为方正舒体、四号、加粗、加着重号。

操作过程：

① 选定相应的文本，单击“字体”组中的对话框启动器按钮，打开“字体”对话框，如图 3-20 所示。

② 单击相应的按钮进行设置，结果如图 3-21 所示。

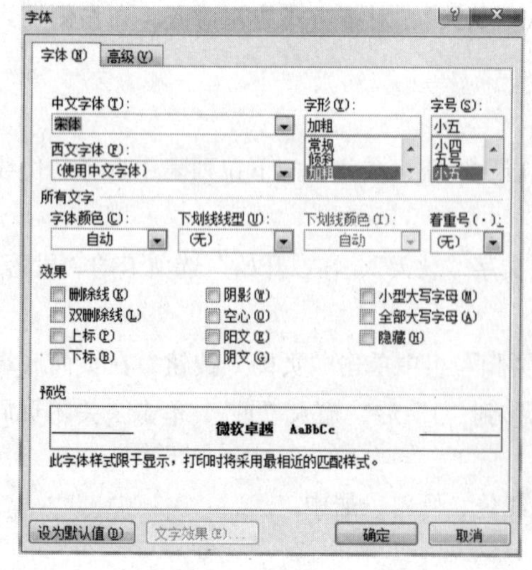

图 3-20 “字体”对话框

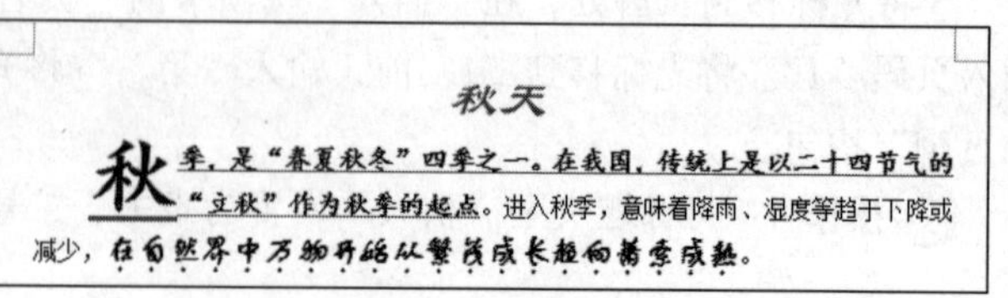

图 3-21 设置字体等格式后的结果

操作 6：将正文各段落首行缩进 2 个字符，行距设置为“固定值：20 磅”，将第一段的段后间距设置 0.5 行，最后一段的段前间距设置为 0.5 行。

操作过程：

① 选定正文各段落，单击“开始”选项卡“段落”组中的对话框启动器按钮（见图 3-22），打开“段落”对话框，如图 3-23 所示。

图3-22 单击对话框启动器按钮

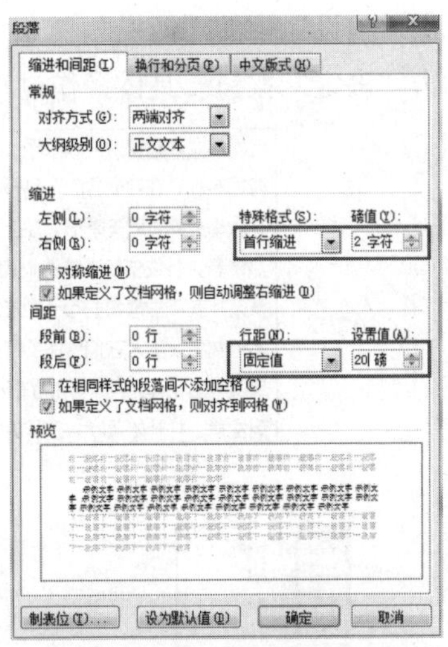

图3-23 “段落”对话框

② 单击“特殊格式”下拉按钮，选择“首行缩进”，在“磅值”数值框中设置为“2 字符”。

③ 单击“行距”下拉按钮，选择“固定值”，在“设置值”数值框中输入“20 磅”，单击“确定”按钮。

④ 选定第一段，单击“段后”增减按钮设置段后间距为“0.5 行”，单击“确定”按钮。

⑤ 选定最后一段，单击“段前”增减按钮设置段后间距为“0.5 行”，单击“确定”按钮，将段前间距调整为 0.5 行。设置结果如图 3-24 所示。

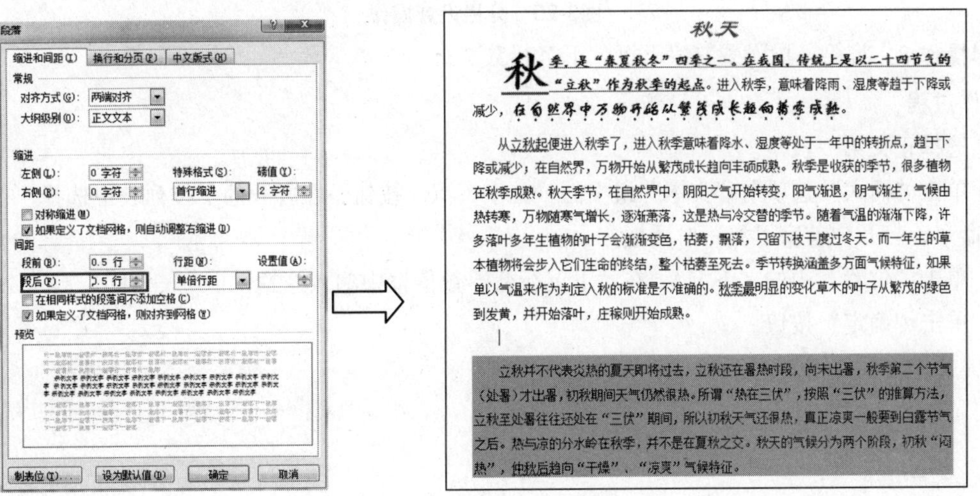

图3-24 设置段落后的结果

操作 7：将第二段设置为两栏式。

操作过程：

① 选择正文第二段。

② 在“布局”选项卡“页面设置”组中的“栏”按钮，在下拉列表中选“两栏”，或选择“更多栏”命令，打开“栏”对话框。

③ 单击“预设”中的“两栏”。

④ 单击“确定”按钮。具体操作过程如图 3-25 所示。

从立秋起便进入秋季了，进入秋季意味着降水、湿度等处于一年中的转折点，趋于下降或减少；在自然界，万物开始从繁茂成长趋向丰硕成熟。秋季是收获的季节，很多植物在秋季成熟。秋天季节，在自然界中，阴阳之气开始转变，阳气渐退，阴气渐生，气候由热转寒，万物随寒气增长，逐渐萧落，这是热与冷交替的季节。随着气温的渐渐下降，许多落叶多年生植物的叶子会渐渐变色，枯萎，飘落，只留下枝干度过冬天。而一年生的草本植物将会步入它们生命的终结，整个枯萎至死去。季节转换涵盖多方面气候特征，如果单以气温来作为判定入秋的标准是不准确的。秋季最明显的变化草木的叶子从繁茂的绿色到发黄，并开始落叶，庄稼则开始成熟。

（a）

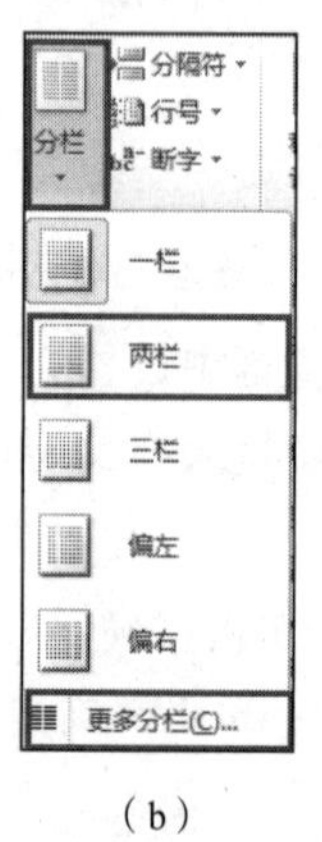

（b）

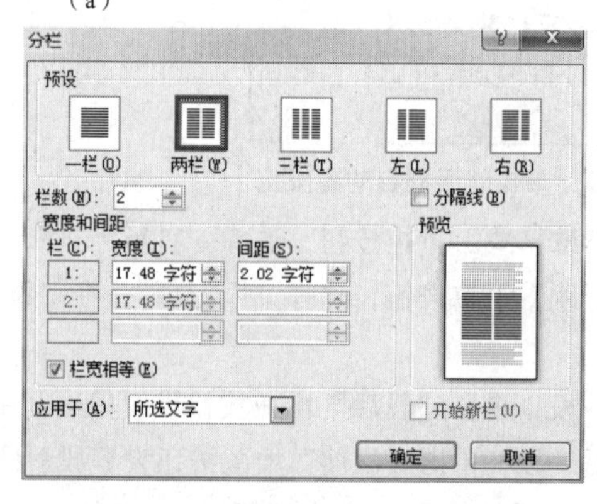

（c）

图3-25 分栏设置操作

操作 8：将第一段设置首字下沉，下沉行数 2 行。

操作过程：

① 选择正文第一段落。

② 单击“插入”选项卡“文本”组中的“首字下沉”按钮，在打开的下拉列表中选择“首字下沉选项”命令，打开“首字下沉”对话框。

③ 单击“位置”中的“下沉”，在“下沉行数”数值框中输入“2”。

④ 单击“确定”按钮。

具体操作过程如图 3-26 所示。

秋天

秋季，是“春夏秋冬”四季之一。在我国，传统上是以二十四节气的“立秋”作为秋季的起点。进入秋季，意味着降雨、湿度等趋于下降或减少，在自然界中万物开始从繁茂成长趋向萧索成熟。

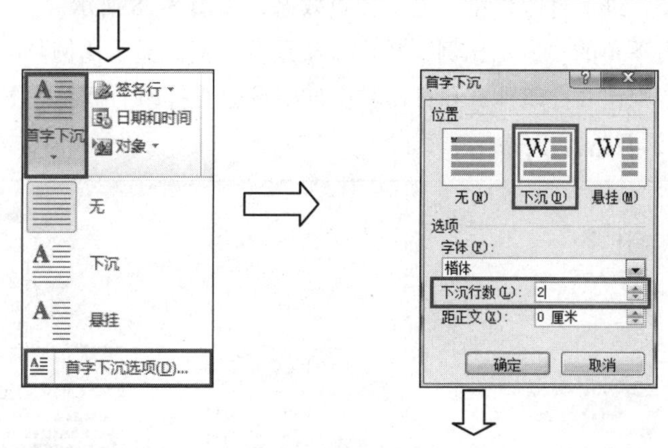

秋天

秋季，是“春夏秋冬”四季之一。在我国，传统上是以二十四节气的“立秋”作为秋季的起点。进入秋季，意味着降雨、湿度等趋于下降或减少，在自然界中万物开始从繁茂成长趋向萧索成熟。

图3-26 设置首字下沉的操作过程

操作 9：将最后一段加上浅绿色底纹。

操作过程：

① 选定最后一段文本，单击“开始”选项卡“段落”组中的边框 ⊞ 下拉按钮，在下拉列表中选择“边框和底纹”命令，打开“边框和底纹”对话框，如图 3-27 所示。

② 在对话框中单击“底纹”选项，单击填充颜色框右侧下拉箭头，在下拉列表中选择“浅绿”，单击应用于下拉列表，选择“段落”。

③ 单击“确定”按钮。

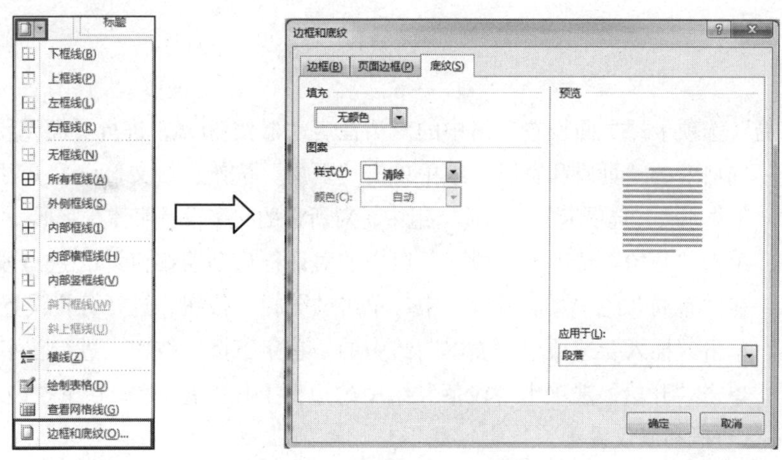

图3-27 设置段落底纹的操作过程

操作 10：打印预览与打印文档。

操作过程：

① 单击快速工具栏中的“打印预览和打印”按钮（快速访问工具栏中要先定义此按钮），或选择“文件”→“打印”命令，进入打印预览，显示预览效果，如图 3-28 所示。

② 拖动预览窗口右下角的“显示比例”滑块调整预览界面的显示比例。

③ 如果需要打印，则在“打印预览和打印”窗口中设置要打印的页面范围、打印的份数，设置完毕后单击“打印”按钮，开始打印文档。

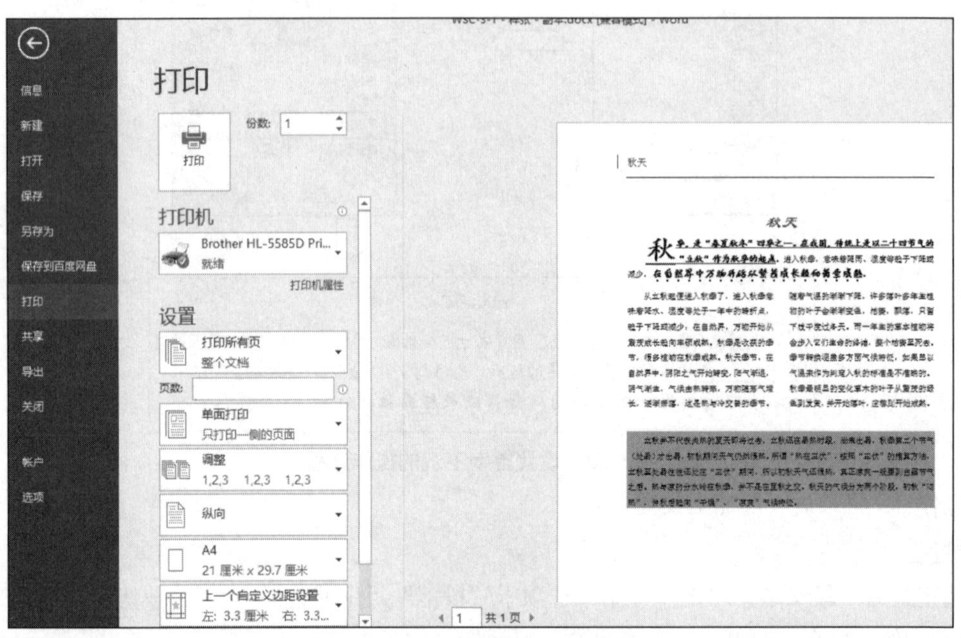

图3-28 打印预览及打印操作

操作 11：

操作要求：保存文档。

操作过程略。

任务小结

① 单击“布局”选项卡“页面设置”组中的对话框启动器按钮，进行页面设置。

② 在“插入”选项卡的“页眉和页脚”组中单击“页眉”按钮，给文档设置页眉。

③ 选定文字，在“开始”选项卡的“字体”组中，对所选的文字设置字体、字形、字号、颜色等。

④ 选定段落，单击“开始”选项卡“段落”组中的对话框启动器按钮，进行段落设置。

⑤ 选定文本，在“布局”的“页面设置”中，单击“分栏”按钮，进行分栏设置。

⑥ 选择段落，单击“插入”选项卡“文本”组中的“首字下沉”按钮，进行首字下沉设置。

⑦ 选定文本，单击“开始”选项卡“段落”组中的边框下拉按钮，在下拉列表中选择“边框和底纹”命令，进行边框和底纹设置。

⑧ 单击快速工具栏中的“打印预览和打印”按钮，或者选择“文件”→“打印”命令，对文档进行打印。

课后实训

1. 编辑排版（一）

请按下列要求使用 Word 软件进行编辑排版，结果如图 3-29 所示。

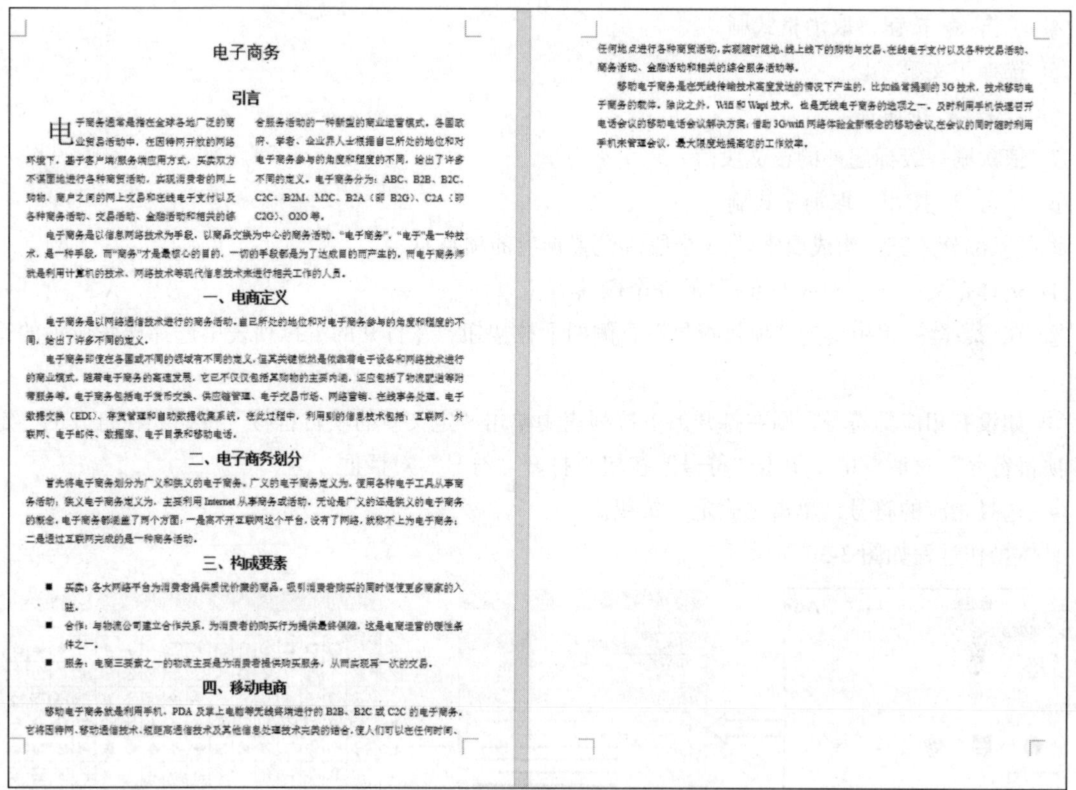

电子商务

引言

电子商务通常是指在全球各地广泛的商业贸易活动中，在因特网开放的网络环境下，基于客户端/服务端应用方式，买卖双方不谋面地进行各种商贸活动，实现消费者的网上购物、商户之间的网上交易和在线电子支付以及各种商务活动、交易活动、金融活动和相关的综合服务活动的一种新型的商业运营模式。各国政府、学者、企业界人士根据自己所处的地位和对电子商务参与的角度和程度的不同，给出了许多不同的定义。电子商务分为：ABC、B2B、B2C、C2C、B2M、M2C、B2A（即 B2G）、C2A（即 C2G）、O2O 等。

电子商务是以信息网络技术为手段，以商品交换为中心的商务活动。“电子商务”，“电子”是一种技术，是一种手段，而“商务”才是最核心的目的，一切的手段都是为了达成目的而产生的。而电子商务师就是利用计算机的技术、网络技术等现代信息技术来进行相关工作的人员。

一、电商定义

电子商务是以网络通信技术进行的商务活动。自已所处的地位和对电子商务参与的角度和程度的不同，给出了许多不同的定义。

电子商务即使在各国或不同的领域有不同的定义，但其关键依然是依靠着电子设备和网络技术进行的商业模式。随着电子商务的高速发展，它已不仅仅包括其购物的主要内涵，还应包括了物流配送等附带服务等。电子商务包括电子货币交换、供应链管理、电子交易市场、网络营销、在线事务处理、电子数据交换（EDI）、存货管理和自动数据收集系统。在此过程中，利用到的信息技术包括：互联网、外联网、电子邮件、数据库、电子目录和移动电话。

二、电子商务划分

首先将电子商务划分为广义和狭义的电子商务。广义的电子商务定义为，使用各种电子工具从事商务活动；狭义电子商务定义为，主要利用 Internet 从事商务或活动。无论是广义的还是狭义的电子商务的概念，电子商务都涵盖了两个方面：一是离不开互联网这个平台，没有了网络，就称不上为电子商务；二是通过互联网完成的是一种商务活动。

三、构成要素

- 买卖：各大网络平台为消费者提供质优价廉的商品，吸引消费者购买的同时促使更多商家的入驻。
- 合作：与物流公司建立合作关系，为消费者的购买行为提供最终保障，这是电商运营的硬性条件之一。
- 服务：电商三要素之一的物流主要是为消费者提供购买服务，从而实现再一次的交易。

四、移动电商

移动电子商务就是利用手机、PDA 及掌上电脑等无线终端进行的 B2B、B2C 或 C2C 的电子商务。它将因特网、移动通信技术、短距离通信技术及其他信息处理技术完美的结合，使人们可以在任何时间、任何地点进行各种商贸活动，实现随时随地、线上线下的购物与交易、在线电子支付以及各种交易活动、商务活动、金融活动和相关的综合服务活动等。

移动电子商务是在无线传输技术高度发达的情况下产生的，比如经常提到的 3G 技术，技术移动电子商务的载体。除此之外，Wifi 和 Wapi 技术，也是无线电子商务的选项之一。及时利用手机快速召开电话会议的移动电话会议解决方案：借助 3G/wifi 网络体验全新概念的移动会议，在会议的同时随时利用手机来管理会议，最大限度地提高您的工作效率。

图3-29　课后实训的结果

① 打开 Word 文档 WSC-3-2.docx，以“WSX3+学号-2.docx”为名将文件另存到“WSX3+学号”的文件夹中。

② 将文档页面格式设置为上、下边距各为 2 cm，左边距为 2.5 cm，右边距为 2 cm，纸张大小为 A4。

③ 将文章标题字体设置为黑体，小二号，将“引言”字体设置为宋体，小三号，加粗。

④ 将文章正文第一段字体设置为宋体，小四号。

⑤ 将文章标题段落格式设置为居中，段后间距 1 行，将“引言”段落格式设置为居中。将正文第 1 段设置为首行缩进 2 字符，1.25 倍行距。

⑥ 利用格式刷，将文章一级标题格式设置与“引言”相同，将文章正文格式设置与正文第 1 段相同。

⑦ 将第 1 段设置为两栏式。

⑧ 将第 1 段设置首字下沉，下沉行数 2 行。

⑨ 按样张，将第三部分“三、构成要素。”3 个段落设置相应的项目符号。

⑩ 保存文档。

部分操作提示如下：

利用格式刷，将文章一级标题格式设置与“引言”相同，将文章正文格式设置与正文第一段相同。

① 选择文章一级标题“引言”。

② 在“开始”选项卡的“剪贴板”组中，双击格式刷 按钮。

③ 依次用格式刷刷文章中的一级标题。

④ 单击 按钮，取消格式刷。

⑤ 选择正文第一段。

⑥ 双击 按钮。

⑦ 依次刷一级标题外的正文段落。

⑧ 单击 按钮，取消格式刷。

将第三部分“三、构成要素。”3 个段落设置相应的项目符号。

① 选择正文“三、构成要素。”的 3 个段落。

② 在“段落”组中单击“项目符号”右侧的下拉按钮，在打开的下拉列表中选择样张所示的符号类型。

③ 如没有相应的符号，则在打开的下拉列表中单击“定义新的项目符号”按钮，在打开的“定义新的项目符号”对话框中，单击“符号”按钮，打开“符号”对话框。

④ 选择相应的符号，单击“确定”按钮。

具体操作过程如图 3-30 所示。

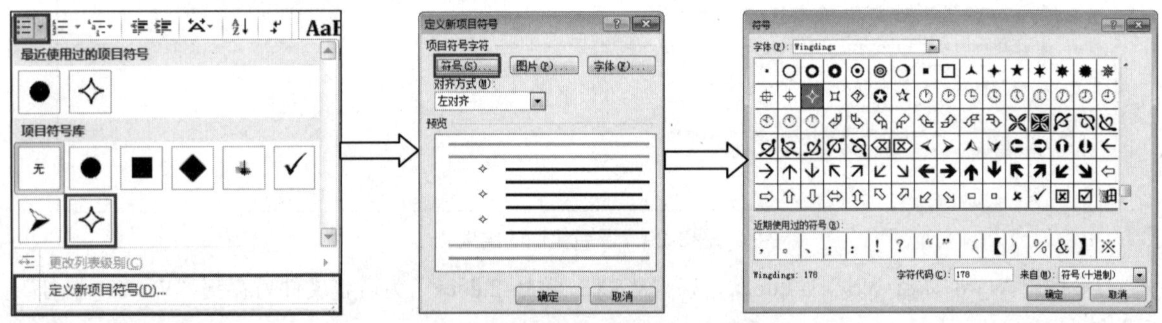

图3-30 设置项目符号的操作过程

2. 编辑排版（二）

请按下列要求使用 Word 软件进行编辑排版，结果如图 3-31 所示。

① 打开 Word 文档 WSC-3-3.docx，以“WSX3+学号-3.docx”为名将文件另存到“WSX3+学号”的文件夹中。

② 将文档页面格式设置为上、下边距各为 2.5 cm，左、右边距为 2.5 cm，纸张大小为 A4。

③ 将标题文字“信息时代的思考”设置为三号、黑体、绿色、加下画线、居中，并添加灰色－15%底纹，段后间距为 20 磅。

④ 将正文所有段落设置为首行缩进 2 个字符、行距为固定值 20 磅。

⑤ 将正文第二段和第三段合并，将合并后的段落分为等宽的两栏，其栏宽为 7 cm。

⑥ 利用查找替换功能将正文中的所有“水平”改为“能力”，将“科学技术”改为红色。

信息时代的思考

经济全球化的趋势不能或者说至少现在不能消灭作为国家或民族这些独立利益主体的存在，因此就存在着国家之间的竞争，而在当今，国家的竞争更本质地表现在经济实力方面的竞争，经济实力的增长也已经从传统的依赖资源投入模式转向依赖以技术为主的投入模式，一个国家的科技能力及其技术产业化的能力从根本上决定了一个国家的经济实力及发展前景。

努力发展本国经济是现时每个国家的首要的问题，对于中国来说，发展经济更是重中之重。专业化“企业—科研教育机构”的电子商务交易平台就是为科学技术的创造发明者和科学技术的应用者创造一个信息交流的平台，通过这个平台可以充分挖掘现存的技术资源，使科研教育机构的科研工作者及在校有研究发明才能的学生能够把自己的研究课题与以企业为主体的社会生产单位的需要紧密结合起来，达到缩短技术发明与技术应用之间的时间周期。同时作为企业来说，可以将企业内部的研究开发资源与外部的技术资源结合起来，突破自身技术资源的局限，加速研究开发的时间周期，缩短技术实施的试验周期。

这里我们更注意的是努力挖掘和充分利用这些技术，即在这些技术的支持下，重新认识我们的工作理念并且为之设计其运行的工作平台，从而更充分地利用我们稀缺的资源，降低交易成本，推动技术的产业化，实现国富民强。

图3-31 编辑排版后的结果

理论习题

一、填空题

1. “字体”对话框分为______和______ 2 个选项卡，用户可以在其中设置各种字体属性。
2. 段落的对齐方式主要有______、______、______、______和______等 5 种。
3. 在 Word 2016 中，利用格式刷按钮可以复制字符格式，______该按钮可以启动格式刷。
4. Word 2016 编辑文档时，默认使用的字号是______，中文字号越大，表示字越______。
5. 在 Word 2016 环境下，双击左侧的文本选定区，则会______。

二、选择题

1. 在文档中选择一个矩形区域，可以用以下的方法（ ）。

   A. 按住【Alt】键，拖动鼠标　　B. 用【Ctrl+A】组合键

   C. 用【Ctrl+N】组合键　　D. 双击该矩形区域

2. 关闭正在编辑的 Word 2016 文档时，文档从屏幕上予以清除，同时也从（ ）中清除。

   A. 外存　　B. 内存　　C. 磁盘　　D. CD－ROM

3. 在 Word 2016 中，要设置字符的颜色，可先选择文字，然后单击“开始”选项卡“字体”组右下角的对话框启动器按钮打开“字体”对话框，再单击（ ）。

   A. “段落”选项　　B. “样式与格式”选项

   C. “字体”选项　　D. “边框和底纹”选项

4. 在 Word 2016 的文档编辑状态，进行字体设置后，按所设的字体显示的是（ ）。

   A. 插入点所在段落的文字　　B. 插入点所在行的文字

C. 文档中被选择的文字　　D. 文档的全部文字

5. 在 Word 2016 中删除一个段落标记符后，前后两段文字合并为一段，此时（　　）。

A. 原段落格式不变　　B. 采用后一段格式　　C. 采用前一段格式　　D. 变为默认格式

6. 输入文本时，在段落结束处按【Enter】键后，以产生一个新段。若不专门指定，新开始的自然段落会自动使用（　　）排版。

A. 宋体五号，单倍行距　　B. 开机时的默认格式

C. 仿宋体，三号字　　D. 与上一段相同的段落格式

7. 在 Word 2016 中，要调节行间距，则应该选择（　　）。

A. 页面设置　　B. 字体设置　　C. 段落设置　　D. 视图设置

8. 在 Word 2016 窗口中，若选定文本中有几种字体的字，则“字体框”中呈现（　　）。

A. 排在前面字体　　B. 首字符的字体　　C. 空白　　D. 使用最多的字体

9. 在 Word 2016 的编辑状态，当前编辑文档中的字体全是宋体字，选择了一段文字使之成反显状，先设定了楷体，又设定了仿宋体，则（　　）。

A. 文档全文都是楷体　　B. 被选择的内容仍为宋体

C. 被选择的内容变为仿宋体　　D. 文档的全部文字的字体不变

10. 在 Word 窗口上部的标尺中，可直接设置的格式是（　　）。

A. 字体　　B. 段落缩进　　C. 分栏　　D. 字符间距

11. 在 Word 中，默认的对齐方式是（　　）。

A. 左对齐　　B. 右对齐　　C. 居中　　D. 两端对齐

12. 在 Word 中，用户可以将文档左右两端都充满页面，字符少的则自动加大间距，这种对齐方式被称为（　　）。

A. 两端对齐　　B. 分散对齐　　C. 左对齐　　D. 右对齐

13. 在一个文档中，要插入“√”符号，应从（　　）选项卡中进入。

A. 文件　　B. 开始　　C. 插入　　D. 布局

任务4　Word 2016 表格制作与编辑

任务要求

1. 制作简单的表格

① 新建 Word 文档，在文档中插入 1 个 5 行 9 列的表格，如图 3-32 所示。

② 合并第 4 列和第 8 列的 2、3、4 行单元格。

③ 调整第 1 列的列宽为 2.6 cm，第 1 行的行高为 1.1 cm。

④ 自动套用“无格式表格 1”的表格样式。

⑤ 保存文档。

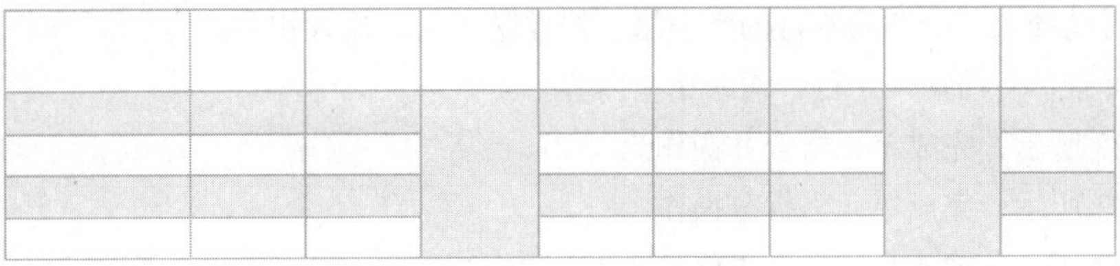

图3-32 创建完成的表格

2. 制作毕业生个人简历的表格（见图 3-33）

毕业生个人简历

<table>
<tr><td>姓名</td><td>张三</td><td>性别</td><td>女</td><td>民族</td><td>汉</td><td rowspan="5"> </td></tr>
<tr><td>政治面貌</td><td>党员</td><td>出生年月</td><td>1990.10</td><td>籍贯</td><td>南宁</td></tr>
<tr><td>学制</td><td>三年</td><td>学历</td><td>大专</td><td>专业</td><td>计算机</td></tr>
<tr><td>毕业院校</td><td colspan="5">广西农业职业技术大学</td></tr>
<tr><td>家庭住址</td><td colspan="5">广西南宁市大学东路XX号</td></tr>
<tr><td>联络方式</td><td colspan="3">13077737XXX</td><td>邮政编码</td><td colspan="2">5 3 0 X X X</td></tr>
<tr><td>E-mail</td><td colspan="3">abc@163.com</td><td>QQ</td><td colspan="2">5123XXXXX</td></tr>
<tr><td>教育背景</td><td colspan="6">主修课程：
C 语言程序设计、数据库、软件工程、微机原理、计算机网络、管理学、统计学、电子商务概率、Python 程序设计。</td></tr>
<tr><td>工作经历</td><td colspan="6">2019 年 6 月—8 月：在 XX 公司实习，主要从事网络信息的收集与发布。
2019 年 9 月—12 月：在 XX 公司实习，主要从事网络信息化的建设。
2020 年 1 月—6 月：在 XX 公司实习，主要从事网站的设计、建设。</td></tr>
<tr><td>个人特点</td><td colspan="6">大胆改革、勇于创新。
只争朝夕、开拓进取。
与时俱进、不墨守成规。</td></tr>
</table>

图3-33 制作完成的个人简历表格

① 新建 Word 文档，以“WSX4+学号.docx”为文件名保存至“WSX4+学号”文件夹。

② 将文档页面格式设置为上、下边距各为 2 cm，左边距为 2.5 cm，右边距为 2 cm，纸张大小为 A4。

③ 在第 1 行输入“毕业生个人简历”，设置为黑体，小二号，居中。另起一行设置字体为宋体，五号，居左对齐。

④ 在第 2 行处插入一个 7 列 9 行的空表格。按样张所示，输入相关内容。

⑤ “教育背景”行前插入一行，输入相应内容。

⑥ 如图 3-33 所示，完成单元格合并操作。

⑦ 如图 3-33 所示，完成单元格拆分操作。

⑧ 如图 3-33 所示，输入自己的个人信息。

⑨ 将 1～7 行设置行高为 0.8 cm，将 8～10 行设置行高为 6 cm。

⑩ 将第 1～7 行设置中部对齐方式，将 8～10 行第 1 列设置中部对齐方式，第 8～10 行第 2 列设置为居左垂直居中对齐方式。

⑪ 按图设置表格中项目名称字体为黑体，单元格填充颜色为“灰度-5%”。

⑫ 按图 3-33 所示设置表格外边框为双线。

⑬ 按图 3-33 所示插入照片。

⑭ 保存文档。

任务实施

任务内容（一）操作步骤：

操作 1：新建 Word 文档，在文档中插入 1 个 5 行 9 列的表格。

操作过程：

单击“插入”选项卡“表格”组中的“表格”按钮，在打开的下拉列表中选择 5 行 9 列表格，如图 3-34 所示。

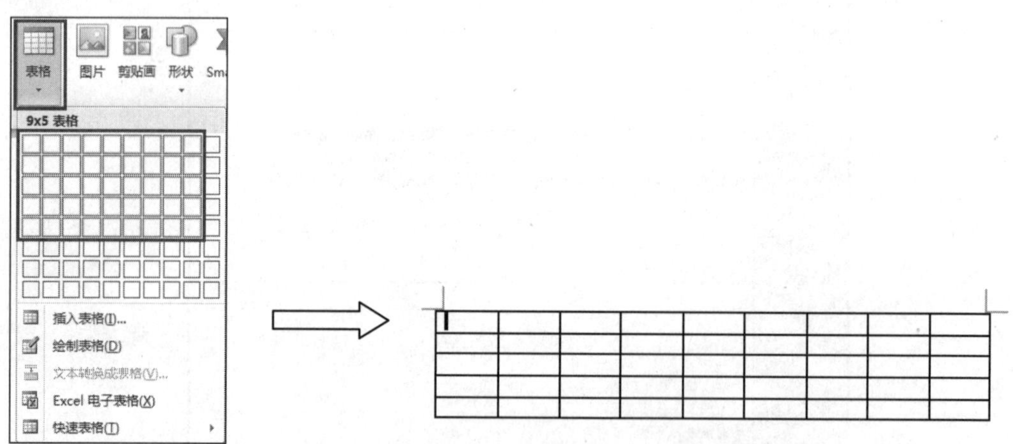

图3-34　插入表格

操作 2：合并第 4 列和第 8 列的 2、3、4 行单元格。

操作过程：

选择第 4 列的 2、3、4 行单元格，单击“表格工具-布局”选项卡“合并”组中的“合并单元格”按钮（见图 3-35），即可合并单元格。用同样的方法合并第 8 列的 2、3、4 行单元格。

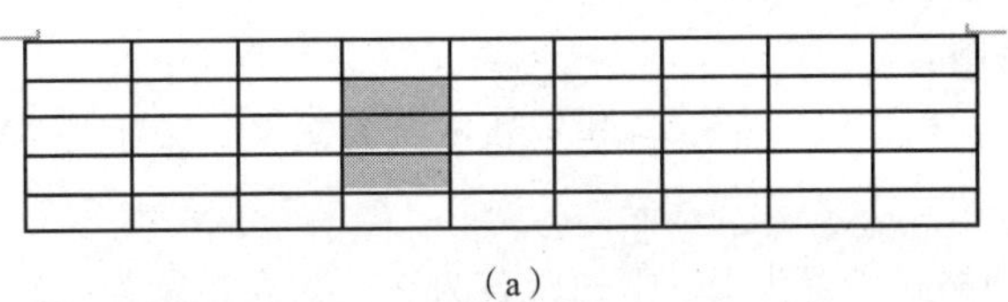

（a）

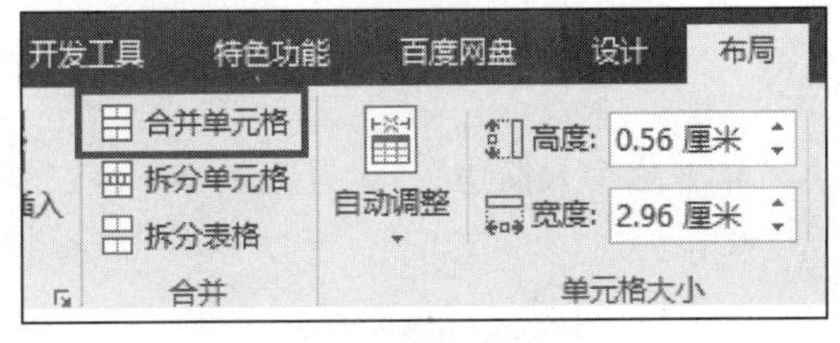

（b）

图3-35　合并单元格操作

操作 3：调整第 1 列的列宽为 2.6 厘米，第 1 行的行高为 1.1 厘米。

操作过程：

选定第 1 列，在“表格工具-布局”选项卡下，将“单元格大小”组中的“宽度”值调整为“2.6 厘米”（见图 3-36），用类似的方法设第 1 行的行高为 1.1 厘米。

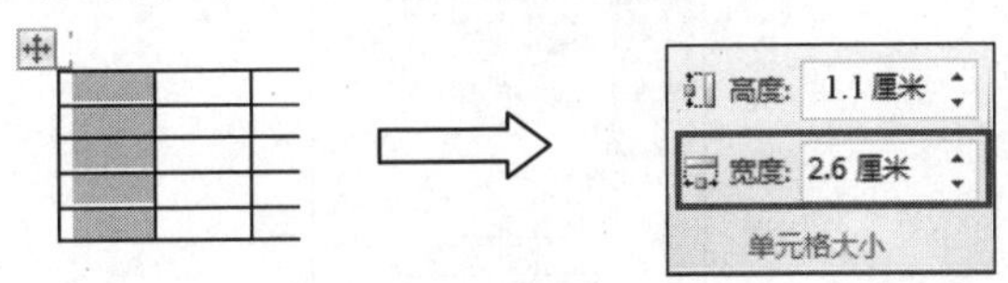

图3-36　设置列宽和行高

操作 4：自动套用“无格式表格 1”的表格样式。

操作过程：

选定整个表格，单击“表格工具-设计”选项卡的“表格样式”右侧的“其他”按钮，在打开的列表框的“普通表格”区域选择“无格式表格 1”的表格样式，如图 3-37 所示。

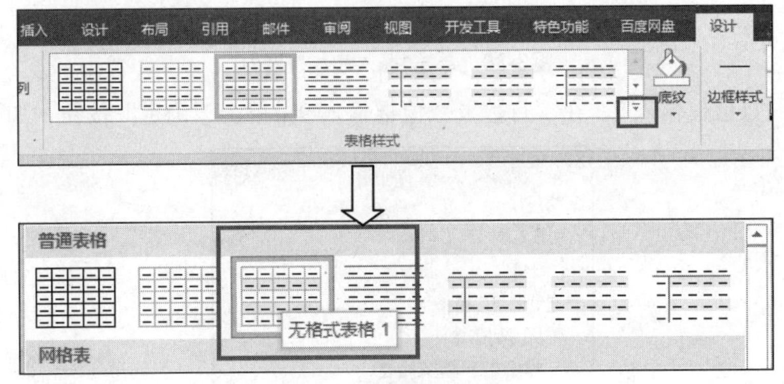

图3-37　套用表格样式

操作 5：保存文档。

操作步骤略。

任务内容（二）操作步骤：

操作 1：新建 Word 文档，以“WSX4+学号.docx”为文件名保存至“WSX4+学号”文件夹。

操作步骤略。

操作 2：将文档页面格式设置为上、下边距各为 2 cm，左边距为 2.5 cm，右边距为 2 cm，纸张大小为 A4。

操作步骤略。

操作 3：在第 1 行输入“毕业生个人简历”，设置为黑体，小二号，居中。另起一行设置字体为宋体，五号，居左对齐。

操作步骤略。

操作 4：在第 2 行处插入一个 7 列 9 行的空表格并输入相关内容。

操作过程：

① 将光标定位在第 2 行。

② 单击“插入”选项卡中的“表格”按钮，弹出下拉列表。

③ 在打开的下拉列表中选择“插入表格”命令，打开“插入表格”对话框，如图 3-38 所示。

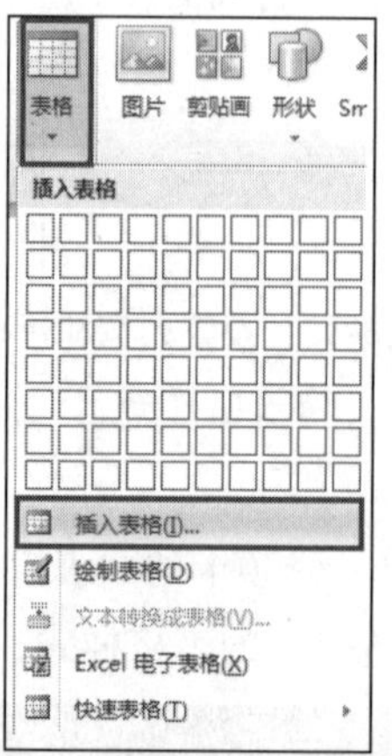

图3-38 单击“插入表格”按钮

④ 在“列数”数值框输入 7，在“行数”数值框输入 9，单击“确定”按钮，如图 3-39 所示。

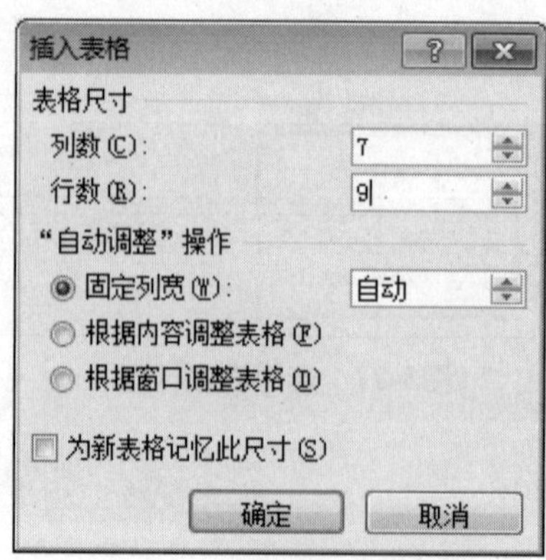

图3-39 “插入表格”对话框

⑤ 按图 3-40 所示输入相关内容。

毕业生个人简历

姓名		性别		民族		
政治面貌		出生年月		籍贯		
学制		学历		专业		
毕业院校						
家庭住址						
联系方式				邮政编码		
教育背景						
工作经历						
个人特点						

图3-40 输入相关内容

操作 5：在“教育背景”行前插入一行，输入相应内容。

操作过程：

① 右击“教育背景”行。

② 在弹出的快捷菜单中选择“插入”→“在上方插入行”命令，如图 3-41 所示。

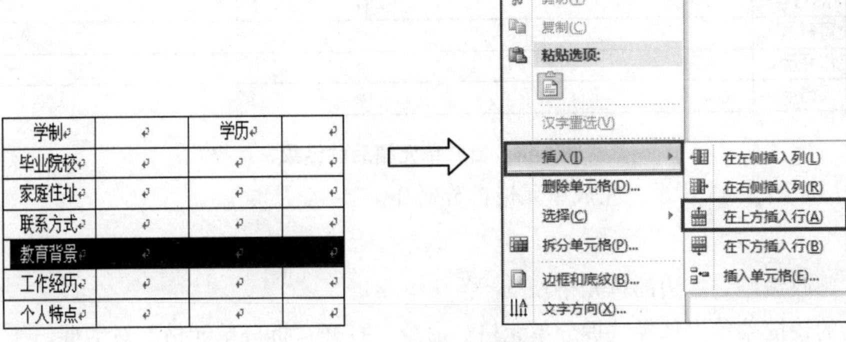

图3-41 插入行操作

③ 按图 3-42 所示输入相关内容。

毕业生个人简历

姓名		性别		民族		
政治面貌		出生年月		籍贯		
学制		学历		专业		
毕业院校						
家庭住址						
联系方式				邮政编码		
Email				QQ		
教育背景						
工作经历						
个人特点						

图3-42 输入相关内容

操作 6：如图 3–43 所示，完成单元格合并操作。

操作过程：

① 选择“毕业院校”右边 5 个单元格，右击。

② 在弹出的快捷菜单中选择“合并单元格”命令，将选定单元格合并为一个单元格。

③ 根据以上方法，按图 3-44 完成其余单元格合并操作。

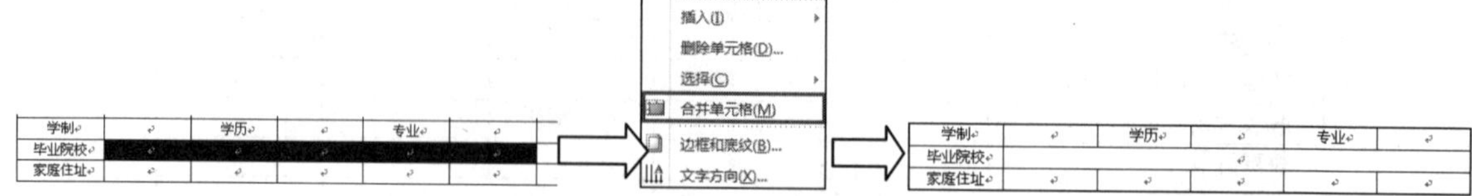

图3-43 合并单元格的操作

毕业生个人简历

姓名		性别		民族		
政治面貌		出生年月		籍贯		
学制		学历		专业		
毕业院校						
家庭住址						
联系方式				邮政编码		
Email				QQ		
教育背景						
工作经历						
个人特点						

图3-44 合并单元格后的结果

操作 7：如图 3–45 所示，完成单元格拆分操作。

操作过程：

① 右击“邮政编码”右边的单元格。

② 在弹出的快捷菜单中选择“拆分单元格”命令，打开“拆分单元格”对话框。

③ 在“列数”数值框中输入“6”，如图 3-45 所示。

④ 单击“确定”按钮，结果如图 3-46 所示。

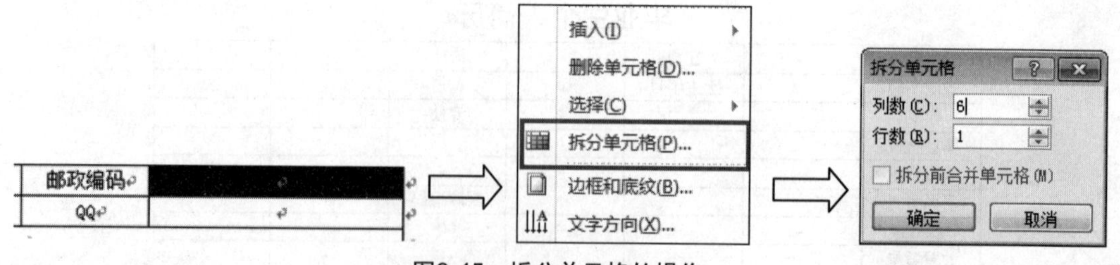

图3-45 拆分单元格的操作

操作 8：如图 3–47 所示，输入个人信息。

操作步骤略。

毕业生个人简历

姓名		性别		民族						
政治面貌		出生年月		籍贯						
学制		学历		专业						
毕业院校										
家庭住址										
联系方式				邮政编码						
Email				QQ						
教育背景										
工作经历										
个人特点										

图3-46 拆分单元格后的结果

毕业生个人简历

姓名	张三	性别	女	民族	汉					
政治面貌	中共党员	出生年月	1990.10	籍贯	南宁					
学制	三年	学历	大专	专业	计算机					
毕业院校	广西农业职业技术学院									
家庭住址	广西南宁大学东路 176 号									
联系方式	0771-3249665			邮政编码	5	3	0	0	0	7
Email	abc@163.com			QQ	13648907					
教育背景	主修课程： C 语言、数据库、数据结构、软件工程、微机原理、应用软件、计算机网络、管理信息导论、管理学、市场营销学、电子商务概论、统计学、会计学、经济学等课程。 专业技能： 接受过全方位的大学基础教育，受到良好的专业训练和能力的培养，在办公软件、网页制作等方面，有扎实的理论基础和实践经验，有较强的动手能力和研究分析能力。 外语水平： 具有一定的听、说、读、写能力，取得国家英语等级四级证书。									
工作经历	2009 年 7 月-8 月：在****见习，主要从事网络信息收集与发布。 2010 年 7 月-8 月：在****，协助本县农村网络化建设，负责网站的管理与维护。 2009 年 9 月-2010 年 6 月：在****勤工俭学，负责本院招生就业网站的设计、建设与维护，先后改版三期，同时负责日常文档处理。									
个人特点	大胆改革、勇于创新 敢闯敢试、开拓进取 只争朝夕、与时俱进 千方百计争上游、争第一 另：由于多年担任学生干部，培养了一定的组织管理能力，具有一定的交际能力，曾多次被评为优秀学生干部。曾参加过****信息网建设、****网的建设与维护，在网页制作方面具有一定的工作能力、工作经验。曾参加学院的“移动杯”网页制作大赛，获得专业组一等奖。									

图3-47 输入个人信息

操作 9：将 1～7 行设置行高为 0.8 cm，将 8～10 行设置行高为 6 cm。

操作过程：

① 选择表格中的 1～7 行。

② 在“表格工具-布局”选项卡下，将“单元格大小”组中的“高度”值调整为“0.8 厘米”，如图 3-48 所示。

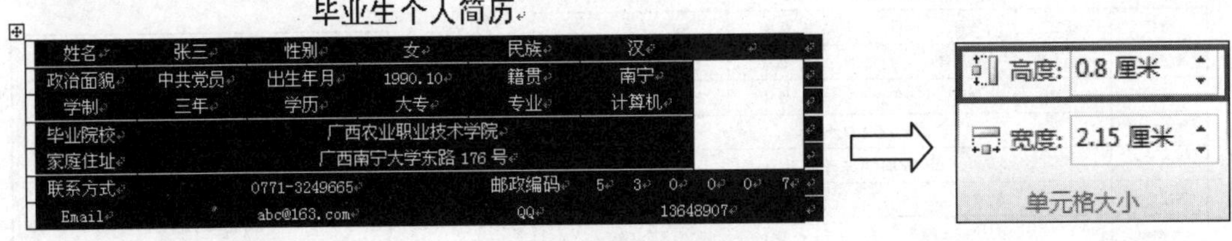

图3-48 行高设置操作

③ 按如上方法设置 8～10 行的高度，结果如图 3-49 所示。

毕业生个人简历

姓名	张三	性别	女	民族	汉	
政治面貌	中共党员	出生年月	1990.10	籍贯	南宁	
学制	三年	学历	大专	专业	计算机	
毕业院校	广西农业职业技术大学					
家庭住址	广西南宁市大学东路 XX 号					
联络方式	13077737XXX		邮政编码	5 3 0 X X X		
E-mail	abc@163.com		QQ	5123XXXXX		
教育背景	主修课程： C 语言程序设计、数据库、软件工程、微机原理、计算机网络、管理学、统计学、电子商务概率、Python 程序设计。					
工作经历	2019 年 6 月—8 月：在 XX 公司实习，主要从事网络信息的收集与发布。 2019 年 9 月—12 月：在 XX 公司实习，主要从事网络信息化的建设。 2020 年 1 月—6 月：在 XX 公司实习，主要从事网站的设计、建设。					
个人特点	大胆改革、勇于创新。 只争朝夕、开拓进取。 与时俱进、不墨守成规。					

图3-49 设置行高后的结果

操作 10：将第 1～7 行设置中部对齐方式，将 8～10 行第 1 列设置中部对齐方式，第 8～10 行第 2 列设置为“靠左对齐”对齐方式。

操作过程：

① 选择表格 1～7 行。

② 在“表格工具-布局”选项卡下，单击“对齐方式”组中的“水平居中”按钮。

③ 按如上方法选择并设置 8～10 行第 1 列。

④ 按如上方法选择 8～10 行第 2 列，单击“靠左对齐”按钮，如图 3-50 所示。

毕业生个人简历

姓名	张三	性别	女	民族	汉	
政治面貌	中共党员	出生年月	1990.10	籍贯	南宁	
学制	三年	学历	大专	专业	计算机	
毕业院校	广西农业职业技术大学					
家庭住址	广西南宁市大学东路 XX 号					
联络方式	13077737XXX		邮政编码	5 3 0 X X X		
E-mail	abc@163.com		QQ	5123XXXXX		

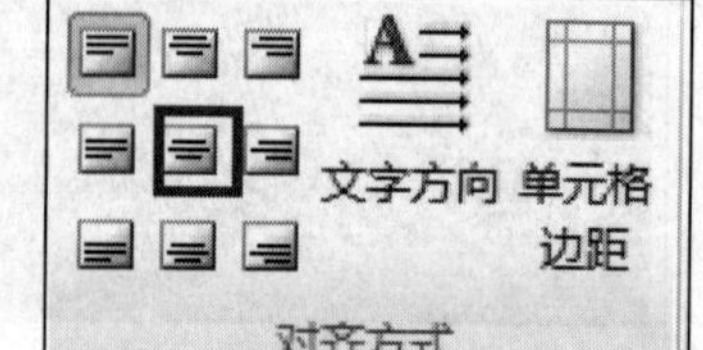

图3-50 单元格对齐方式设置操作

操作结果如图 3-51 所示。

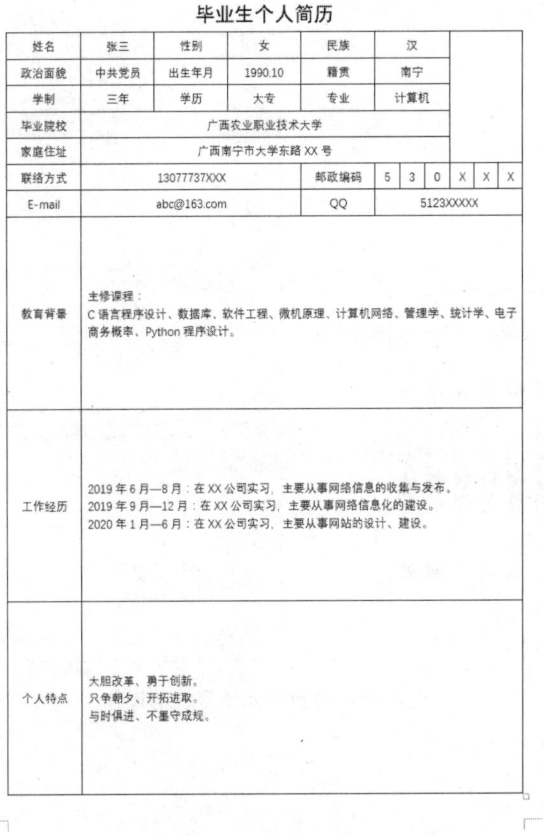

毕业生个人简历

姓名	张三	性别	女	民族	汉	
政治面貌	中共党员	出生年月	1990.10	籍贯	南宁	
学制	三年	学历	大专	专业	计算机	
毕业院校	广西农业职业技术大学					
家庭住址	广西南宁市大学东路 XX 号					
联络方式	13077737XXX		邮政编码	5 3 0	X X X	
E-mail	abc@163.com		QQ	5123XXXXX		
教育背景	主修课程： C 语言程序设计、数据库、软件工程、微机原理、计算机网络、管理学、统计学、电子商务概率、Python 程序设计。					
工作经历	2019 年 6 月—8 月：在 XX 公司实习，主要从事网络信息的收集与发布。 2019 年 9 月—12 月：在 XX 公司实习，主要从事网络信息化的建设。 2020 年 1 月—6 月：在 XX 公司实习，主要从事网站的设计、建设。					
个人特点	大胆改革、勇于创新。 只争朝夕、开拓进取。 与时俱进、不墨守成规。					

图3-51　操作结果

操作 11：按图 3-33 所示设置表格中项目名称字体为黑体，单元格填充颜色为“白色，背景、深色-15%”。

操作过程：

① 选择表格第一列，单击 宋体 下拉按钮，选择“黑体”。

② 选定加底纹的文本，在“表格工具-设计”选项卡的“表格样式”组中，单击“底纹”按钮，弹出“主题颜色”框。

③ 单击“白色，背景、深色-15%”。

④ 按如上方法将其余各项目名称单元格设置相应字体和底纹。

具体操作过程如图 3-52 所示。

操作 12：按图 3-53 所示设置表格外边框为双线。

操作过程：

① 单击表格全选按钮，选定整个表格。

② 在“表格工具-设计”选项卡的“边框”组中，单击“边框样式”下拉按钮，在下拉列表框中选择“双线”。

③ 单击“边框”组中的“边框”下拉按钮，在下拉列表框中选择“外侧框线”（见图 3-53），结果如图 3-33 所示。

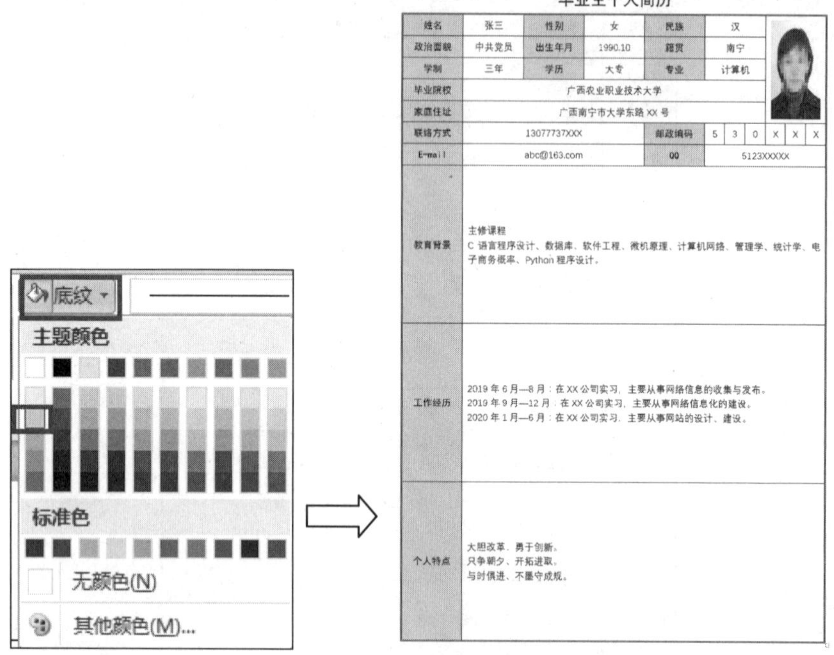

图3-52　设置单元格底纹的操作

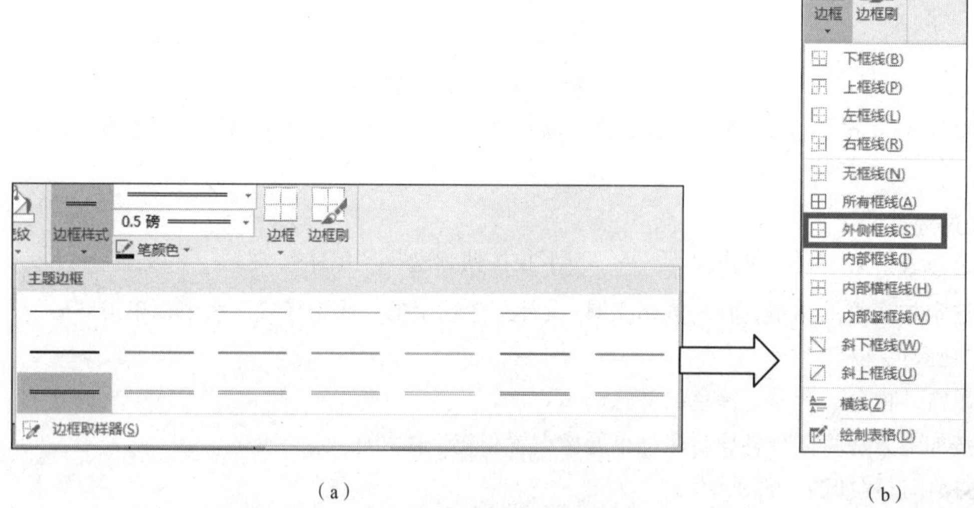

(a)　　(b)

图3-53　设置单元格边框的操作

操作 13：按图 3-33 插入照片。

操作过程：

① 单击图 3-33 所示的照片单元格。

② 单击“插入”→“插图”→“图片”按钮，打开“插入图片”对话框，如图 3-54 所示。

③ 单击需要插入的照片。

④ 单击“插入”按钮，结果如图 3-33 所示。

操作 14：保存文档。

操作步骤略。

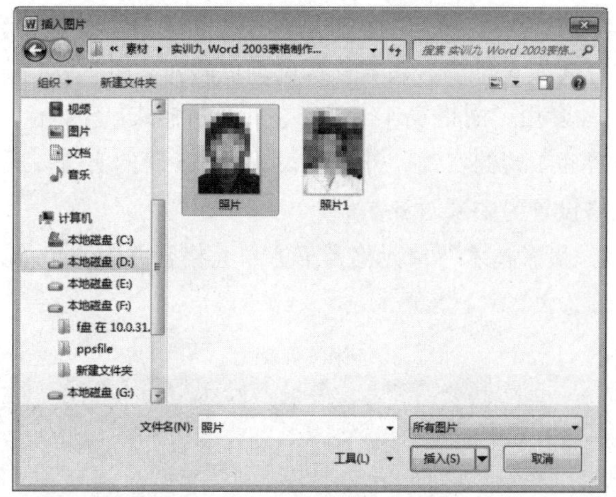

图3-54 “插入图片”对话框

任务小结

① 在“插入”选项卡的“表格”组中单击“表格”按钮，在打开的下拉列表中插入相应的表格。

② 单击“表格工具-布局”选项卡“合并”组中的“合并单元格”按钮，对单元格进行合并。

③ 在“表格工具-布局”选项卡下，进行单元格“宽度”和“高度”的调整。

④ 单击“表格工具-设计”选项卡的“表格样式”右侧的“其他”按钮，在打开的列表框中选择表格样式。

⑤ 选定加底纹的文本，在“表格工具-设计”选项卡的“表格样式”组中，单击“底纹”下拉按钮，弹出“主题颜色”框。

⑥ 单击“插入”→“插图”→“图片”按钮，打开“插入图片”对话框，插入相应的照片。

课后实训

1. 制作表格（一）

请按下列要求使用 Word 软件进行表格制作，结果如图 3-55 所示。

① 插入一个 4 行 8 列的表格，自动套用“网格 6 彩色”的表格样式。

② 合并首行除第 1 单元格以外的单元格，以及首列的第 2、3、4 单元格，按样文所示添加边框线。

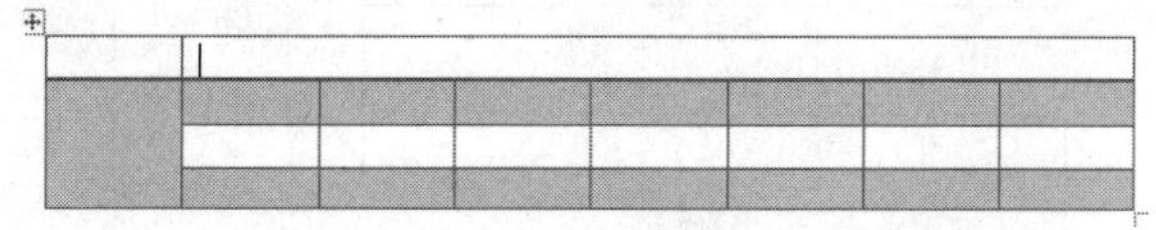

图3-55 使用Word制作的表格（一）

2. 制作表格（二）

请按下列要求使用 Word 软件进行表格制作，结果如图 3-56 所示。

① 打开 Word 文档 WSC-4-1.docx，以 WSX4-KH.docx 为名将文件另存到“WSX4+学号”的文件夹中。
② 将除标题外所有文本转换为 5 行 5 列的表格。
③ 如图 3-56 所示，在“星期四”所在列的右边插入一列，输入相应内容。
④ 将表格第 1 行设置行高为 3 厘米，其余各行设置行高为 2 厘米。
⑤ 如图 3-56 所示，自动套用“网格表 4-着色 6”的表格样式。
⑥ 将表格内边框线设置为 1 磅的实线，外框线设置为 1.5 磅的实线。
⑦ 将表格内所有单元格设置为中部对齐。
⑧ 如图 3-56 所示，将“摄影技术”单元格及下方单元格合并为一个单元格。
⑨ 保存文档。

课程安排表

<table>
<tr><th></th><th>星期一</th><th>星期二</th><th>星期三</th><th>星期四</th><th>星期五</th></tr>
<tr><td>1-2节</td><td>高等数学</td><td></td><td></td><td rowspan="2">摄影技术</td><td></td></tr>
<tr><td>3-4节</td><td>大学英语</td><td>动画设计</td><td></td><td>计算机应用基础</td></tr>
<tr><td>5-6节</td><td>物理</td><td></td><td>体育</td><td></td><td></td></tr>
<tr><td>7-8节</td><td>图形图像处理</td><td></td><td>心理健康</td><td>计算机应用基础</td><td></td></tr>
</table>

图3-56 使用Word制作的表格（二）

3．绘制并编辑表格

按下列要求，在 Word 中绘制如下表格并对表格进行编辑，结果如图 3-57 所示。
① 将表格的前三行进行平均分布。
② 在表格中填入相应的栏目名。
③ 表格文字进行水平居中和垂直居中，并设置相应的字符格式。

<table>
<tr><td>姓名</td><td></td><td rowspan="3">相
片</td></tr>
<tr><td>住址</td><td></td></tr>
<tr><td>单位</td><td></td></tr>
<tr><td>简
历</td><td colspan="2"></td></tr>
</table>

图3-57 编辑表格后的结果

理论习题

一、填空题

1. 在文档中绘制表格的方法主要有 2 种，即______和______。

2. 合并单元格可以使用______和______两种方法来实现。

3. 选中整个表格，然后按______键可以删除表格中的内容，按______键可以删除整个表格。

4. 单击表格左上方______可以选中整个表格。

5. 将表格转换为文本时，只需要选中整个表格，然后单击“表格工具-布局”选项卡“数据”组中的______即可。

二、选择题

1. 在 Word 编辑状态，若选定整个表格，按【Delete】键后（　　）。

A. 表格中的内容全部被删除，但表格还在　　B. 表格和内容全部被删除

C. 表格被删除，但表格中的内容未被删除　　D. 表格中插入点所在的行被删除

2. 在 Word 中，为了修饰表格，用户可以（　　）。

A. 单击“插入”→“表格”按钮

B. 单击“表格工具-设计”→“表格样式”

C. 单击“开始”选项卡中的“格式刷”按钮

D. 调用附件中的“画图”程序

根据表 3-1 所示，完成 3～10 题

表 3-1　员工调薪统计表

编号	姓名	部门	原工资
001	李娜	行政部	1 200
003	王可	运营部	1 500

3. 如表 3-1 所示，要想添加编号 002 的员工信息，并保证编号按顺序排列，录入信息前的操作方法以下正确的是（　　）。

A. 将光标放在“001”单元格，右击，选择“插入”→“在上方插入行”命令

B. 将光标放在“001”单元格，右击，选择“插入”→“在下方插入行”命令

C. 将光标放在“003”单元格，右击，选择“插入”→“在左侧插入列”命令

D. 将光标放在“003”单元格，右击，选择“插入”→“在右侧插入列”命令

4. 如表 3-1 所示，要想添加各员工“调薪数额”列，录入信息前的操作方法以下正确的是（　　）。

A. 将光标放在“原工资”单元格，右击，选择“插入”→“在上方插入行”命令

B. 将光标放在“原工资”单元格，右击，选择“插入”→“在下方插入行”命令

C. 将光标放在“原工资”单元格，右击，选择“插入”→“在右侧插入列”命令

D. 选定整个表格右击，选择“插入”→“在右侧插入列”命令

5. 如表 3-1 所示，要想将姓名“王可”修改为“王珂”，以下方法错误的是（　　）。

A. 选择“王可”所在单元格，然后输入“王珂”

B. 选择文本“王可”，然后输入“王珂”

C. 将光标定位在“王可”之后，按【Delete】键，然后输入“珂”

D. 将光标定位在“王可”之前，按两次【Delete】键，然后输入“王珂”

6. 如表 3-1 所示，想要将第一行表头设置红色底纹，以下方法正确的是（　　）。

A. 在“编号”单元格右击，选择“边框和底纹”，设置底纹为红色

B. 在表格左上角控制点右击，选择“边框和底纹”，设置底纹为红色

C. 选定“编号”所在列右击，选择“表格属性”→“边框和底纹”，设置底纹为红色

D. 选定“编号”所在行右击，选择“边框和底纹”，设置底纹为红色

7. 在 Word 中，当将两个表格之间的文字或回车符删除后，两个表格会（　　）。

A. 依然是两个表　　B. 合成一个表　　C. 无法确定　　D. 不是表格

8. 在 Word 中，要删除表格中的单元格、行或列，应先进行的操作是（　　）。

A. 选择　　B. 复制　　C. 剪切　　D. 粘贴

9. 在 Word 编辑状态，选中整个表格，右击，选择“删除表格”命令，则（　　）。

A. 表格中一列被删除　　B. 表格中一行被删除

C. 整个表格被删除　　D. 表格中没有被删除的内容

10. 在 Word 中，当前插入点在表格中某行的最后一个单元格内，按【Enter】键，其结果是（　　）。

A. 插入点所在的行加宽　　B. 插入点所在的列加宽

C. 在插入点下一行增加一行　　D. 对表格不起作用

任务5　Word 2016 图文混排

任务要求

① 新建 Word 文档，以“WSX5+学号.docx”为文件名保存至“WSX5+学号”文件夹。

② 将文档页面格式设置为上、下、左、右边距各为 1.5 cm，纸张大小为 A4。

③ 如图 3-58 所示，添加相应的页眉。输入“保护水资源”，字体设置为华文行楷、小二、加粗，各字符间空一格，居左对齐。

④ 退出页眉页脚编辑状态，插入图片“珍惜水”。

⑤ 插入素材 WSC-5-1.docx 文件。设置标题格式：字体为方正姚体、小二、浅蓝色，段落底纹填充为“白色，背景 1,深色 15%”。设置正文段落格式：首行缩进 2 个字符、1.25 倍行距。分栏操作：将正文分为两栏式结构。

⑥ 如图 3-58 所示，插入一条艺术型分隔线。

⑦ 插入素材 WSC-5-2.docx 文件。设置标题为艺术字（第 1 行第 3 列，字体为华文新魏）。将正文分为两栏式，首行缩进 2 个字符，1.5 倍行距。

⑧ 如图 3-58 所示，插入图片“节约用水”，高度设置为 9 cm，宽度设置为 6 cm，环绕方式为紧密型，图片样式为“映像圆角矩形”。

⑨ 如图 3-58 所示，添加图片水印（“花草树木”，缩放 150%，去除冲蚀）。

⑩ 保存文档。

制作完成后如图 3-58 所示。

保护水资源

珍惜水！

保护水！

如果没有了水……

世界的水资源

从宇宙来看，地球是一个蔚蓝色的星球，地球的储水量是很丰富的，共有 14.5 亿立方千米之多，其 72%的面积覆盖水。但实际上，地球上 97.5%的水是咸水（其中 96.53%是海洋水，0.94%是湖泊咸水和地下咸水），又咸又苦，不能饮用，不能灌溉，也很难在工业应用，能直接被人们生产和生活利用的水少得可怜，仅有 2.5%的淡水。而在淡水中，将近 70%冻结在南极和格陵兰的冰盖中，其余的大部分是土壤中的水分或是深层地下水，难以供人类开采使用。江河、湖泊、水库及浅层地下水等来源的水较易于开采供人类直接使用，但其数量不足世界淡水的 1%，约占地球上全部水的 0.007%。

全球每年水资源降落在大陆上的降水量约为 110 万亿立方米，扣除大气蒸发和被植物吸收的水量，世界上江河径流量约为 42.7 万亿立方米，按世界人均计算，每人每年可获得的平均水量为 7300 立方米。由于世界人口不断增加，这一平均数比较 1970 年下降了 37%。80 年代后期全球淡水实际利用的数量大约每年 3000 0 亿立方米，占可利用总量的 1~3%，但是随着人口的增长及人均收入的增加，人们对水资源的消耗量也以亿合计数增长。

我们应加强保护水资源意识，加大保护水环境力度，从自身做起，从小事做起，否则地球上最后一滴水将是我们的眼泪！

节约用水

水孕育和维持着地球上的生命，水是生命的源泉、工业的血液、城市的命脉。

请珍惜、爱护每一滴生命的源泉。节约一滴水，还一份真情。创建环保模范城市 建设环保绿色家园。

开源与节流并重，节流优先、治污为本、科学开源，综合利用。节约用水、造福人类，利在当代、功在千秋。

节约用水

珍惜我们的水源

图3-58 实训结果

任务实施

操作 1：新建 Word 文档，以“WSX5+学号.docx”为文件名保存至“WSX5+学号”文件夹。

操作步骤略。

操作 2：将文档页面格式设置为上、下、左、右边距各为 1.5 cm，纸张大小为 A4。

操作步骤略。

操作 3：如图 3-58 所示，添加相应的页眉。输入“保护水资源”，字体设置为华文行楷、小二、加粗，各字符间空一格，居左对齐。

操作过程：

① 在“插入”选项卡的“页眉和页脚”组中单击“页眉”按钮，在弹出的下拉列表中选择“编辑页眉”命令，切换至页眉编辑状态。

② 在“页眉”位置输入“保护水资源”。

③ 选择“保护水资源”文本，字体设置为华文行楷、小二、加粗，各字符间空一格，居左对齐。具体操作过程如图 3-59 所示。

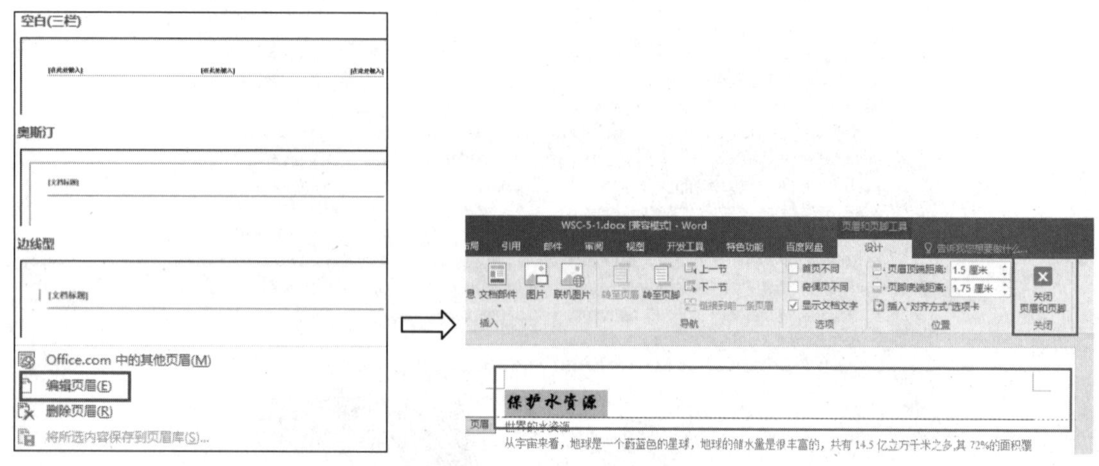

图3-59　页眉设置操作

操作 4：退出页眉页脚编辑状态，插入图片“珍惜水”。

操作过程：

① 单击“页眉和页脚工具” - “设计”选项卡中的“关闭页眉和页脚”按钮，退出页眉页脚编辑状态。

② 单击“插入”选项卡“插图”组中的“图片”按钮，打开“插入图片”对话框。

③ 选择照片存储位置，单击需要插入的图片“珍惜水”，单击“确定”按钮。

操作 5：插入素材 WSC-5-1.docx 文件。设置标题格式：字体为方正姚体、小二、浅蓝色，段落底纹填充为“灰色-25%，背景 2”。设置正文段落格式：首行缩进 2 个字符、1.25 倍行距。分栏操作：将正文分为两栏式结构。

操作过程：

① 按【Enter】键，在图片下方插入新行。

② 在“插入”选项卡的“文本”组中，单击“对象”右侧的下拉按钮，在下拉列表中选择“文件中的文字”命令，打开“插入文件”对话框。

③ 选择需要插入的文件。

④ 单击“插入”按钮。

具体操作过程如图 3-60 所示。

图3-60 设置插入文件的操作

⑤ 选择标题“世界的水资源”，单击“开始”选项卡中的“字体”组按钮，设置字体为方正姚体、小二、浅蓝色，单击“底纹”按钮，设置段落底纹填充为“灰色-25%，背景 2”。

⑥ 选择正文段落，单击“开始”选项卡“段落”组右下角的“段落设置”按钮，打开“段落”对话框，设置段落格式为首行缩进“2 字符”、行距为“1.25 倍行距”，利用“布局”中的“分栏”按钮，将正文分为两栏式。

操作 6：插入一条艺术型分隔线

在“插入”选项卡的“符号”组中单击“符号”旁的下拉按钮，点击“其它符号”，选择符号“⌘”，再复制、粘贴成一条艺术型分隔线，把分隔线设为绿色。

操作 7：插入素材 WSC-5-2.docx 文件。设置标题为艺术字（第 1 行第 3 列，字体为华文新魏）。

将正文分为两栏式，首行缩进 2 个字符，1.5 倍行距。

操作过程：

① 按【Enter】键，在图片下方插入新行。

② 在“插入”选项卡的“文本”组中单击“对象”下拉按钮，在下拉列表中选择“文件中的文字”，打开“插入文件”对话框。

③ 选择需要插入的文件，单击“插入”按钮。

④ 选择文本“节约用水”，在“插入”选项卡的“文本”组中单击“艺术字”按钮，在下拉列表中单击第 1 行第 3 列中的样式，如图 3-61 所示。

⑤ 设置艺术字“节约用水”的字体为“华文新魏”，单击“确定”按钮。

⑥ 选择“节约用水”后所有正文段落。

⑦ 利用“布局”中的“分栏”按钮，将正文分为两栏式。

⑧ 利用“开始”选项卡中的“段落”组设置段落格式为首行缩进 2 个字符，1.5 倍行距。

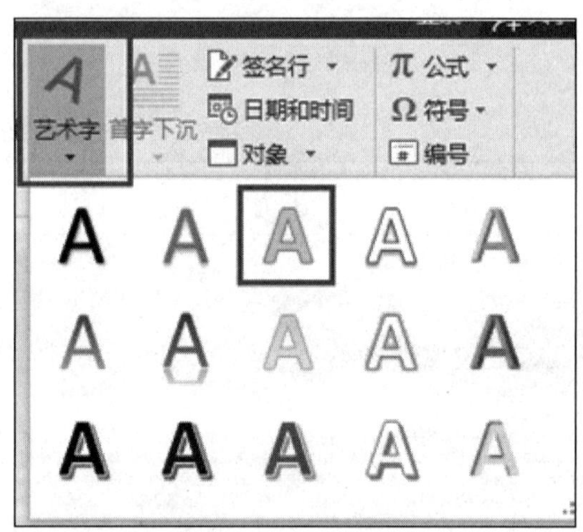

图3-61 插入艺术字的操作

操作 8：如图 3–58 所示，插入图片“节约用水”，高度设置为 9 cm，宽度设置为缩放 6 cm，环绕方式设置为紧密型，图片样式设置为“映像圆角矩形”。

操作过程：

① 将光标定位在文本末尾。

② 在“插入”选项卡的“插图”组中单击“图片”按钮，打开“插入图片”对话框。

③ 选择需要插入的图片“节约用水”，单击“插入”按钮，如图 3-62 所示。

④ 单击图片，再单击“图像工具-格式”选项卡“大小”组右下角的对话框启动器按钮，打开“布局”对话框，选择“大小”选项卡，取消选中“锁定纵横比”对话框，在“高度”绝对值的数值框输入“9 厘米”，在“宽度”绝对值的数值框输入“6 厘米”。

⑤ 单击图片，再单击“格式”选项卡“图片样式”组中的“映像圆角矩形”样式。

⑥ 在“布局”选项卡中选择“文字环绕”选项卡，单击 “紧密型”，单击“确定”按钮。

⑦ 选定图片，拖动到如图 3-58 所示的位置。

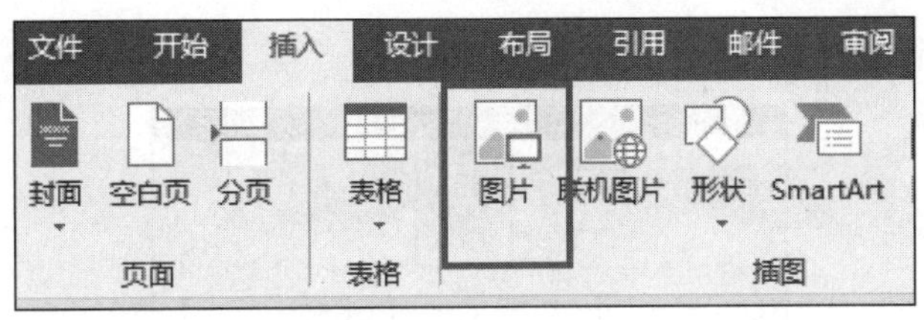

（a）

（b）

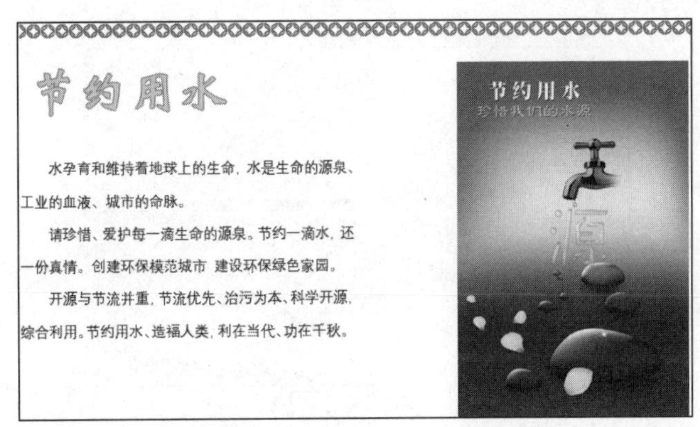

（c）

图3-62　插入图片“节约用水”的操作

操作 9：如图 3-58 所示，添加图片水印“花草树木”，缩放 150%，去除水蚀。

操作过程：

① 将光标定位在文本任意位置。

② 在“设计”选项卡的“页面背景”组中单击“水印”按钮，在下拉列表中选择“自定义水印”命令，打开“水印”对话框。

③ 选择“图片水印”并单击“选择图片”按钮，打开“插入图片”对话框。

④ 选择需要插入的图片“花草树木”，单击“插入”按钮。

⑤ 在“缩放”下拉列表框中选择“150%”，单击取消“冲蚀”。

⑥ 单击“应用”按钮。

具体操作过程如图 3-63 所示。

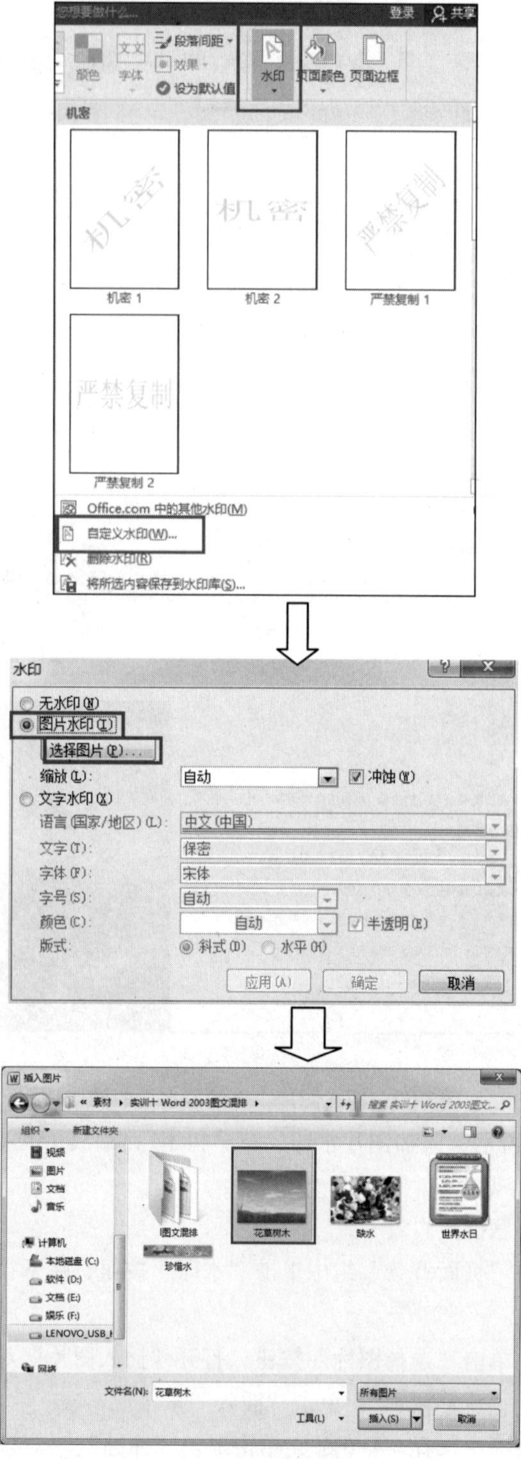

图3-63　设置水印的操作

操作 10：保存文档。

操作步骤略。

任务小结

① 在“插入”选项卡的“页眉和页脚”组中单击“页眉”按钮，进行页眉的编辑。

② 单击“插入”选项卡“插图”组中的“图片”按钮，进行插入图片操作。

③ 在“插入”选项卡的“文本”组中，单击“对象”下拉按钮，在下拉列表中选择“文件中的文字”命令，打开文件插入需要的文字。

④ 单击“图片工具-格式”选项卡“大小”组右下角的对话框启动器按钮，打开“布局”对话框，进行“大小”和“文字环绕”的设置。

⑤ 选择文本，在“插入”选项卡的“文本”组中单击“艺术字”按钮，进行艺术字的设置。

⑥ 在“设计”选项卡的“页面背景”组中单击“水印”按钮，进行水印的设置。

课后实训

1．制作企业宣传展板

该项目采取自由组合形式（三人一组，并指定小组长，统一上报学习委员处备案），以小组为单位，任选一个企业作为素材，小组长在教师规定时间内提交电子报刊。

电子版报制作效果，要求能够充分利用课内实训中所学知识点，使其图文并茂，结构简洁清晰，具有自己的特色和创新点。

制作的企业宣传展板如图 3-64 所示，按要求进行如下操作：

图3-64 制作的企业宣传展板

① 设置纸张大小，自定义纸张：宽度 26 厘米，高度 16.5 厘米。

② 将文档页面格式设置为上、下、左、右边距各为 0.4 厘米、1 厘米、2 厘米、1 厘米，纸张方向为“横向”。

③ 设置页面分栏为“两栏”。

④ 在当前文档下，在“设计”的“页面背景”组中单击“页面颜色”按钮，选择“填充效果”命令，打开“填充效果”对话框，选择作为背景的图片。

⑤ 插入宣传板左上角的图片，设置图片的大小，环绕方式选择“浮于文字上方”。

⑥ 输入正文标题及正文，设置正文格式，格式见图 3-64。

⑦ 在宣传板右上角插入“简单文本框”，在文本框中录入“中国领先品牌……”，格式见图 3-64。

⑧ 绘制形状大小，设置形状格式。

• 在“插入”选项卡的“插图”组中单击“形状”按钮，单击图 3-64 中所选的形状，在文档中按住鼠标左键并拖动即可绘制所选图形。

• 设置形状样式：大小及环绕方式。

• 添加文本：选择形状对象，右击，选择“添加文本”命令。

2. 数学学报制作

如图 3-65 所示，按要求进行如下操作：

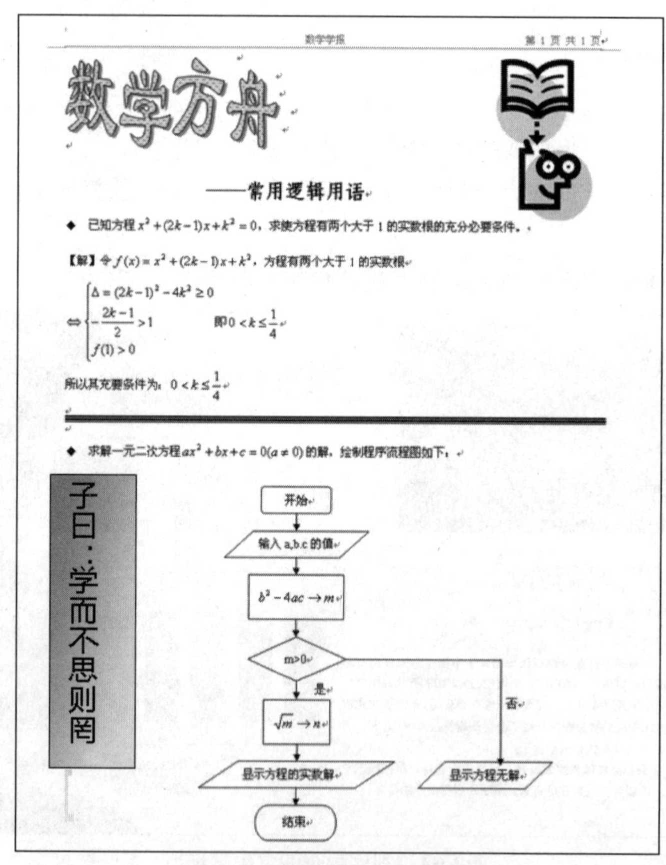

数学学报　　第 1 页 共 1 页

数学方舟

——常用逻辑用语

◆ 已知方程 $x^2+(2k-1)x+k^2=0$，求使方程有两个大于 1 的实数根的充分必要条件。

【解】令 $f(x)=x^2+(2k-1)x+k^2$，方程有两个大于 1 的实数根

$$\Leftrightarrow\begin{cases}\Delta=(2k-1)^2-4k^2\geq 0\\ -\dfrac{2k-1}{2}>1\\ f(1)>0\end{cases}\quad 即 0<k\leq\frac{1}{4}$$

所以其充要条件为：$0<k\leq\frac{1}{4}$

◆ 求解一元二次方程 $ax^2+bx+c=0(a\neq 0)$ 的解，绘制程序流程图如下：

图3-65　制作完成的数学学报

① 打开素材 WSC-5-3.docx，以 WSX10-KH.docx 为名将文件另存到“WSX5+学号”的文件夹中。

② 将文档页面格式设置为上、下、左、右边距各为 2 cm，纸张大小为 A4。

③ 如图 3-65 所示，添加相应的页眉。

④ 如图 3-65 所示，插入艺术字、剪贴画，环绕方式均设置为紧密型。

⑤ 如图 3-65 所示，利用插入公式的方式完成第一题求解过程。

⑥ 如图 3-65 所示，插入竖型文本框，设置字体为微软雅黑、小二号，文本框填充“线性对角”渐变效果。

⑦ 如图 3-65 所示，绘制程序流程图。

⑧ 保存文档。

理论习题

一、填空题

1. 单击“插入”选项卡中的______按钮即可打开“艺术字库”对话框。

2. 图片的环绕方式共有______、______、______、______、______、______和______等 7 种。

3. 单击“插入”选项卡中的 SmartArt 按钮，可以插入______、______、______、______、______等多种 SmartArt 图形。

4. 插入的形状共分为六大类，分别为______、______、______、______、______、______。

5. 单击______→______按钮，进入页眉页脚编辑状态。

二、选择题

1. 在 Word 2016 中可为文档添加页码，页码可以放在文档顶部或底部的（　　）位置。

A. 左对齐　　B. 居中　　C. 右对齐　　D. 以上都是

2. 在 Word 2016 文档中插入了一幅图片，对此图片不能直接在文档窗口中操作的是（　　）。

A. 大小　　B. 移动　　C. 修改　　D. 叠放次序

3. 在 Word 2016 已打开的文档中要插入另一个文档的全部内容，可选的菜单项是（　　）。

A. 插入→图片　　B. 插入→对象　　C. 文件→打开　　D. 剪切→复制

4. 在 Word 2016 文档中，要使一个图形放在另一个图形的上面，可右击该图形，在弹出的快捷菜单中选择（　　）。

A. 组合　　B. 置于顶层　　C. 剪辑对象　　D. 设置图片格式

5. Word 文档中每一页都要出现的内容都应当放在（　　）中。

A. 文本　　B. 图文框　　C. 页眉和页脚　　D. 批注

6. Word 中如果已有页眉或页脚，要再次进入页眉页脚区，只需双击（　　）。

A. 文本区　　B. 菜单区　　C. 工具栏区　　D. 页眉页脚区

7. 在 Word 文档中插入图形，不正确的方法是（　　）。

A. 直接利用绘图工具绘制图形

B. 选择“文件”选项卡中的“打开”命令，再选择某个图形文件名

C. 单击“插入”选项卡中的“图片”按钮，再选择某个图形文件名

D. 利用剪贴板将其他应用程序中的图形粘贴到所需文档中

8. 在 Word 2016 编辑状态下，用鼠标改变图片大小时，鼠标指针变为（　　）。

A. 单向箭头　　B. 双向箭头　　C. 沙漏　　D. 十字箭头

9. 在 Word 2016 编辑状态下，进入艺术字环境是通过单击（　　）来实现的。

A. “文件”选项卡中的“打开”　　B. “开始”选项卡中的“查找”

C. “插入”选项卡中的“艺术字”　　D. “插入”选项卡中的“页码”

10. 在 Word 中某个文本页面是纵向的，如果其中某一项需要横向页面，则（　　）。

A. 不可以这样做

B. 在横页开始和结束处插入分节符，通过页面设置为横向，应用范围内设为“本节”

C. 将整个文档分为两个文档来处理

D. 将整个文档分为三个文档来处理

任务6　Word 2016 综合实训——毕业论文的编辑与排版

任务要求

① 打开素材 WSC-6-1.docx，以 WSX6-KH.docx 为名将文件另存到“WSX6+学号”的文件夹中。

② 将文档页面格式设置为上边距 3.5 cm、下边距 3 cm、左边距 3 cm、右边距为 2 cm，纸张大小为 A4，页眉线上边距 2.5 cm，页脚下边距 1.8 cm。

③ 在相应位置插入分页符，使“目录”“摘要”“正文”“参考文献”“致谢”各部分分页。

④ 设置全文行距为 1.25 倍。

⑤ 插入页码，设置为首页不显示页码、起始页码为 0，实现页码从“摘要”部分开始。

⑥ 插入页眉文字“广西农业职业技术大学毕业论文”，字体为宋体，五号。

⑦ 设置各部分标题格式。“目录”部分标题设置为黑体、三号、居中，其余各部分（“摘要”“参考文献”“致谢”）标题设置为标题 1 样式、黑体、三号、居中。

⑧ 设置各部分正文格式，首行缩进 2 个字符、宋体、小四号。

⑨ 设置“摘要”部分中关键词为黑体、小四号、左对齐。

⑩ 设置正文部分各级别标题。1 级标题设置为标题 1 样式、黑体、三号；2 级标题设置为标题 2 样式、黑体、四号；3 级标题设置为标题 3 样式、黑体、小四号。

⑪ 设置图片格式为居中对齐，利用插入题注形式插入各图标题，并设置为宋体、五号、加粗、居中。

⑫ 设置参考文献引文标注的字体格式为上标。

⑬ 利用插入“索引和目录”的形式插入论文目录，设置为显示页码、右对齐、显示级别为 3。字体格式设置为宋体、小四、无加粗、无倾斜，段落格式设置为分散对齐、左右无缩进、段前段后无间距、行距为 1.25 倍。

⑭ 设置“目录”“摘要”“致谢”中间空 4 个字符。

⑮ 保存文档。

制作完成后如图 3-66 所示。

目 录

摘 要

步进电机是一种以脉冲信号控制转速的电机，它是将电脉冲信号转变为角位移的开环控制元件，很适合使用单片机来进行控制。在非超载的情况下，电机的转速、停止的位置只取决于脉冲信号的频率和脉冲数，而不受负载变化的影响，即给电机加一个脉冲信号，电机则转过一个步距角。这一线性关系的存在，加上步进电机只有周期性的误差而无累积误差等特点，使得在速度、位置等控制领域用步进电机来控制变得非常的简单。

本设计是基于 89C51 单片机的四相步进电机的开环控制系统。整个系统主要由控制电路、最小系统、驱动电路、显示电路四部分组成。通过单片机存储器、I/O 接口、中断、键盘、LED 显示器的扩展、保护电路、中断系统及复位电路、单电压驱动电路等的设计，实现了四相步进电机的正反转、调速、急停等功能。

关键字：89C51 单片机 步进电机 调速

（a）

1 步进电机原理

1.1 步进电机原理及控制技术

步进电机是一种感应电机，它的工作原理是利用电子电路，将直流电变成分时供电的，多相时序控制电流，用这种电流为步进电机供电，步进电机才能正常工作，驱动器就是为步进电机分时供电的多相时序控制器。

由于步进电机是一种将电脉冲信号转换成直线或角位移的执行元件，它不能直接接到交直流电源上，而必须使用专业设备---步进电机控制驱动器，驱动器可以发出脉冲频率从几赫兹到几千赫兹可以连续变化的脉冲信号，它为环形分配器提供脉冲序列。环形分配器的主要功能是把来自控制环节的脉冲序列按一定的规律分配后，经过功率放大器的放大加到步进电机驱动电源的各项输入端，以驱动步进电机的转动，环形分配器主要有两大类：一类是用计算机软件设计的方法实现环形分配器要求的功能，通常称软环形分配器。另一类是用硬件构成的环形分配器，通常称硬环形分配器。功率放大器主要对环形分配器的较小输出信号进行放大，以达到驱动步进电机的目的。步进电机的基本控制包括转向控制和速度控制两个方面。从结构上看，步进电机分为三相、四相、五相等类型，常用的则以三相为主。三相步进电机的工作方式有三相单三拍、三相双三拍和三相六拍 3 种，其基本原理如下[1]。

1.1.1 换相顺序的控制

通电换相这一过程称为脉冲分配。例如，三相步进电机在单三拍的工作方式下，其各相通电顺序为 A→B→C→A，通电控制脉冲必须严格按照这一顺序分别控制 A、B、C 相的通断。三相双三拍的通电顺序为 AB→BC→CA→AB，三相六拍的通电顺序为 A→AB→B→BC→C→CA→A。

1.1.2 步进电机的换向控制

如果给定工作方式正序换相通电，步进电机正转。若步进电机的励磁方式为三相六拍，即其转向为：A→AB→B→BC→C→CA→A。如果按反序通电换相，即其转向为：A→AC→C→CB→B→BA→A，则电机就反转。其他方式情况类似。

步进电机换向时，一定要在电机降速停止或降到突跳频率范围之内在换向，以免产生较大的冲击而损坏电机。换向信号一定要在前一个方向的最后一个脉冲结束后以及下一个方向的第一个脉冲前发出。对于脉冲的设计主要要求其有一定的脉冲宽度、脉冲序列的均匀度及高低电平方式。在某一高速下的正、反向切换实质包含了降速→换向→加速 3 个过程。

1.1.3 步进电机的速度控制

如果给步进电机发一个控制脉冲，它就转一步，再发一个脉冲，它会再转一步。两

个脉冲的间隔越短，步进电机就转得越快。调整送给步进电机的脉冲频率，就可以对步进电机进行调试。

1.1.4 步进电机的起停控制

步进电机由于其电气特性，运转时会有步进感。为了使电机转动平滑，减小振动，可在步进电机控制脉冲的上升沿和下降沿采用细分的梯形波，可以减小步进电机的步进角，提过电机运行的平稳性。在步进电机停转时，为了防止因惯性而使电机轴产生顺滑，则需采用合适的锁定波形，产生锁定磁力矩，锁定步进电机的转轴，使步进电机转轴不能自由转动。

1.1.5 步进电机的加减速控制

在步进电机控制系统中，通过实验发现，如果信号变化太快，步进电机由于惯性跟不上电信号的变化，这时就会产生堵转和失步现象。所有步进电机在启动时，必须有加速过程，在停止时波形有减速过程。理想的加速曲线一般为指数曲线，步进电机整个降速过程频率变化规律是整个加速过程频率变化规律的逆过程。选定的曲线比较符合步进电机升降过程的运行规律，能充分利用步进电机的有效转矩，快速响应性好，缩短了升降速的时间，并可防止失步和过冲现象。在一个实际的控制系统中，要根据负载的情况来选择步进电机。步进电机能响应而不失步的最高步进频率称为“启动频率”，于此类似“停止频率”是指系统控制信号突然关断，步进电机不冲过目标位置的最高步进频率。电机的启动频率、停止频率和输出转矩都要和负载的转动惯量相适应，有了这些数据，才能有效地对电机进行加减速控制。步进电机运行过程中频率变化曲线如图 1 所示[2]。

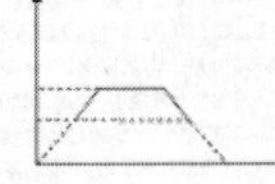

图 1 步进电机运行过程中频率变化曲线

1.2 步进电机总体设计方案

从该系统的设计要求可知，该系统的输入量为速度和方向，速度应该有增减变化，通常用加减按钮控制速度，这样只要 2 根口线，再加上一根方向线和一根启动信号线共需要 4 根输入线。系统的输出线与步进电机的绕组数有关，这里选步进电机，该电机共有四相绕组，工作电压为+5V，可以个单片机共用一个电源。步进电机的四相绕组用 P1 口的 P1.0~P1.3 控制，由于 P1 口驱动能力不够，因而用一片 L298 增加驱动能力，用

（b）

图3-66 实训结果

P0 口控制第一数码管用于显示正反转，用 P2 口控制第二个数码管用于显示转速等级，数码管采用共阳级，其总体设计方框图如图 2 所示[3]。

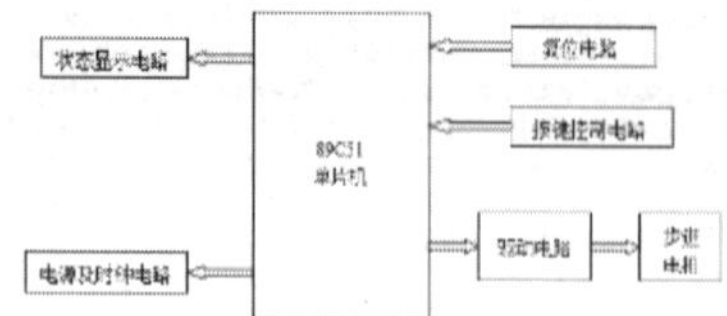

图 2 总体设计方框图

2 设计原理与分析

2.1 步进电机的介绍

步进电机是数字控制电机，它将脉冲信号转变成角位移，即给一个脉冲信号，步进电机就转动一个角度，因此非常适合于单片机控制。步进电机区别于其他控制电机的最大特点是：它是通过输入脉冲信号来进行控制的。

步进电机分三种：永磁式(PM)、反应式(VR)和混合式(HB)，步进电机又称为脉冲电机，是工业过程控制和仪表中一种能够快速启动、反转和制动的执行元件，其功用是将电脉冲转换为相应的角位移或直线位移，由于开环下就能实现精确定位的特点，使其在工业控制领域获得了广泛应用。步进电机旋转的角度由输入的电脉冲数确定，所以，也有人称步进电机为数字/角度转换器[4]。

2.1.1 四相步进电机的工作原理

该设计采用了四相步进电机，采用单极性直流电源供电。只要对步进电机的各相绕组按合适的时序通电，就能使步进电机转动。当某一相绕组通电时，对应的磁极产生磁场，并与转子形成磁路，这时，如果定子和转子的小齿没有对齐，在磁场的作用下，则转子将转动一定的角度，使转子与定子的齿相互对齐，由此可见，错齿是促使电机旋转的原因。

2.1.2 步进电机的静态指标及术语

相数：产生不同对N、S 磁场的激磁线圈对数，常用 m 表示。

拍数：完成一个磁场周期性变化所需脉冲用 n 表示，或指电机转过一个齿距角所需脉冲数，以四相电机为例，有四相四拍运行方式即 AB→BC→CD→DA→AB,四相八拍运行方式即 A→AB→B→BC→C→CD→D→DA→A。

步距角：对应一个脉冲信号，电机转子转过的角位移用 θ 表示。θ=360 度（转子齿角运行拍数），以常规二、四相，转子齿角为 50 齿角电机为例。四拍运行时步距角为 θ=360 度/（50*4）=1.8 度，八拍运行时步距角为 θ=360 度/（50*8）=0.9 度。

定位转矩：电机在不通电的状态下，电机转子自身的锁定力矩（由磁场齿形的谐波以及机械误差造成的）。

静转矩：电机在额定静态作业下，电机不做旋转运动时，电机转轴的锁定力矩。此力矩是衡量电机体积的标准，与驱动电压及驱动电源等无关。虽然静态转矩与电磁激磁匝数成正比，与定子和转子间的气隙有关，但过分采用减小气隙，增加励磁匝数来提高静转矩是不可取的，这样会造成电机的发热及机械噪音。

2.1.3 四相步进电机的脉冲分配规律

目前，对步进电机的控制主要有分散器件组成的环形脉冲分配器、软件环形脉冲分配器、专用集成芯片环形脉冲分配器等。本设计利用单片机进行控制，主要是利用软件进行环形脉冲分配。四相步进电机的工作方式为四相单四拍，双四拍和四相八拍工作的方式。本设计的电机工作方式为四相单四拍，根据步进电机的工作的时序和波形图，总结出其工作方式为四相单四拍时的脉冲分配规律，四相双四拍的脉冲分配规律，在每一种工作方式中，脉冲的频率越高，其转速就越快，但脉冲频率高到一定程度，步进电机跟不上频率的变化后电机会出现失步现象，所以脉冲频率一定要控制在步进电机允许的范围内。

2.2 AT89C51 单片机简介

Atmel 公司生产的 89C51 单片机是一种低功耗/低电压/高性能的 8 位单片机，它采用 CMOS 和高密度非易失性存储技术，而且其输出引脚和指令系统都与 MCS-51 兼容；片内的 Flash ROM 允许在系统内改编程序或用常规的非易失性编程器来编程，内部除 CPU 外，还包括 256 字节 RAM，4 个 8 位并行 I/O 口，5 个中断源，2 个中断优先级，2 个 16 位可编程定时计数器。89C51 单片机是一种功能强、灵活性高且价格合理的单片机，完全满足本系统设计需要。其芯片引脚分布图如图 3 所示。

（c）

图 3 89C51 单片机引脚分布图

3 电路设计

本设计的硬件电路主要包括控制电路、最小系统、驱动电路、显示电路四大部分。控制电路主要由开关和按键组成，由操作者根据相应的工作需要进行操作。最小系统主要是为了使单片机正常工作。驱动电路主要是对单片机输出的脉冲进行功率放大，从而驱动电机转动。显示电路主要是为了显示电机的工作状态和转速[5]。

3.1 控制电路设计

根据系统的控制要求，控制输入部分设置了启动控制，换向控制，加速控制和减速控制按钮，分别是 K1、K2、S1、S2，控制电路如图 3-1 所示。通过 K1、K2 状态变化来实现电机的启动和换向功能，当 K1、K2 的状态变化时，内部程序检测 P1.4 和 P1.5 的状态来调用相应的启动和换向程序，发现系统的电机的启动和正反转控制。根据步进电机的工作原理可以知道，步进电机转速的控制主要是通过控制通入电机的脉冲频率，从而控制电机的转速，对于单片机而言，主要的方法有：软件延时和定时中断，在此电路中电机的转速控制主要是通过定时器的中断来实现的，该电路控制电机加速和减速主要是通过 S1、S2 的断开和闭合，从而控制外部中断根据按键次数，改变速度值存储区中的数据（该数据为定时器的中断次数），这样就改变了步进电机的输出脉冲频率，从而改变了电机的转速。

3.2 最小系统电路设计

单片机最小系统是用最少的元件组成的单片机可以工作的系统，对 51 系列单片机来说，最小系统一般应该包括：单片机、复位电路、晶振电路，最小系统电路如图 3-2 所示。

复位电路：复位电路采用上电复位，使单片机进入复位状态，晶振电路用 30PF 的电容和一 12M 晶体振荡器组成为整个电路提供时钟频率。

晶振电路：单片机的时钟信号通常用两种电路形式电路得到：内部振荡方式和外部中断方式。在引脚 XTAL1 和 XTAL2 外部接晶振电路器（简称晶振）或陶瓷晶振器，就构成了内部晶振方式。由于单片机内部有一个高增益反相放大器，当外接晶振后，就构成了自激振荡器并产生振荡时钟脉冲。其电容值一般在 5~30PF,晶振频率的典型值为 12MHz,采用 6MHz 的情况也比较多。内部振荡方式所得的时钟信号比较稳定，实用电路实用较多。

3.3 驱动电路设计

通过 L298 构成的驱动电路，电路图如图 4 所示。通过单片机的 P1.0~P1.3 输出脉冲到 L298 的 IN1~IN4 口，经信号放大后从 2、3、13、14 口分别输出到电机的 A、B、C、D 相。

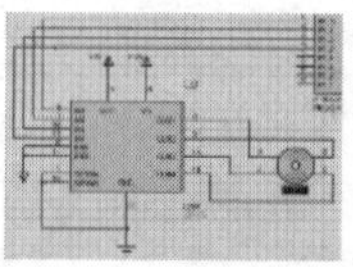

图 4 驱动电路

3.4 显示电路设计

在该步进电机的控制器中，电机可以正反转，可以加速、减速，其中电机转速的等级分为七级，为了方便知道电机的运行状态和电机的转速的等级，这里设计了电机转速和电机的工作状态的显示电路。在显示电路中，主要是利用了单片机的 P0 口和 P2 口。采用两个共阳数码管作显示。第一个数码管接的 a、b、c、d、e、f、g 分别接 P0.0~P0.6 口，用于显示电机正反转状态，正转时显示“—”，反转时显示“1”，不转时显示“0”。第二个数码管的 a、b、c、d、e、f、g 分别接 P2.0~P2.6 口，用于显示电机的转速级别，共七级，即从 1~7 转速依次递增，“0”表示转速为零。

4 程序设计

通过分析可以看出，由于系统随时有可能输入启动、方向、加速和减速信号，因而

（d）

图3-66 实训结果（续）

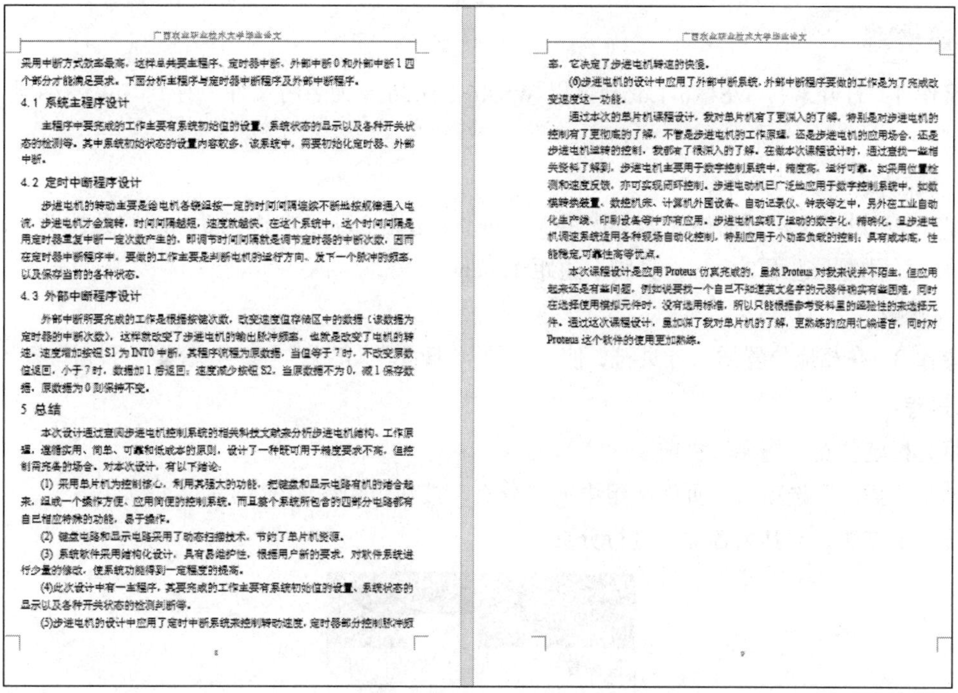

广西农业职业技术大学毕业论文

采用中断方式效率最高，这样总共要主程序、定时器中断、外部中断0和外部中断1四个部分才能满足要求。下面分析主程序与定时器中断程序及外部中断程序。

4.1 系统主程序设计

主程序中要完成的工作主要有系统初始值的设置、系统状态的显示以及各种开关状态的检测等。其中系统初始状态的设置内容较多，该系统中，需要初始化定时器、外部中断。

4.2 定时中断程序设计

步进电机的转动主要是给电机各绕组按一定的时间间隔连续不断地按规律通入电流，步进电机才会旋转，时间间隔越短，速度就越快。在这个系统中，这个时间间隔是用定时器重复中断一定次数产生的，即调节时间间隔就是调节定时器的中断次数，因而在定时器中断程序中，要做的工作主要是判断电机的运行方向、发下一个脉冲的频率，以及保存当前的各种状态。

4.3 外部中断程序设计

外部中断所要完成的工作是根据按键次数，改变速度值存储区中的数据（该数据为定时器的中断次数），这样就改变了步进电机的输出脉冲频率，也就是改变了电机的转速。速度增加按钮S1为INT0中断，其程序流程为原数据，当值等于7时，不改变原数值返回，小于7时，数据加1后返回；速度减少按钮S2，当原数据不为0，减1保存数据，原数据为0则保持不变。

5 总结

本次设计通过查阅步进电机控制系统的相关科技文献来分析步进电机结构、工作原理，遵循实用、简单、可靠和低成本的原则，设计了一种既可用于精度要求不高，但控制简洁的场合。对本次设计，有以下结论：

(1) 采用单片机为控制核心，利用其强大的功能，把键盘和显示电路有机的结合起来，组成一个操作方便、应用简便的控制系统。而且整个系统所包含的四部分电路都有自己相应特殊的功能，易于操作。

(2) 键盘电路和显示电路采用了动态扫描技术，节约了单片机资源。

(3) 系统软件采用结构化设计，具有易维护性，根据用户新的要求，对软件系统进行少量的修改，使系统功能得到一定程度的提高。

(4)此次设计中有一主程序，其要完成的工作主要有系统初始值的设置、系统状态的显示以及各种开关状态的检测判断等。

(5)步进电机的设计中应用了定时中断系统来控制转动速度，定时器部分控制脉冲频

8

广西农业职业技术大学毕业论文

率，它决定了步进电机转速的快慢。

(6)步进电机的设计中应用了外部中断系统，外部中断程序要做的工作是为了完成改变速度这一功能。

通过本次的单片机课程设计，我对单片机有了更深入的了解，特别是对步进电机的控制有了更彻底的了解，不管是步进电机的工作原理，还是步进电机的应用场合，还是步进电机运转的控制，我都有了很深入的了解。在做本次课程设计时，通过查找一些相关资料了解到，步进电机主要用于数字控制系统中，精度高，运行可靠。如采用位置检测和速度反馈，亦可实现闭环控制。步进电动机已广泛地应用于数字控制系统中，如数模转换装置、数控机床、计算机外围设备、自动记录仪、钟表等之中，另外在工业自动化生产线、印刷设备等中亦有应用。步进电机实现了运动的数字化、精确化，且步进电机调速系统适用各种现场自动化控制，特别应用于小功率负载的控制；具有成本高，性能稳定,可靠性高等优点。

本次课程设计是应用Proteus仿真完成的，虽然Proteus对我来说并不陌生，但应用起来还是有些问题，例如说要找一个自己不知道英文名字的元器件确实有些困难，同时在选择使用模拟元件时，没有选用标准，所以只能根据参考资料里的经验性的来选择元件。通过这次课程设计，是加深了我对单片机的了解，更熟练的应用汇编语言，同时对Proteus这个软件的使用更加熟练。

9

（e）

广西农业职业技术大学毕业论文

参考文献

[1] 江世明、黄同成.单片机原理及应用[M].中国铁道出版社,2010.
[2] 马淑华、王凤文、张美金. 单片机原理与接口技术[M].北京邮电大学出版社，2007.
[3] 刘湘涛、江世民.单片机原理与应用[M].电子工业出版社,2006.
[4] 孙惠芹.单片机项目设计教程[M].电子工业出版社,2009.
[5] 李华. MCU-51系列单片机实用接口技术[M].北京航空航天大学出版社，1993.

10

广西农业职业技术大学毕业论文

致　谢

首先要感谢我的论文指导老师，在我学习及论文的写作过程中，老师对我进行了详细而耐心的指导，一直指引着我前进的方向。老师对我无私的教诲，是我一生中宝贵的财富。他实事求是、严谨治学、诚恳待人的精神是我学习的榜样。

感谢广西农业职业技术大学所有教过我的老师，我在学业上取得的每一点进步都凝聚着他们付出的心血和汗水。同时，我也深深地知道，这仅仅是我在求学、治学道路上前进的一小步，这仅仅是一个新的起点。

11

（f）

图3-66　实训结果（续）

任务实施

操作 1：打开素材 WSC-6-1.docx，以 WSX6-KH.docx 为名将文件另存到“WSX6+学号”的文件夹中。

操作步骤略。

操作 2：设置文档页面格式为上边距 3.5 cm、下边距 3 cm、左边距 3 cm、右边距为 2 cm，纸张大小为 A4，页眉线上边距 2.5 cm，页脚下边距 1.8 cm。

操作步骤略。

操作 3：在相应位置插入分页符，使“目录”“摘要”“正文”“参考文献”“致谢”各部分分页。

操作过程：

① 将光标定位在“摘要”之前。

② 单击“插入”选项卡“页面”组中的“分页”按钮，如图 3-67 所示。

③ 按如上方法，对其余各部分进行分页。

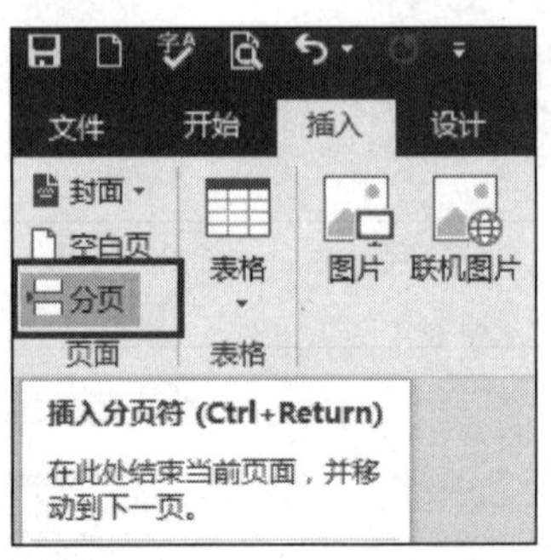

图3-67　插入分页符的操作

操作 4：设置全文行距为 1.25 倍。

操作过程：

① 按【Ctrl+A】组合键选中全文。

② 单击“开始”选项卡“段落”组中的对话框启动器按钮，进行行间距设置。

操作 5：插入页码，设置首页不显示页码、起始页码为 0，实现页码从“摘要”部分开始。

操作过程：

① 单击“插入”选项卡“页眉和页脚”组中的“页码”按钮，在下拉列表框中选择“设置页码格式”命令，打开“页码格式”对话框。

② 设置“起始页码”为“0”，单击“确定”按钮。

③ 单击“插入”选项卡“页眉和页脚”组中的“页码”按钮，选择“页面底端”命令。

④ 选择“普通数字 2”样式，在“页眉和页脚工具-设计”选项卡的“选项”组中选中“首页不同”复选框，单击“关闭页眉页脚”按钮。

具体操作过程如图 3-68 所示。

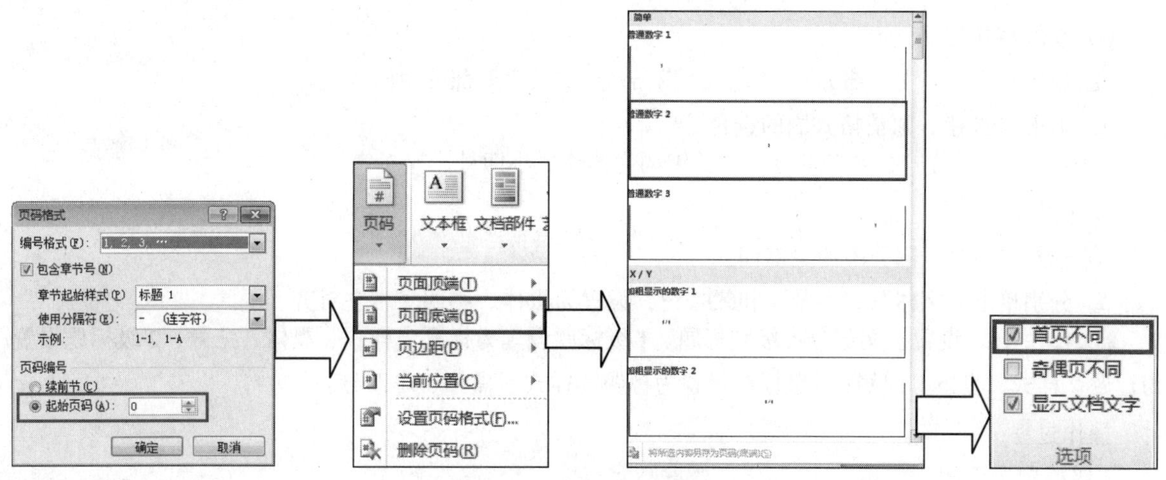

图3-68 插入页码的操作

操作 6：插入页眉文字：“广西农业职业技术大学毕业论文”，字体为宋体，五号。

操作过程：

① 定位光标至文档第一页。

② 单击“插入”选项卡“页眉和页脚”组中的“页眉”按钮，或双击文档的页眉部分，打开页眉页脚编辑状态。

③ 在第一页的“页眉”位置输入“广西农业职业技术大学毕业论文”。

④ 单击“页眉和页脚”组中的“关闭页眉和页脚”按钮，或双击正文，退出页眉页脚编辑状态。

操作 7：设置各部分标题格式。“目录”部分标题设置为黑体、三号、居中，其余各部分标题设置为标题 1 样式、黑体、三号、居中。

操作过程：

① 选定文档第 1 页文本“目录”。

② 单击“字体”下拉按钮，在下拉列表框中选择“黑体”。

③ 单击“字号”下拉按钮，在下拉列表框中选择“三号”。

④ 单击按钮，设置居中。

⑤ 选定文档第 2 页标题“摘要”，选择“标题 1”。

⑥ 分别单击“字体”、“字号”和按钮，设置为黑体、三号、居中。

⑦ 双击按钮，依次刷选文档中的“参考文献”“致谢”文本。

⑧ 单击按钮，取消格式刷的选择。

操作 8：设置各部分正文格式，首行缩进 2 个字符、宋体、小四号。

操作过程：

① 选择“摘要”部分的正文。

② 分别单击“字体”“字号”下拉按钮，设置为“宋体”“小四号”。

③ 单击“开始”选项卡“段落”组中的对话框启动器按钮，设置特殊格式为“首行缩进”，量度值为“2 个字符”。

④ 双击按钮。

⑤ 依次刷选“正文”部分、“参考文献”部分、“致谢”部分中的正文。

⑥ 单击按钮，取消格式刷的选择。

操作 9：设置“摘要”部分中的关键词为黑体、小四号、左对齐。

操作过程：

① 选择“摘要”部分中的关键词。

② 分别单击“字体”、“字号”和按钮，设置为黑体、小四号、左对齐。

操作 10：设置正文部分各级别标题。1 级标题设置为标题 1 样式、黑体、三号；2 级标题设置为标题 2 样式、黑体、四号；3 级标题设置为标题 3 样式、黑体、小四号。

操作过程：

1 级标题设置：

① 选择“正文”部分文本“1 步进电机原理”。

② 单击“开始”选项卡“样式”组中的“标题 1”按钮，选择“标题 1”。

③ 分别单击“字体”“字号”下拉按钮，设置为黑体、三号、不居中。

④ 双击格式按钮。

⑤ 依次刷选“正文”部分的 1 级标题。

⑥ 单击按钮，取消格式刷。

2 级标题设置：

① 选择“正文”部分文本“1.1 步进电机原理及控制技术”。

② 在“样式”列表框中选择“标题 2”。

③ 设置“标题 2”的段落为段间段后间距为 0，行距为多倍行距：1.25 倍。

④ 双击按钮。

⑤ 依次选择“正文”部分的 2 级标题。

⑥ 单击按钮，取消格式刷。

3 级标题设置：

① 选择“正文”部分文本“1. 1. 1 换相顺序的控制”。

② 单击“开始”选项卡“样式”组中的“标题 3”按钮，选择“标题 3”。

③ 分别单击“字体”“字号”下拉按钮，设置为“黑体”“小四号”。

④ 双击按钮。

⑤ 依次刷选“正文”部分的 3 级标题。

⑥ 单击按钮，取消格式刷的选择。

操作 11：设置图片格式为居中对齐，利用插入题注形式插入各图标题，并设置为宋体、五号、加粗、居中。

操作过程：

① 选择“正文”部分第一张图片。

② 单击按钮。

③ 将光标定位在图片下方的文本“用户注册”之前。

④ 单击“引用”选项卡“题注”组中的“插入题注”按钮，打开“题注”对话框。

⑤ 单击“新建标签”，打开“新建标签”对话框。

⑥ 在“标签”文本框中输入“图”，单击“确定”按钮。

⑦ 单击“题注”对话框中的“确定”按钮，完成“图 1”的插入。题注插入具体操作过程如图 3-69 所示。

⑧ 选定题注文本“图 1 步进电机运行过程中频率变化曲线”。

⑨ 分别单击“字体”“字号”下拉按钮，以及 B 、☰ 按钮，设置为“宋体”“五号”“加粗”、“居中”。

⑩ 按以上的方法分别设置其余的图片。

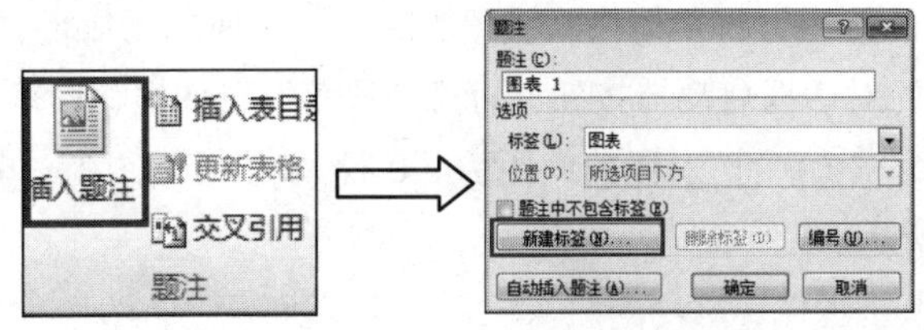

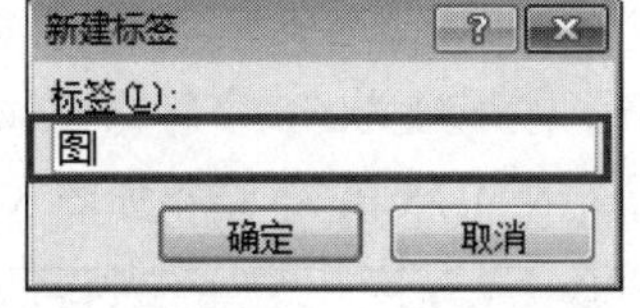

图3-69 插入题注的操作

操作 12：设置参考文献引文标注的字体格式为上标。

操作过程：

① 选择文档中的“[1]”。

② 单击“开始”选项卡“字体”组中的对话框启动器按钮，打开“字体”对话框，如图 3-70 所示。

③ 选中“效果”区域中的“上标”复选框。

④ 单击“确定”按钮。

⑤ 按以上方法设置文档中其他参考文献引文标注。

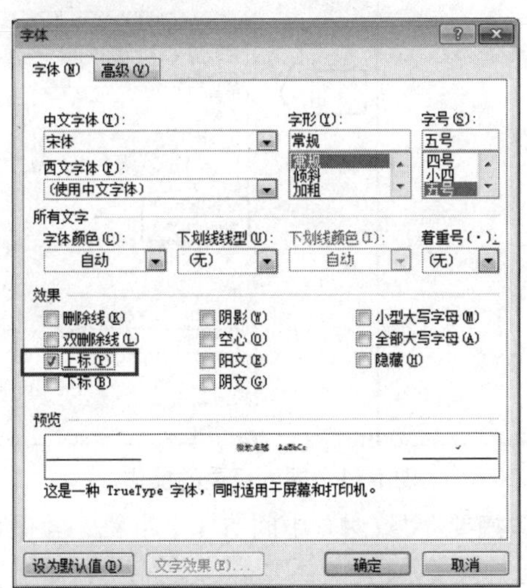

图3-70 “字体”对话框

操作 13：利用插入“索引和目录”的形式插入论文目录，设置为显示页码、右对齐、显示级别为

3。字体格式设置为宋体、小四、无加粗、无倾斜，段落格式设置为分散对齐、左右无缩进、段前段后无间距、行距为 1.25 倍。

操作过程：

① 将光标定位于文本“目录”之后，按【Enter】键产生新行。

② 单击“引用”选项卡“目录”组中的“目录”下拉按钮，在下拉列表框中选择“自定义目录”命令，如图 3-71 所示。

③ 单击“目录”选项卡，设置为显示页码、右对齐、显示级别为 3，单击“确定”按钮，生成文档的目录。

④ 选择目录正文。

⑤ 单击“开始”选项卡“字体”组中的按钮，将字体格式设置为宋体、小四、无加粗、无倾斜。

⑥ 单击“开始”选项卡“段落”组中的对话框启动器按钮，打开“段落”对话框，段落格式设置为分散对齐、左缩进为“0 字符”、右缩进为“0 字符”、段前间距为“0 行”、段后间距为“0 行”、行距为“多倍行距 1.25 倍”，结果如图 3-72 所示。

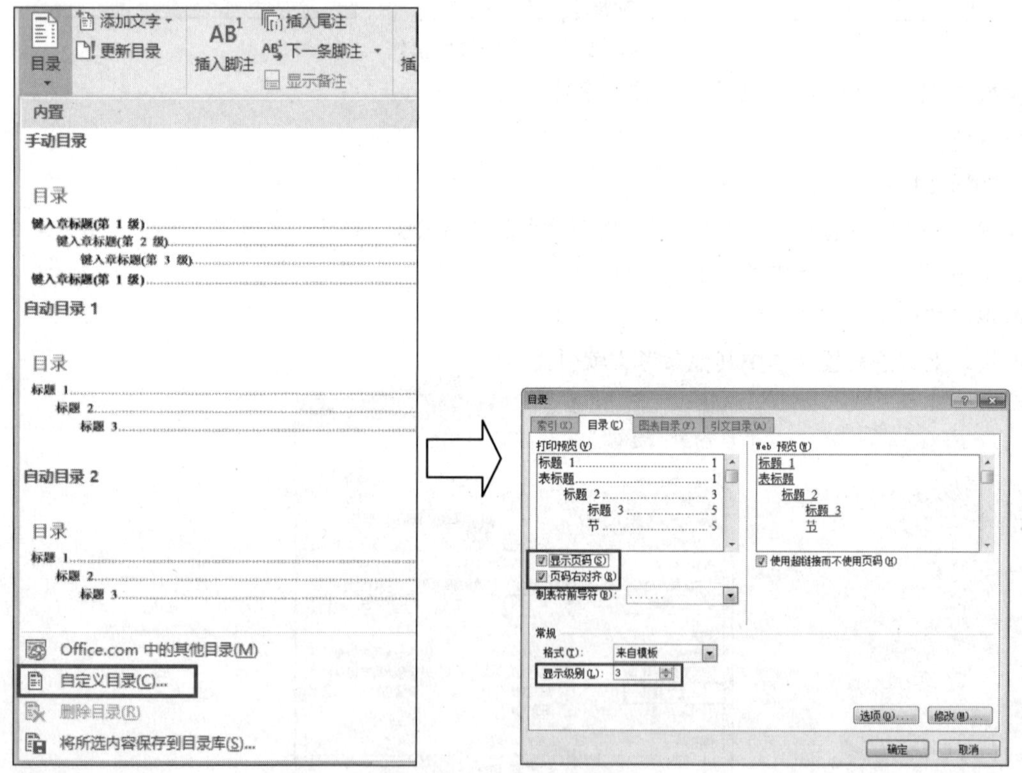

图3-71　插入目录的操作

操作 14： 设置“目录”“摘要”“致谢”中间空 4 个字符，并保存文档。

操作步骤略。

目　录

摘要....................1
1 步进电机原理....................2
1.1 步进电机原理及控制技术....................2
1.1.1 换相顺序的控制....................2
1.1.2 步进电机的换向控制....................2
1.1.3 步进电机的速度控制....................2
1.1.4 步进电机的起停控制....................3
1.1.5 步进电机的加减速控制....................3
1.2 步进电机总体设计方案....................3
2 设计原理与分析....................4
2.1 步进电机的介绍....................4
2.1.1 四相步进电机的工作原理....................4
2.1.2 步进电机的静态指标及术语....................4
2.1.3 四相步进电机的脉冲分配规律....................5
2.2 AT89C51 单片机简介....................5
3 电路设计....................6
3.1 控制电路设计....................6
3.2 最小系统电路设计....................6
3.3 驱动电路设计....................7
3.4 显示电路设计....................7
4 程序设计....................7
4.1 系统主程序设计....................8
4.2 定时中断程序设计....................8
4.3 外部中断程序设计....................8
5 总结....................8
参考文献....................10
致谢....................11

图3-72　生成目录的效果

任务小结

① 对文档进行页眉设置，并在相应位置插入分页符。

② 单击“插入”选项卡“页眉和页脚”组中的“页码”按钮，给文档插入页码。

③ 单击“插入”选项卡“页眉和页脚”组中的“页眉”按钮，给文档插入页眉。

④ 分别单击“字体”“字号”下拉按钮以及其他的字体设置按钮，设置标题的格式和相应的样式，并使用格式刷刷选对应的标题。

⑤ 分别单击“字体”“字号”下拉按钮以及其他的字体设置按钮，设置正文的格式和相应的样式，并使用格式刷刷选其余的正文部分。

⑥ 单击“引用”选项卡“题注”组中的“插入题注”按钮，打开“题注”对话框，设置文档中插图的图题。

⑦ 单击“开始”选项卡“字体”组中的对话框启动器按钮，打开“字体”对话框，选中“效果”区域中的“上标”复选框，设置文档中参考文献引文标注。

⑧ 单击“引用”选项卡“目录”组中的“目录”下拉按钮，在下拉列表框中选择“自定义目录”命令，生成文档的目录。

课后实训

1. 设置文档（一）

打开素材 WSC-6-2.docx，以 WSX6-KH-1.docx 为名将文件另存到“WSX6+学号”的文件夹中。按要求进行操作：

① 插入页眉，录入页眉标题“环境保护”，字号为四号，对齐方式为居中；底端插入页码“第 1 页”居中。

② 将标题“海滨的空气”设置为字体为华文新魏，字号小二号、居中、浅蓝色底纹。

③ 将第 1 段的字体设置为华文行楷、四号、蓝色；将第 2 段的字体设置为楷体、四号、绿色；将第 3 段的字体设置为华文新魏、四号、粉红色（RGB:255,50,200）；第 4 段设置为隶书、四号、深蓝。

④ 将第 2、3、4 段设置为固定行距为 20 磅。

⑤ 插入图片，设置图片绽放比例为 30%，环绕方式为紧密型。

⑥ 在文档的尾部插入一个 3 行 3 列的表格，自动套用“网格表 4-着色 4”的表格样式。操作结果如图 3-73 所示。

⑦ 对文档进行加密操作，设置密码为“888888”。

⑧ 保存退出。

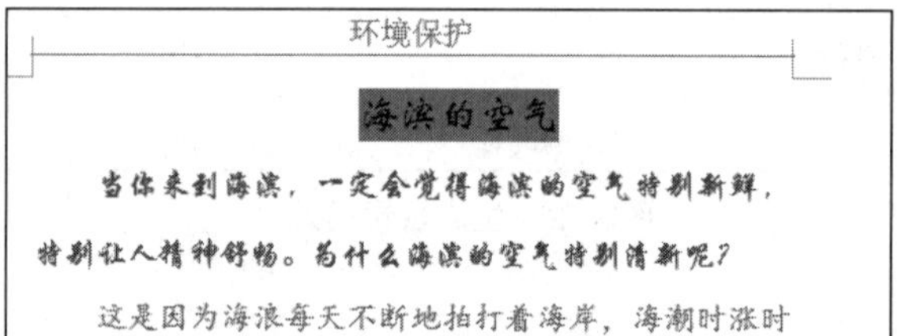

环境保护

海滨的空气

当你来到海滨，一定会觉得海滨的空气特别新鲜，特别让人精神舒畅。为什么海滨的空气特别清新呢？

这是因为海浪每天不断地拍打着海岸，海潮时涨时落，给海滨带来美丽的景色和悦耳的涛声，同时也带来了湿润的海滨空气。同时海滨的空气中含有大量的负氧离子，负氧离子称为“空气维生素”，它可以通过呼吸进入人体，改善肺的换气功能，增加氧的吸入量，二氧化碳的呼出量。

负氧离子是带负电的离子，有杀菌的作用，在空气中能抑制细菌的繁殖。大量的负氧离子提高人的交感神经的功能，使人精神焕发，精力充沛，还能增加血液中的血红蛋白的含量。

因此，海滨建有很多的疗养院，因为，海滨空气对患有肺气肿、高血压、神经衰弱、哮喘、贫血等疾病的人有治疗作用，有益于人体的健康，使人精神振奋。

图3-73 课后实训（一）的操作结果

2．设置文档（二）

打开素材 WSC-6-3.docx，以 WSX6-KH-2.docx 为名将文件另存到“WSX6+学号”的文件夹中。按要求进行操作：

① 页面设置：设置纸张大小为 16 开，页边距上、下、左、右各为 2.3 cm。

② 将标题文字“太阳”设置为小二号、加下画线、居中。

③ 输入如下文字作为正文的第 2 段，并设置该段字体颜色为蓝色：太阳目前正在穿越银河系内部边缘猎户臂的本地泡区中的本星际云。在距离地球 17 光年的距离内有 50 颗最邻近的恒星系，与太阳距离最近的恒星是称作比邻星的红矮星，大约 4.2 光年。

④ 设置正文各段落首行缩进 2 个字符，段前间距 0.5 行，行距为固定值 18 磅。

⑤ 将图片“太阳”插入到正文第二段中，设置版式为“四周型”，大小缩放比例为 30%。

⑥ 对文档中的表格完成以下操作：

• 设置第 1 列的底纹为蓝色；在表格第 2 列的左侧插入一列，合并单元格，输入文字“太阳系的行星”。

• 设置表格内所有单元格水平、垂直居中对齐。

⑦ 保存退出。

操作结果如图 3-74 所示。

太阳

太阳是位于太阳系中心的恒星，它几乎是热等离子体与磁场交织着的一个理想球体。太阳直径大约是 1392000（1.392×10^6）千米，相当于地球直径的 109 倍；体积大约是地球的 130 万倍；其质量大约是 2×10^{30}千克（地球的 330000 倍）。从化学组成来看，现在太阳质量的大约四分之三是氢，剩下的几乎都是氦，包括氧、碳、氖、铁和其他的重元素质量少于 2%，采用核聚变的方式向太空释放光和热。

太阳目前正在穿越银河系内部边缘猎户臂的本地泡区中的本星际云。在距离地球 17 光年的距离内有 50 颗最邻近的恒星系，与太阳距离最近的恒星是称作比邻星的红矮星，大约 4.2 光年。

太阳是一颗黄矮星（光谱为 G2V），黄矮星的寿命大致为 100 亿年，目前太阳大约

45.7 亿岁。在大约 50 至 60
素几乎会全部消耗尽，太阳
度上升，这一过程将一直持
成碳元素。虽然氦聚变产生
少，但温度也更高，因此太
部分外层大气释放到太空中
太阳的质量将稍微下降，外
前运行的轨道处。

亿年之后，太阳内部的氢元
的核心将发生坍缩，导致温
续到太阳开始把氦元素聚变
的能量比氢聚变产生的能量
阳的外层将膨胀，并且把一
当转向新元素的过程结束时，
层将延伸到地球或者火星目

太阳系	太阳系的行星	水星
		金星
		地球
		火星
		木星
		土星
		天王星
		海王星

图3-74 课后实训（二）的操作结果

理论习题

一、填空题

1. “页面设置”对话框包括______、______、______和______等4个选项卡。

2. 单击______ →______打开“打印”窗口。

3. 将鼠标定位在文档的最前面，单击______→______→______，设置目录格式，单击“确定”按钮即可插入目录。

4. 如果文档的内容和页码有所变化，此时需要对其进行更新，用户需点击______→______按钮即可实现目录更新。

5. 将鼠标定位在图题前，单击______→______→______可打开“题注”对话框。

二、选择题

1. 在Word 2016中，文档不能打印的原因不可能是（　　）。

A. 没有连接打印机　　B. 没有设置打印机

C. 没有经过打印预览查看　　D. 没有安装打印驱动程

2. 在Word 2016中，下面有关文档分页的叙述，错误的是（　　）。

A. 分页符也能打印出来　　B. 可以自动分页，也可以人工分页

C. 按【Del】按钮可以删除人工分页符　　D. 分页符标志着新一页的开始

3. 打印页码4-10，16，20表示打印的是（　　）。

A. 第4页，第10页，第15页，第20页

B. 第4页至第10页，第16页至第20页

C. 第4页至第10页，第16页，第20页

D. 第4页，第10页，第16页至第20页

4. 关于Word中的页面设置，说法不正确的是（　　）。

A. 每一章都可以有自己的页面设置

B. 默认值是不可改变的

C. 双击垂直标尺的刻度部位打开页面设置对话框

D. 同一章节可以有不同的页面设置

5. 在Word编辑状态，可以使插入点快速移到文档首部的键是（　　）。

A. Ctrl+Home　　B. Alt+Home　　C. Home　　D. PageUP

6. 在Word 2016编辑状态，为文档设置页码，可以使用（　　）。

A. “视图”选项卡中的按钮　　B. “文件”选项卡中的命令

C. “引用”选项卡中的按钮　　D. “插入”选项卡中的按钮

7. 要模拟显示打印效果，应当选择“文件”中的（　　）。

A. “打印预览”按钮　　B. “打印”命令

C. “打开”按钮　　D. “新建”按钮

8. 如果文档中的内容在一页的情况下需要强制换页，最好的方法是（　　）。

A. 插入分页符　　B. 不可以这样做

C. 多按几次【Enter】键直到出现下一页　　D. 按住空格键不放

9. 要在Word文档中插入当前的日期和时间，首先单击（　　）。

A. “文件”选项卡　　B. “开始”选项卡

C. “插入”选项卡　　D. “引用”选项卡

10. 在Word 2016的编辑状态中，编辑文档中的A2（A的二次方），应使用（　　）设置。

A. “字体”对话框　　B. “段落”对话框

C. “页面设置”对话框　　D. “样式”按钮

11. 在Word 2016中，进入页眉/页脚编辑状态，以下不可能的是（　　）。

A. 双击页眉区域　　B. 双击页脚区域

C. 插入→页眉和页脚　　D. 布局→页眉和页脚

12. 在Word中，要查看某篇文档的字数、行数、段落数、文档编辑所花的时间等信息，可以通过（　　）。

A. “审阅”下的“字数统计”按钮　　B. “页面布局”下的“页边距”命令

C. “视图”下的“显示比例”　　D. “引用”下的“插入题注”命令

13. 给文档进行加密，正确的方法是选择（　　）。

A. 文件→保护文档→用密码进行加密　　B. 开发工具→加密

C. 设计→加密　　D. 引用→加密

14. 对当前文档中的文字进行“字数统计”操作，应当使用的菜单是（　　）。

A. “审阅”菜单　　B. “文件”菜单　　C. “视图”菜单　　D. “工具菜单”

15. 在Word编辑状态下，按先后顺序依次打开了Word1.docx、Word2.docx、Word3.docx、Word4.docx四个文档，则当前的活动窗口是（　　）。

A. Word1.docx窗口　　B. Word2.docx窗口　　C. Word3.docx窗口　　D. Word4.docx窗口

工匠精神

中国计算机文字信息处理的先驱——王选院士

王选院士，男，江苏无锡人，出生于上海，是我国计算机文字信息处理的先驱，计算机文字信息处理专家，计算机汉字激光照排技术创始人，当代中国印刷业革命的先行者，被称为“汉字激光照排系统之父”，被誉为“有市场眼光的科学家”。曾任全国政协副主席、中国科协副主席。

王选院士1958年毕业于北京大学数学力学系，1984年晋升为教授，1991年当选为中国科学院院士，1994年当选为中国工程院院士，2002年2月1日获得2001年度国家最高科学技术奖，陈嘉庚科学奖获得者。2018年12月18日，党中央、国务院授予王选同志改革先锋称号，颁授改革先锋奖章，并获评“科技体制改革的实践探索者”。2019年9月25日，被评选为“最美奋斗者”。

王选院士主要学术工作是从事计算机逻辑设计、体系结构和高级语言编译系统等方面的研究，主持华光和方正型计算机激光汉字编排系统的研制，用于书刊、报纸等正式出版物的编排。针对汉字字数多、印刷用汉字字体多、精密照排要求分辨率很高所带来的技术困难，发明了高分辨率字形的高倍率信息压缩和高速复原方法，并在华光Ⅳ型和方正 91 型、93 型上设计了专用超大规模集成电路实现复原算法，显著改善了系统的性能价格比。

项目 4
Excel 2016 的使用

项目导入

辅导员给李晓晓布置了任务，要求他对本班同学的考试成绩进行统计分析，将本班同学的成绩排名、总分、平均分等成绩信息情况汇报给辅导员，以便辅导员有针对性地指导班级工作。

项目分析

李晓晓需要对本班同学的考试成绩进行统计分析，必须要掌握使用 Excel 2016 实现数据录入、美化、统计分析及图表化的方法和步骤。

职业能力目标与要求

李晓晓需要了解 Office 2016 办公软件中 Excel 2016 的窗口界面、学会 Excel 2016 的基本操作。具体可概括为以下几个任务：

① Excel 2016 工作表的建立。

② Excel 2016 工作表的美化与编辑。

③ Excel 2016 工作表的计算与数据管理。

④ Excel 2016 工作表数据图表化。

⑤ Excel 2016 综合实训。

任务1　Excel 2016工作表的建立

任务要求

① 在 Excel 2016 中创建一个工作簿，以“EX1+学号.xlsx”为文件名另存到“EX1+学号”文件夹中，了解 Excel 2016 窗口的组成，并将 EX1.xlsx 中的数据复制到“EX1+学号.xlsx”Sheet1 工作表中。

② 设置“计算机、大学英语、高等数学”课程成绩的输入条件，使其只能输入 0~100 范围内的数据，否则显示警告信息。如果工作表中已经输入了数据，使用“圈定无效数据”的功能进行检测，并使用红色的椭圆圈标注出来。

③ 按图 4-1 所示输入空缺的数据，根据提示，将“–80”更改为“80”。

	A	B	C	D	E	F	G	H	I	J
1	学生成绩表									
2	学号	姓名	专业	计算机	大学英语	高等数学	总分	平均分	排名	总评
3	010519001	李大伟	物联网	85	86	88				
4	010519002	李成	物联网	92	-80	84				
5	010519003	程晓晓	交通运输	75	87	78				
6	010519004	陈一平	越南语	80	53	84				
7	010519005	刘亚平	越南语	80	82	86				
8	010519006	张小珊	越南语	65	63	48				
9	010519007	李美	会计	84	85	80				
10	010519008	张浩然	交通运输	58	45	65				
11	010519009	韦小冉	园林	65	84	86				
12	010519010	黄光宇	园林	83	-90	82				
13										

图4-1 学生成绩表内容

任务实施

操作 1：在 Excel 2016 中创建一个工作簿，以“EX1+学号.xlsx”为文件名另存到“EX1+学号”文件夹中，了解 Excel 2016 窗口的组成，并将 EX1.xlsx 中的数据复制到“EX1+学号.xlsx” Sheet1 工作表中。

操作过程：

① 启动 Excel 2016，默认新建工作簿 Book1，选择“文件”→“另存为”命令，单打开“另存为”对话框，以“EX1+学号.xlsx”为文件名把工作簿保存到“EX1+学号”文件夹中，观察了解 Excel 2016 的窗口结构：标题栏、快速访问工具栏、选项区、功能区、编辑栏、工作区和状态栏等，如图 4-2 所示。

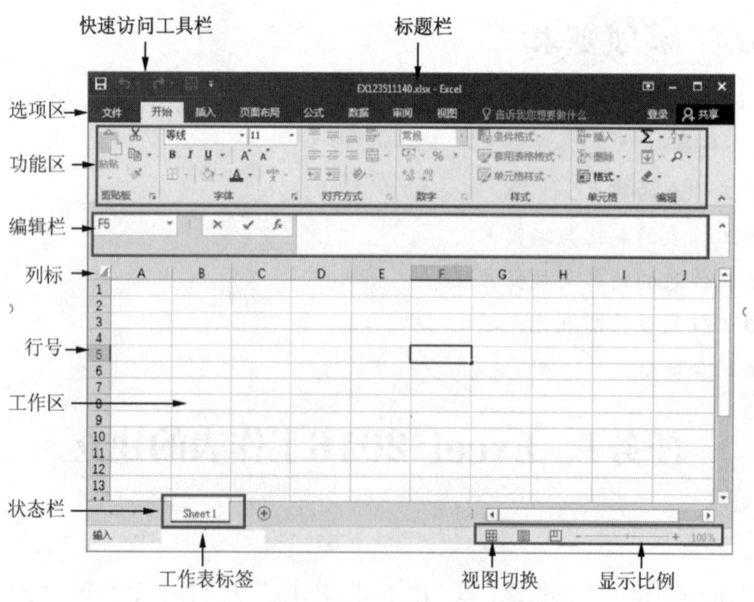

图4-2 Excel 2016窗口

② 双击打开 EX1.xlsx，选中 A1:J12 单元格的内容，按【Ctrl+C】组合键，单击“EX1+学号.xlsx”中 Sheet1 工作表的 A1 单元格，按【Ctrl+V】组合键。

操作 2：设置“计算机、大学英语、高等数学”课程成绩的输入条件，使其只能输入 0~100 范围内的数据，否则显示警告信息。如果工作表中已经输入了数据，使用“圈定无效数据”的功能进行检测，并使用红色的椭圆圈标注出来。

操作过程：

① 设置数据输入条件。选中各课程成绩所在的单元格区域 D3:F12，选择“数据”选项卡，在“数据工具”组中单击“数据验证”按钮，打开“数据验证”对话框。

② 在“设置”选项卡中，设置有效性条件为：允许“小数”，数据“介于”，最小值“0”，最大值“100”。

③ 在“出错警告”选项卡中设置输入无效数据时显示的出错警告，选择“停止”样式，输入标题为“错误”，错误信息为“请输入 0~100 之间的数据！”，如图 4-3 所示。

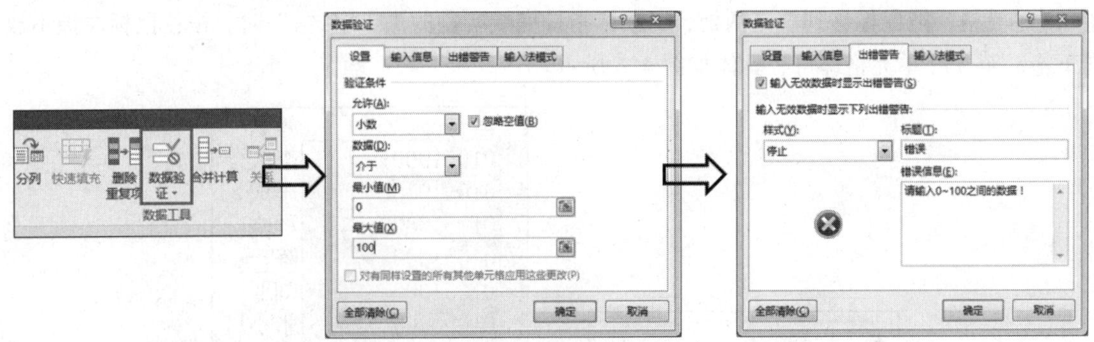

图4-3　数据有效性设置

④ 继续选中各课程成绩所在的单元格区域 D3:F12，在“数据工具”选项组中，单击“数据验证”图标按钮，选择“圈释无效数据”命令，如图 4-4 所示。

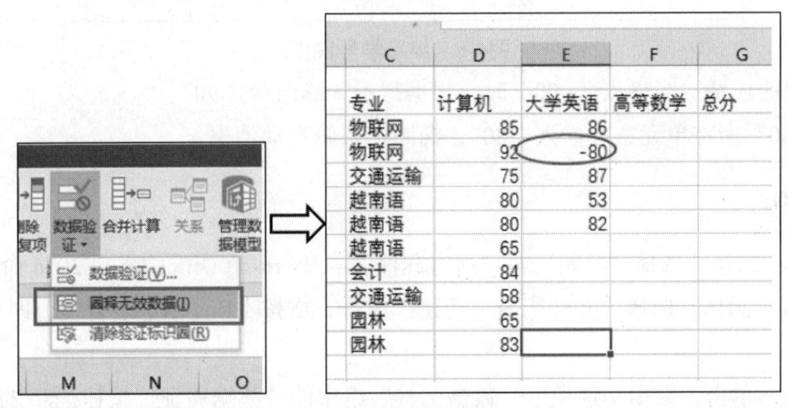

图4-4　圈释无效数据

操作 3：按图 4-5 所示输入空缺的数据，根据提示，将“-80”更改为“80”。

学生成绩表						
学号	姓名	专业	计算机	大学英语	高等数学	总分
010519001	李大伟	物联网	85	86	88	
010519002	李成	物联网	92	-80	84	
010519003	程晓晓	交通运输	75	87	78	
010519004	陈一平	越南语	80	53	84	
010519005	刘亚平	越南语	80	82	86	
010519006	张小珊	越南语	65	63	48	
010519007	李美	会计	84	85	80	
010519008	张浩然	交通运输	58	45	65	
010519009	韦小冉	园林	65	84	86	
010519010	黄光宇	园林	83	-90	82	

图4-5　学生成绩表内容

操作过程：

① 编写学号。右击 A3 单元格，设置单元格式，设置为文本类型，在 A3 单元格中输入 010519001，选中 A3 单元格，把鼠标移到填充柄处，当鼠标指针变成实心的黑十字“+”时，按住鼠标左键不放，并向下拖动至 A12 单元格即可，具体如图 4-6 所示。

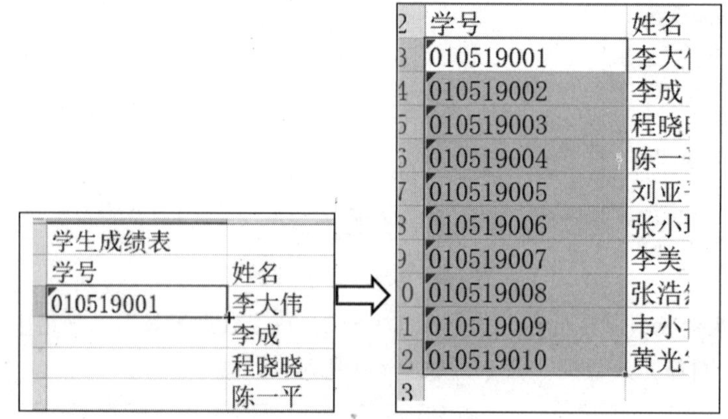

图4-6　编写学号操作

② 输入空缺的成绩。当输入“-90”时，根据提示，修改为“90”。

③ 选中“-80”所在单元格，输入“80”，椭圆形圆圈自动消失。

任务小结

① 启动 Excel 2016。选择“开始”→“所有程序”→Microsoft Office Excel 2016 命令。

② 新建 Excel 2016。选择“文件”→“新建”命令，或按【Ctrl+N】组合键，即可创建一个空白的新表格。

③ 数据验证。单击“数据”选项卡“数据工具”组中的“数据验证”按钮，打开“数据验证”对话框。

④ 在“数据工具”组中，单击“数据验证”按钮，选择“圈释无效数据”命令。

⑤ 保存文档。选择“文件”→“另存为”命令，或按【Ctrl+S】快捷键，选择保存文件的路径，

即可保存一个文档。

⑥ 关闭文档。单击屏幕右上角的“关闭”按钮，即可关闭一个文档。

课后实训

请按下列要求使用 Excel 软件进行编辑：

① 新建一个 Excel 工作簿，在 Sheet1 工作表中输入如图 4-7 所示的数据并保存为“EXKH1+学号.xls”。

② 设置“扣款”列的输入条件，使其只能输入 0～200 范围内的数据，否则显示警告信息。

③ 在“姓名”列前增加一个字段，字段名为“序号”，并采用填充方式从上至下输入 1～8，如图 4-8 所示。

	A	B	C	D	E	F
1	姓名	性别	基本工资	扣款	实发工资	报到日期
2	黄河玉	女	1500	100		2010年7月10日
3	兰艳	女	1350	150		2010年7月5日
4	黄帅	男	1500	120		2010年7月1日
5	张少凤	女	1550	150		2010年7月1日
6	吴鸿桂	男	1500	160		2010年7月1日
7	梁婷	女	1650	180		2010年7月1日
8	黄冠	男	1600	160		2010年7月6日
9	周洲	男	1550	150		2010年7月5日
10	合计					
11	平均值					

图4-7 工资表原始数据

	A	B	C	D	E	F	G
1	序号	姓名	性别	基本工资	扣款	实发工资	报到日期
2	1	黄河玉	女	1500	100		2010年7月10日
3	2	兰艳	女	1350	150		2010年7月5日
4	3	黄帅	男	1500	120		2010年7月1日
5	4	张少凤	女	1550	150		2010年7月1日
6	5	吴鸿桂	男	1500	160		2010年7月1日
7	6	梁婷	女	1650	180		2010年7月1日
8	7	黄冠	男	1600	160		2010年7月6日
9	8	周洲	男	1550	150		2010年7月5日
10		合计					
11		平均值					

图4-8 工资表样张

理论习题

一、填空题

1. 在 Excel 中输入数据时，如果输入数据具有某种规律，则可以利用________功能来输入。

2. Excel 产生的文件是一种三维电子表格，该文件又称_______，它由若干个_______构成。

3. Excel 可以方便地输入日期和时间，如果要输入当前日期，可按________组合键。

4. 在单元格输入数据时，默认情况下，数值数据_______对齐存放，字符数据_______对齐存放；当输入内容超过列宽，而右边列有内容时，数值数据以_________形式显示，字符数据以_________形式显示。

5. 在 Excel 中以分数形式输入 2/5（不采用公式）的方法是输入__________。

6. Excel 2016 默认保存工作簿的格式扩展名为__________。

二、选择题

1. 在 Excel 环境下，要想创建空白工作簿，可以按（　　）组合键。

A. Ctrl+C　　B. Ctrl+N　　C. Ctrl+V　　D. Ctrl+X

2. 新建的空白工作簿有（　　）个默认工作表。

A. 4　　B. 3　　C. 2　　D. 1

3. 输入文本后，Excel 默认的文本的对齐方式是（　　）。

A. 上对齐　　B. 居中对齐　　C. 左对齐　　D. 右对齐

4. 如果某单元格显示为若干个“#”号（如“########”），这表示（　　）。

A. 公式错误　　B. 数据错误　　C. 行高不够　　D. 列宽不够

5. 在某单元格输入完内容后，如果想继续在它下面的单元格输入，可以按（　　）键。

A. Tab　　B. Ctrl　　C. Enter　　D. Shift

6. 如果想连续选择单元格，或选择不相邻的单元格，应该按（　　）键。

A. Tab　　B. Ctrl　　C. Enter　　D. Shift

7. 如果某单元格输入“="电子商务"&"EC"”，结果为（　　）。

A. 电子商务&EC　　C. 电子商务 EC

B. “电子商务” & “EC”　　D. 以上都不是

8. 要在单元格中输入数字字符，例如学号 021021，下列输入正确的是（　　）。

A. “021021”　　B. =021021　　C. ’021021　　D. 021021

9. 在 Excel 工作界面中，（　　）将显示在名称框中。

A. 工作表名称　　B. 行号　　C. 列标　　D. 当前单元格地址

10. 在 Excel 中，选中单元格后，单击【Del】键，将（　　）。

A. 删除选中单元格　　B. 清除选中单元格中的内容

C. 清除选中单元格中的格式　　D. 删除选中单元格中的内容和格式

11. 在 Excel 中，若希望确认工作表上输入数据的正确性，可为单元格区域指定输入数据的（　　）。

A. 无效范围　　B. 条件格式　　C. 有效性条件　　D. 正确格式

12. “数据验证”对话框中出错警告有（　　）三种样式。

A. 停止、警告和信息　　B. 错误、警告和非法

C. 停止、警告和错误　　D. 停止、错误和信息

13. 在 Excel 中，编辑栏由（　　）三部分组成。

A. 视图框、工具框、编辑框　　C. 名称框、工具按钮、视图框

B. 公式框、审阅框、视图框　　D. 名称框、工具按钮、编辑框

14. 在一个单元格中若输入了“3/4”，确认后应显示为（　　）。

A. 3/4　　B. 3 月 4 日　　C. 03/4　　D. 3　4

15. 在 Excel 中，利用填充柄可以将数据复制到相邻单元格中，若选择含有数值的左右相邻的两个单元格，左键拖动填充柄，则数据将以（　　）填充。

A. 等差数列　　B. 等比数列　　C. 左单元格数值　　D. 右单元格数值

16. 在 Excel 中，单元格地址是指（　　）。

A. 工作表标签　　B. 单元格的大小

C. 单元格的数据　　D. 单元格在工作表中的位置

任务2　Excel 2016 工作表的美化与编辑

任务要求

① 打开文件 EX2.xlsx，以“EX2+学号.xlsx”为文件名另存到“EX2+学号”文件夹中，把工作表 Sheet1 中的全部数据复制到工作表 Sheet2 中，并把工作表 Sheet2 重命名为“美化和编辑”。

② 在“美化和编辑”工作表中，将标题“学生成绩表”按表格实际宽度合并居中，设置字体为仿宋、字号18磅、加粗红色，将表头一行文字大小设置为12磅、浅蓝色底纹，并设置行高为18。

③ 在“美化和编辑”工作表中，添加边框线，将表格线设置为蓝色，外边框使用粗线，内边框用细线。

④ 将“美化和编辑”工作表中所有的成绩分数保留1位小数（即“计算机”至“平均分”这几列），并把单科考试成绩不及格的成绩分数用红色粗体标注出来。

⑤ 为工作表“美化和编辑”建立一个副本“美化和编辑（2）”，并把该副本重命名为“公式和函数”。

⑥ 在“公式和函数”的工作表中，将单元格“会计”更改为“越南语”；在单元格A14、A15、A16、A17中分别输入文字“最高分”“最低分”“学生人数”“及格人数”，并按照图4-9所示，将相关单元格区域合并居中，并加上蓝色外边框和内线，外边框线为粗线，内边框线为细线。

	A	B	C	D	E	F	G	H	I	J
1	学生成绩表									
2	学号	姓名	专业	计算机	大学英语	高等数学	总分	平均分	排名	总评
3	010519001	李大伟	物联网	85.0	86.0	88.0	259.0	86.3		
4	010519002	李成	物联网	92.0	80.0	84.0	256.0	85.3		
5	010519003	程晓晓	交通运输	75.0	87.0	78.0	240.0	80.0		
6	010519004	陈一平	越南语	80.0	**53.0**	84.0	217.0	72.3		
7	010519005	刘亚平	越南语	80.0	82.0	86.0	248.0	82.7		
8	010519006	张小珊	越南语	65.0	63.0	**48.0**	176.0	58.7		
9	010519007	李美	越南语	84.0	85.0	80.0	249.0	83.0		
10	010519008	张浩然	交通运输	**58.0**	**45.0**	65.0	168.0	56.0		
11	010519009	韦小冉	园林	65.0	84.0	86.0	235.0	78.3		
12	010519010	黄光宇	园林	83.0	90.0	82.0	255.0	85.0		
13										
14	最高分			92.0	90.0	88.0				
15	最低分			58.0	45.0	48.0				
16	学生人数			10						
17	及格人数									

图4-9 公式和函数表

⑦ 在工作表“公式和函数”中，计算出“总分”“平均分”“最高分”“最低分”“学生人数”的数值。

⑧ 在工作表“美化和编辑”中，在标题行下方插入一空行，将该行高设置为6；将学号所在列设为“自动调整列宽”；将图片sx2.jpg设为工作表背景保存工作簿，退出Excel 2016，结果如图4-10所示。

	A	B	C	D	E	F	G	H	I	J
1	学生成绩表									
3	学号	姓名	专业	计算机	大学英语	高等数学	总分	平均分	排名	总评
4	010519001	李大伟	物联网	85.0	86.0	88.0				
5	010519002	李成	物联网	92.0	80.0	84.0				
6	010519003	程晓晓	交通运输	75.0	87.0	78.0				
7	010519004	陈一平	越南语	80.0	**53.0**	84.0				
8	010519005	刘亚平	越南语	80.0	82.0	86.0				
9	010519006	张小珊	越南语	65.0	63.0	**48.0**				
10	010519007	李美	会计	84.0	85.0	80.0				
11	010519008	张浩然	交通运输	**58.0**	**45.0**	65.0				
12	010519009	韦小冉	园林	65.0	84.0	86.0				
13	010519010	黄光宇	园林	83.0	90.0	82.0				

图4-10 美化和编辑表

任务实施

操作 1：打开文件 EX2.xlsx，以“EX2+学号.xlsx”为文件名另存到“EX2+学号”文件夹中，把工作表 Sheet1 中的全部数据复制到工作表 Sheet2 中，并把工作表 Sheet2 重命名为“美化和编辑”。

操作过程：

① 打开文件 EX2.xlsx，以“EX2+学号.xlsx”为文件名另存到“EX2+学号”文件夹中，进行以下操作：

方法一：选中工作表 Sheet1 中的单元格区域 A1:J12，单击“开始”选项卡中的“复制”按钮；接着单击工作表标签 Sheet2，切换到该 Sheet2 工作表中，然后选中 A1 单元格，单击“开始”选项卡中的“粘贴”按钮，将 Sheet1 中的数据复制到 Sheet2 中。

方法二：选中工作表的同时，按下【Ctrl】键，向右边拖动。

方法三：选中工作表 Sheet1，右击，选择“移动或复制”命令，选中“建立副本”复选框，移至最后。

② 右击工作表标签 Sheet2，在弹出的菜单中选择“重命名”命令，将工作表 Sheet2 重命名为“美化和编辑”，具体操作如图 4-11 所示。

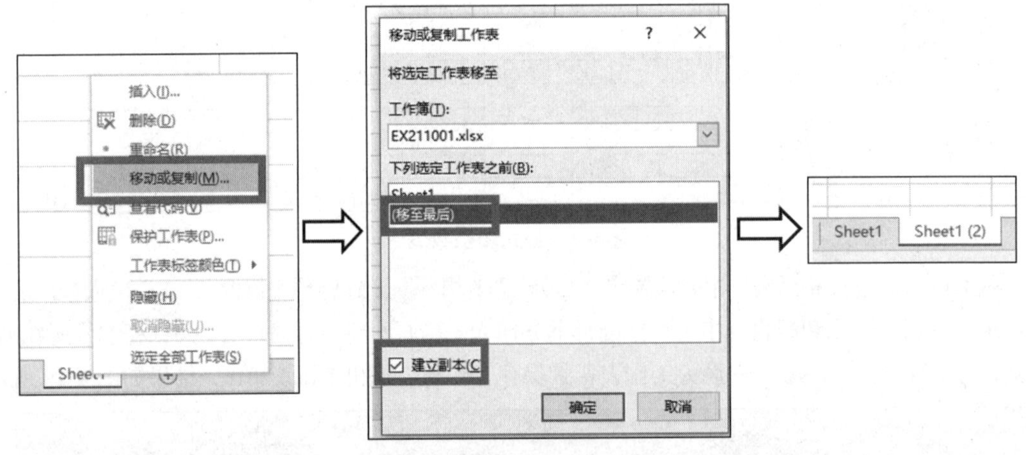

图4-11 工作表重命名操作

操作 2：在“美化和编辑”工作表中，将标题“学生成绩表”按表格实际宽度合并居中，设置字体为仿宋、字号 18 磅、加粗红色，将表头一行文字大小设置为 12 磅，浅蓝底纹，并设置行高为 18。

操作过程：

① 选中标题“学生成绩表”所在行的单元格区域 A1:J1，单击“开始”选项卡“对齐方式”组中的“合并后居中”按钮进行合并居中设置，设置字体为仿宋体、字号 18 磅、加粗、红色。

② 选定单元格区域 A2:J2，设置字号为 12 磅。单击“开始”选项卡“单元格”组中的“格式”下拉按钮，选择“行高”命令，在打开的“行高”对话框中设置行高为 18，具体操作如图 4-12 所示。单击“开始”选项卡“字体”组中的“填充颜色”下拉按钮，选择“浅蓝”如图 4-13 所示。

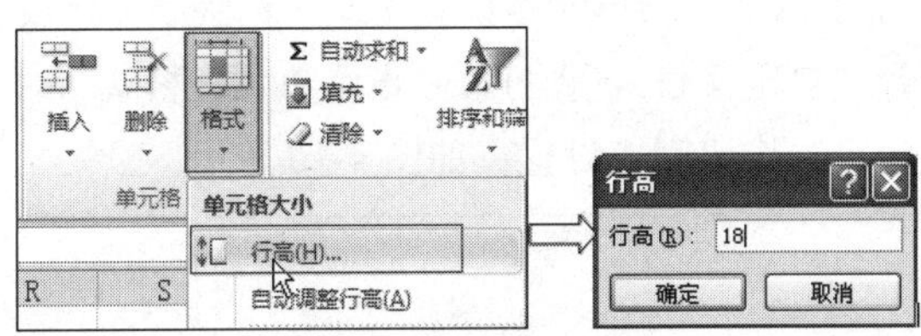

图4-12　行高的设置

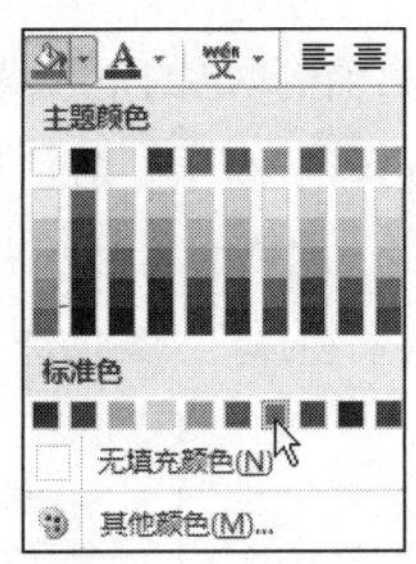

图4-13　设置底纹

操作 3：在“美化和编辑”工作表中，添加边框线，将表格线设置为蓝色，外边框使用粗线，内边框用细线。

操作过程：

① 选定单元格区域 A2:J12，右击，选择“设置单元格格式”命令，在打开的“单元格格式”对话框的“边框”选项卡中，选择线条的颜色为蓝色，接着选择最粗的实线样式，单击“预置”中的“外边框”即可设置蓝色粗线外边框；选择最细的实线样式，然后单击“预置”中的“内部”即可设置蓝色细线框内线条。

② 单击“确定”按钮即可完成设置，设置结果如图 4-14 所示。

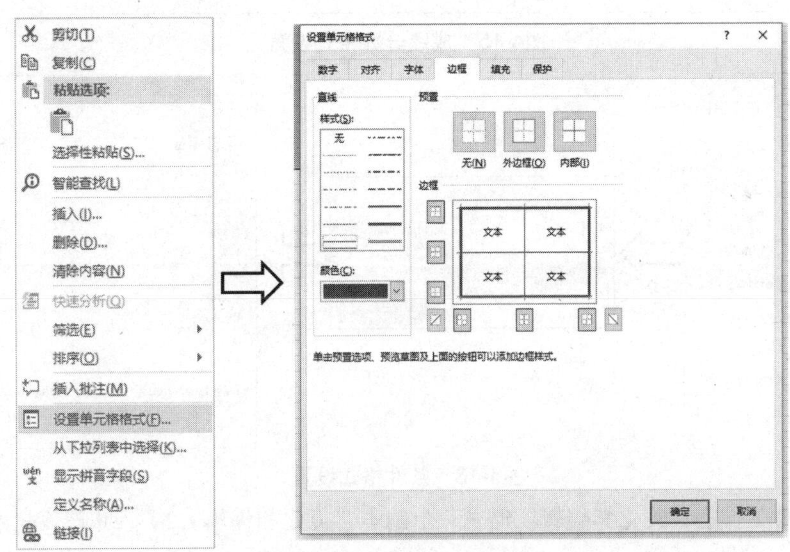

图4-14　边框的设置结果

操作 4：将“美化和编辑”工作表中所有的成绩分数保留 1 位小数（即“计算机”至“平均分”这几列），并把单科考试成绩不及格的成绩分数用红色粗体标注出来。

操作过程：

① 选中所有成绩分数所在的单元格区域 D3:H12，右击，选择“设置单元格格式”命令，在打开的“设置单元格格式”对话框的“数字”选项卡中，选择分类为“数值”，设置小数位数为 1 位，如图 4-15 设置。

② 选中单科考试成绩所在的单元格区域 D3:F12，单击“开始”选项卡“样式”组中的“条件格

式”按钮，在弹出的下拉菜单中选择“突出显示单元格规则”→“小于”命令，如图 4-16 所示。

③ 打开“小于”对话框，在对话框的“为小于以下值的单元格设置格式”标签下方的编辑框中输入 60，在“设置为”标签右边的下拉列表中选择“自定义格式”，打开“设置单元格格式”对话框，字形设置为“粗体”，颜色选择“红色”，单击“确定”按钮完成设置，如图 4-16 所示。

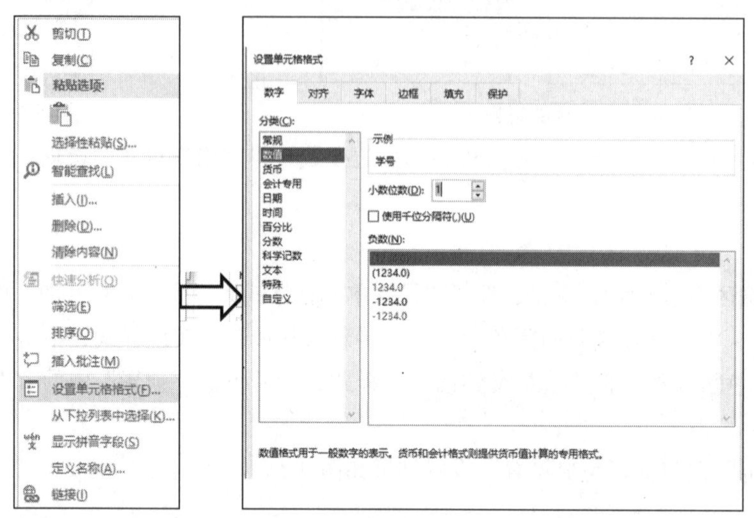

图4-15　成绩分数格式设置

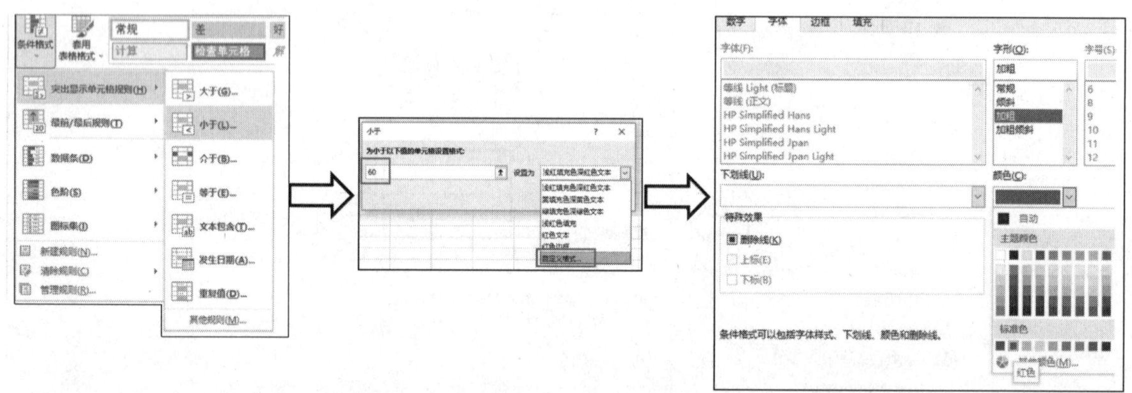

图4-16　条件格式设置

操作 5：为工作表“美化和编辑”建立一个副本“美化和编辑（2）”，并把该副本重命名为“公式和函数”。

操作过程：

右击“美化和编辑”工作表标签，选择“移动或复制”命令，在打开的“移动或复制工作表”对话框，选中“建立副本”复选框，选定新建副本的位置为 Sheet3 之前，最后将其重命名为“公式和函数”，具体操作参照操作 1。

操作 6：在“公式和函数”的工作表中，将单元格“会计”更改为“越南语”；在单元格 A14、A15、A16、A17 中分别输入文字“最高分”“最低分”“学生人数”“及格人数”，并按照图 4-9 所示，将相关单元格区域合并居中，并加上蓝色外边框和内线，外边框线为粗线，内边框线为细线。

操作过程：

① 选择单元格“会计”，将光标定位在编辑栏，删除“会计”两字，通过键盘输入“越南语”三个字，按【Enter】键确定。

② 操作方法可参考操作 2～操作 5。

操作 7：在工作表“公式和函数”中，计算出“总分”“平均分”“最高分”“最低分”“学生人数”的数值。

操作过程：

（1）计算总分

① 公式法：选定李大伟的总分单元格 G3，在编辑栏中输入总分计算公式“=D3+E3+F3”，然后按【Enter】键或单击编辑栏中的 按钮显示其总分，其余学生的总分使用填充方式完成。

② 函数法：使用“插入函数”图标按钮 进行设置；或单击“开始”选项卡“编辑”组中的“自动求和”按钮，选择求和的区域 D3:F3，按【Enter】键，如图 4-17 所示。

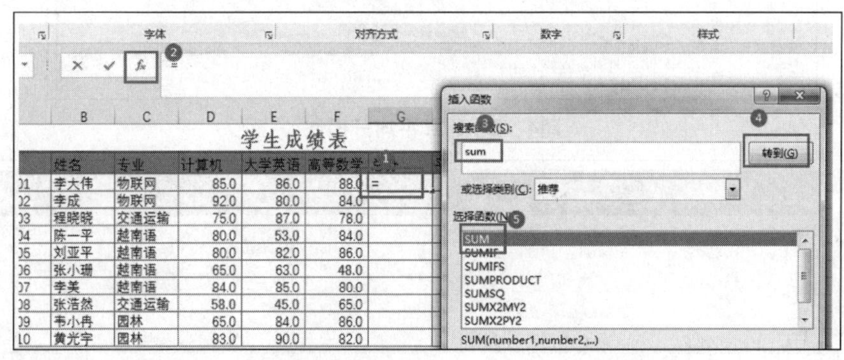

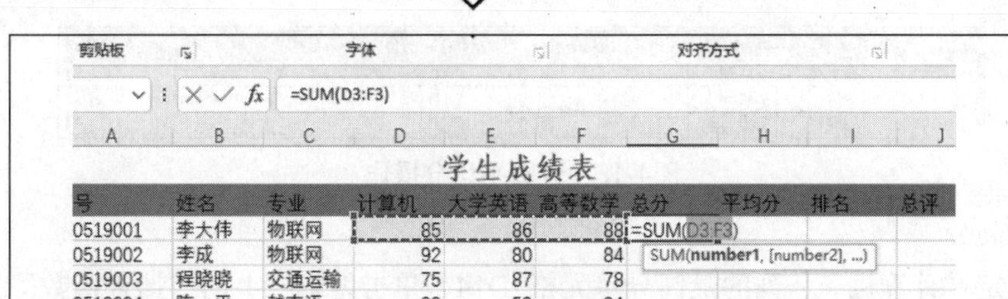

图4-17 求和操作

（2）计算平均分

方法一：选定李大伟的平均分单元格 H3，单击编辑栏上的“插入函数”按钮 ，打开“插入函数”对话框，选择求平均值函数 AVERAGE 后，单击“确定”按钮，打开“函数参数”对话框，如图 4-18 所示。

方法二：单击“开始”选项卡“编辑”组中的“自动求和”下拉按钮，选择计算平均值的区域 D3:F3，按【Enter】键如图 4-19 所示。

其余学生的平均分使用填充方式完成。

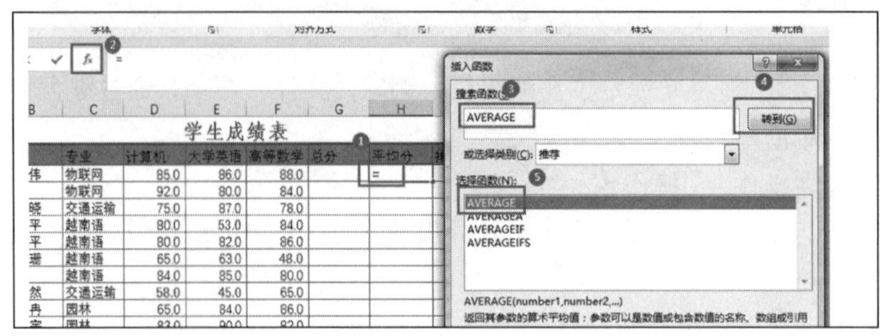

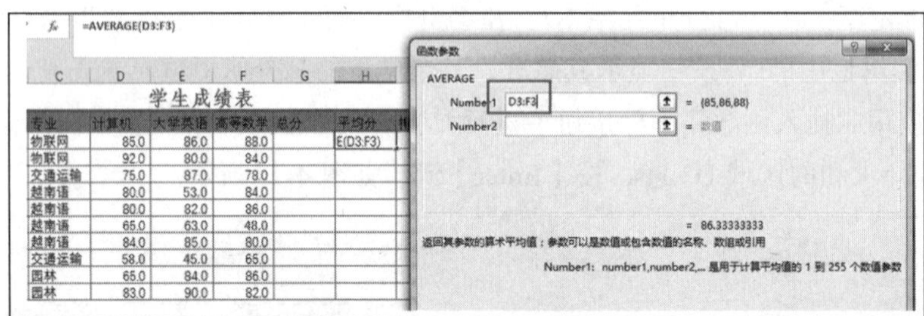

图4-18　计算平均分操作

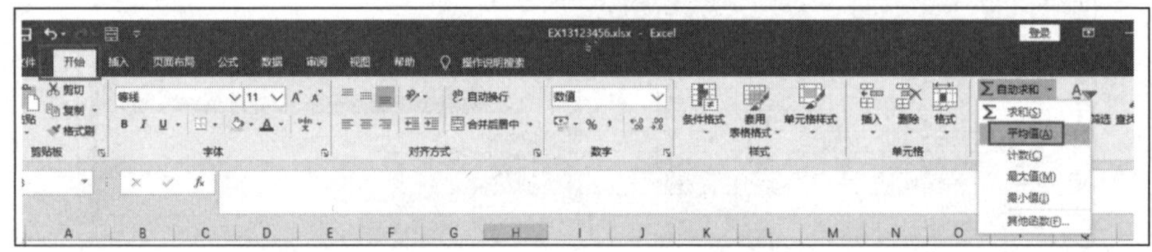

学号	姓名	专业	计算机	大学英语	高等数学	总分	平均分	排名	总评
010519001	李大伟	物联网	85.0	86.0	88.0	259.0	=AVERAGE(D3:F3)		
010519002	李成	物联网	92.0	80.0	84.0	256.0	AVERAGE(number1, [number2], ...)		
010519003	程晓晓	交通运输	75.0	87.0	78.0	240.0			

图4-19　计算平均分操作

（3）计算最高分

方法一：选定“计算机”一列的最高分单元格 D14，单击编辑栏上的“插入函数”按钮 f_x，打开“插入函数”对话框，在“搜索函数”框中输入 MAX，单击“转到”按钮选中 MAX 函数后，单击“确定”按钮，打开“函数参数”对话框；在“函数参数”对话框的 Number1 编辑框中，选择或输入 MAX 函数需要计算的单元格区域 D3:D12，单击“确定”按钮，完成函数的输入，如图 4-20 所示。

方法二：单击“开始”选项卡“编辑”组中的“自动求和”下拉按钮，选择计算最大值的区域 D3:D12，按【Enter】键。

其余学生的平均分使用填充方式完成。

（4）计算最低分

使用函数 MIN 计算，方法同计算最高分操作。

（5）计算学生人数

使用函数 COUNT 计算，方法同计算最高分操作。

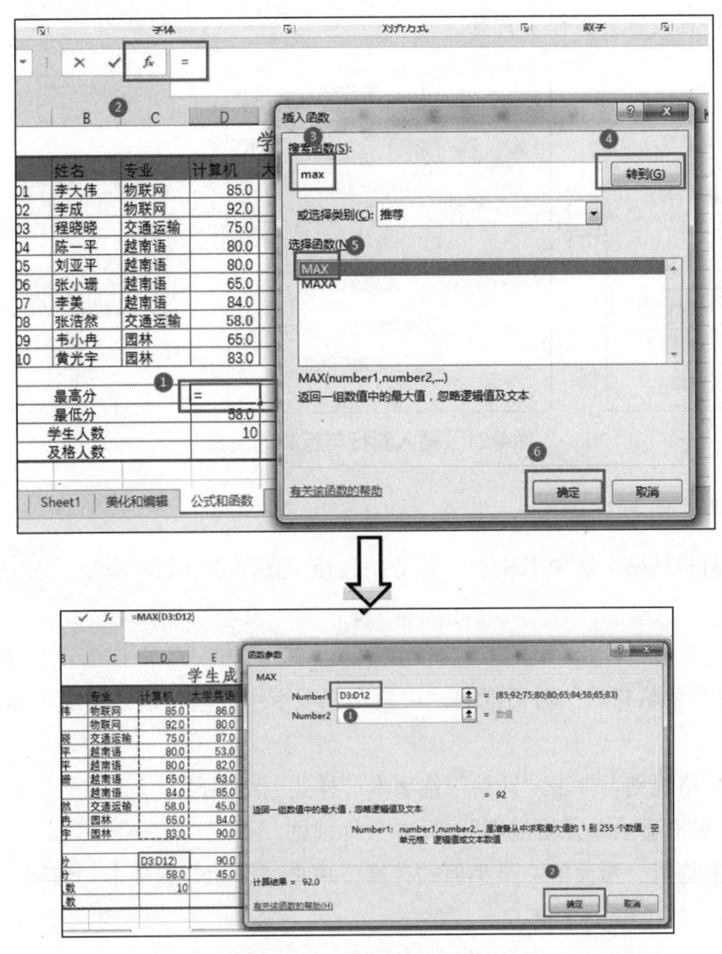

图4-20　计算最高分操作

操作 8：在工作表“美化和编辑”中，在标题行下方插入一空行，将该行高设置为 6；将学号所在列设为“自动调整列宽”；将图片 sx2.jpg 设为工作表背景保存工作簿，退出 Excel 2016，结果如图 4–10 所示。

操作过程：

① 打开工作表“美化和编辑”，选中第二行中的任一单元格，单击“开始”选项卡“单元格”组中“插入”下拉按钮，在弹出的下拉列表中，选择“插入工作表列”命令，如图 4-21 所示。

② 选中第二行中的任一单元格，单击“开始”选项卡“单元格”组中的“格式”下拉按钮，在弹出的下拉列表中，选择“行高”命令，打开“行高”对话框，输入 6，如图 4-21 所示。

③ 将学号所在列设为“自动调整列宽”：

方法一：选定“学号”所在列；单击“开始”选项卡“单元格”组中的“格式”下拉按钮，在弹出的下拉列表中，选择“自动调整列宽”命令。

方法二：把光标定位在行号“A”与“B”的中间 A ✛ B ，双击，“学号”所在的列宽自动调整为“自动调整列宽”。

④ 单击“页面布局”选项卡“页面设置”组中的“背景”按钮，打开“工作表背景”对话框，找到图片“sx2.jpg”，将其设置为工作表背景。

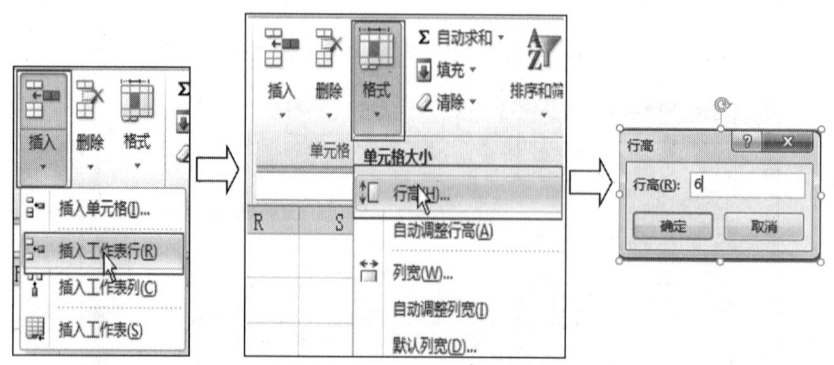

图4-21 插入新行与行高的设置

任务小结

① 工作表的复制和粘贴。选中工作表，右击，选择“移动或复制”命令，选中“建立副本”复选框，移至最后。

② 添加边框线。单击“开始”选项卡“单元格”组中的“格式”下拉按钮，选择“设置单元格格式”命令，在“设置单元格格式”对话框的“边框”选项卡中，选择线条的颜色和线样式，即可设置线框。

③ 突出显示单元格规则。单击“开始”选项卡“样式”组中的“条件格式”下拉按钮，在弹出的下拉列表中，选择“突出显示单元格规则”，设置条件规则。

④ 简单求和、平均值、最大值、最小值的计算。单击“开始”选项卡“编辑”组中对应的按钮，选中需要计算的区域，按【Enter】键。

课后实训

新建一个 Excel 工作簿，另存为“EXKH2+学号.xlsx”，并在 Sheet1 工作表中输入图 4-22 所示内容，完成如下操作：

	A	B	C	D	E
1	预算执行情况统计表				
2	部门	1998年	1999年	2000年	2001年
3	科技部	4545	5755	5654	8895
4	学生部	4554	5686	5566	8889
5	教务处	5022	7885	4555	7784
6	办公室	1222	7485	4465	6855
7	教材科	2333	7885	4545	4578
8	德育处	4566	5478	6745	4587
9	教育处	3545	2566	4568	7889

图4-22 工作簿内容

① 在 Sheet1 工作表表格的标题行下方插入一个空行；将表格中的“科技部”行与“办公室”行对调（注意：不改变任何一行的信息，只是改为行所在的位置）。

② 将标题行行高设为 28，新插入的空行行高设为 6，将标题单元格名称定义为“统计表”。

③ 将 Sheet1 工作表表格的标题行 A1：E1 区域设置为：合并居中，垂直居中，字体为隶书，加粗，18 磅，填充颜色为“白色，背景 1，深色 25%”。将数据区域的数值设置为货币样式，无小数位。

④ 为 A3:A10 单元格区域添加浅绿色底纹。

⑤ 将某幅图片设置为工作表背景，最终结果如图 4-23 所示。

	A	B	C	D	E
1	预算执行情况统计表				
2					
3	部门	1998年	1999年	2000年	2001年
4	办公室	￥1,222	￥7,485	￥4,465	￥6,855
5	学生部	￥4,554	￥5,686	￥5,566	￥8,889
6	教务处	￥5,022	￥7,885	￥4,555	￥7,784
7	科技部	￥4,545	￥5,755	￥5,654	￥8,895
8	教材科	￥2,333	￥7,885	￥4,545	￥4,578
9	德育处	￥4,566	￥5,478	￥6,745	￥4,587
10	教育处	￥3,545	￥2,566	￥4,568	￥7,889

图4-23 结果图示

理论习题

选择题

1. 关于跨列居中的叙述，下列正确的是（　　）。

   A. 仅能向右扩展跨列居中

   B. 也能向左跨列居中

   C. 跨列居中与合并及居中一样，是将几个单元格合并成一个单元格并居中

   D. 执行了跨列居中后的数据显示且存储在所选区域的中间

2. 在 Excel 中，执行插入列的命令后，将（　　）。

   A. 在选定单元格的前面插入了一列　　B. 在选定单元格的后面插入了一列

   C. 在工作表的最后插入了一列　　D. 在工作表的最前面插入了一列

3. 在 Excel 中，要在同一工作簿中把工作表 Sheet3 移动到 Sheet1 前面，应（　　）。

   A. 单击工作表 Sheet3 标签，并进行“剪切”操作，然后单击工作表 Sheet1 标签，再进行“粘贴”操作

   B. 单击工作表 Sheet3 标签，并按住【Ctrl】键沿着标签行拖动到 Sheet1 前

   C. 单击工作表 Sheet3 标签，并进行“复制”操作，然后单击工作表 Sheet1 标签，再进行“粘贴”操作

   D. 单击工作表 Sheet3 标签，并沿着标签行拖动到 Sheet1 前

4. 在某个单元格的数值为 1.934E+04，它与（　　）相等。

   A. 1.93405　　B. 1.9345　　C. 19340　　D. 193400

5. 在 Excel 中，右击要复制的工作表的标签处，在弹出的快捷菜单中选择（　　）命令，打开相

应的对话框进行设置。

A. 移动或复制　B. 移动　C. 复制　D. 隐藏

6. 在 Excel 中，选定第 4、5、6 三行，执行“插入”→“行”命令后，插入了（　　）。

A. 6 行　B. 1 行　C. 4 行　D. 3 行

7. 在 Excel 中，选定“视图”选项卡后，可以在（　　）选项组中设置是否显示编辑栏。

A. 工作簿视图　B. 宏　C. 显示　D. 窗口

8. 在 Excel 中，若想选定多个连续的单元格，方法是选定第一个单元格后（　　）。

A. 按住【Ctrl】键，单击最后一个单元格　B. 按住【Shift】键，逐个单出其他单元格

C. 按住【Shift】键，单击最后一个单元格　D. 按住【Alt】键，逐个单出其他单元格

9. 在 Excel 中，若要对某工作表重新命名，可以采用（　　）。

A. 单击表格标题行　B. 双击表格标题行　C. 单击工作表标签　D. 双击工作表标签

10. Excel 的单元格地址 A5 表示（　　）。当列宽太小而导致单元格内数据无法完全显示时，系统将以一串（　　）显示。

A. A5 代表单元格的数据

B.“A”代表“A”行，“5”代表第“5”列

C.“A”代表“A”列，“5”代表第“5”行

D. A5 只是两个任意字符

11. 在 Excel 中，公式“=sum(12,min(55, 4,18,24))”的值为（　　）。

A. 55　B. 16　C. 12　D. 6

12. 关于 Excel 的自动填充功能，下列说法中正确的是（　　）。

A. 只能填充日期和数字系列　B. 不能填充公式

C. 数字、日期、公式和文本都可以进行填充　D. 日期和文本都不能进行填充

13. 当选定了不相邻的多张工作表进行复制时，选定的工作表将（　　）。

A. 一起复制到新位置　B. 只有一张复制到新位置

C. 复制后仍不相邻　D. 显示出错信息

14. 设 A2 单元格中为文本 300，A3 与 A4 单元格中分别为数值 200 和 500，则=Count(A2:A4)的值为（　　）。

A. 1 000　B. 700　C. 3　D. 2

任务3　Excel 2016工作表的计算与数据管理

任务要求

① 打开 EX3.xlsx 工作簿，以“EX3+学号.xlsx”为文件名另存到“EX3+学号”文件夹中，在“公式和函数”的工作表中，使用公式或函数统计及格人数，根据总分或平均分给出排名和总评情况，如图 4-24 所示。

学生成绩表									
学号	姓名	专业	计算机	大学英语	高等数学	总分	平均分	排名	总评
010519001	李大伟	物联网	85.0	86.0	88.0	259.0	86.3	1	及格
010519002	李成	物联网	92.0	80.0	84.0	256.0	85.3	2	及格
010519003	程晓晓	交通运输	75.0	87.0	78.0	240.0	80.0	6	及格
010519004	陈一平	越南语	80.0	**53.0**	84.0	217.0	72.3	8	及格
010519005	刘亚平	越南语	80.0	82.0	86.0	248.0	82.7	5	及格
010519006	张小珊	越南语	65.0	63.0	**48.0**	176.0	58.7	9	不及格
010519007	李美	越南语	84.0	85.0	80.0	249.0	83.0	4	及格
010519008	张浩然	交通运输	**58.0**	**45.0**	65.0	168.0	56.0	10	不及格
010519009	韦小冉	园林	65.0	84.0	86.0	235.0	78.3	7	及格
010519010	黄光宇	园林	83.0	90.0	82.0	255.0	85.0	3	及格
	最高分		92.0	90.0	88.0				
	最低分		58.0	45.0	48.0				
	学生人数		10						
	及格人数		9	8	9				

图4-24　公式和函数的应用结果

② 为工作表“数据管理”建立五个副本“数据管理（2）”、“数据管理（3）”、“数据管理（4）”、“数据管理（5）”和“数据管理（6）”，将工作表“数据管理”更名为“简单排序”后，移动到最左侧位置，结果如图4-25所示。

学生成绩表							
学号	姓名	专业	计算机	大学英语	高等数学	总分	平均分
010519001	李大伟	物联网	85.0	86.0	85.0	256.0	85.3
010519002	李成	物联网	92.0	78.0	84.0	254.0	84.7
010519003	程晓晓	交通运输	75.0	87.0	78.0	240.0	80.0
010519004	陈一平	越南语	80.0	**53.0**	84.0	217.0	72.3
010519005	刘亚平	越南语	80.0	82.0	86.0	248.0	82.7
010519006	张小珊	越南语	65.0	63.0	**48.0**	176.0	58.7
010519007	李美	会计	84.0	85.0	80.0	249.0	83.0
010519008	张浩然	交通运输	**58.0**	**45.0**	65.0	168.0	56.0
010519009	韦小冉	园林	65.0	84.0	86.0	235.0	78.3
010519010	黄光宇	园林	83.0	90.0	82.0	255.0	85.0
010519011	李数	会计	**58.0**	**45.0**	60.0	163.0	54.3
010519012	陈光标	会计	65.0	63.0	**50.0**	178.0	59.3
010519013	周海燕	越南语	65.0	80.0	86.0	231.0	77.0
010519014	蒋婷婷	物联网	70.0	87.0	78.0	235.0	78.3
010519015	周振杰	交通运输	80.0	**53.0**	86.0	219.0	73.0
010519016	韦胜华	会计	80.0	80.0	86.0	246.0	82.0
010519017	陈敏岚	园林	83.0	92.0	82.0	257.0	85.7
010519018	蔡贝贝	交通运输	84.0	95.0	80.0	259.0	86.3
010519019	胡桂松	物联网	85.0	86.0	98.0	269.0	89.7
010519020	韦雪	园林	92.0	80.0	84.0	256.0	85.3

简单排序　Sheet1　公式和函数　Sheet3　数据管理 (2)　数据管理 (3)　数据管理 (4)　数据管理 (5 ...

图4-25　工作表的复制效果

③ 在工作表“简单排序”中，按“计算机”字段的值进行升序排序，结果如图4-26所示。

	A	B	C	D	E	F	G	H
1	学生成绩表							
3	学号	姓名	专业	计算机	大学英语	高等数学	总分	平均分
4	010519008	张浩然	交通运输	**58.0**	**45.0**	65.0	168.0	56.0
5	010519011	李数	会计	**58.0**	**45.0**	60.0	163.0	54.3
6	010519006	张小珊	越南语	65.0	63.0	**48.0**	176.0	58.7
7	010519009	韦小冉	园林	65.0	84.0	86.0	235.0	78.3
8	010519012	陈光标	会计	65.0	63.0	**50.0**	178.0	59.3
9	010519013	周海燕	越南语	65.0	80.0	86.0	231.0	77.0
10	010519014	蒋婷婷	物联网	70.0	87.0	78.0	235.0	78.3
11	010519003	程晓晓	交通运输	75.0	87.0	78.0	240.0	80.0
12	010519004	陈一平	越南语	80.0	**53.0**	84.0	217.0	72.3
13	010519005	刘亚平	越南语	80.0	82.0	86.0	248.0	82.7
14	010519015	周振杰	交通运输	80.0	**53.0**	86.0	219.0	73.0
15	010519016	韦胜华	会计	80.0	80.0	86.0	246.0	82.0
16	010519010	黄光宇	园林	83.0	90.0	82.0	255.0	85.0
17	010519017	陈敏岚	园林	83.0	92.0	82.0	257.0	85.7
18	010519007	李美	会计	84.0	85.0	80.0	249.0	83.0
19	010519018	蔡贝贝	交通运输	84.0	95.0	80.0	259.0	86.3
20	010519001	李大伟	物联网	85.0	86.0	85.0	256.0	85.3
21	010519019	胡桂松	物联网	85.0	86.0	98.0	269.0	89.7
22	010519002	李成	物联网	92.0	78.0	84.0	254.0	84.7
23	010519020	韦雪	园林	92.0	80.0	84.0	256.0	85.3

图4-26 数据表的简单排序效果

④ 在工作表“数据管理（2）”中，以“专业”为主关键字，“计算机”为次要关键字，“大学英语”为第三关键字，按降序对数据列表中的记录进行多条件排序，结果如图 4-27 所示。

	A	B	C	D	E	F	G	H
1	学生成绩表							
3	学号	姓名	专业	计算机	大学英语	高等数学	总分	平均分
4	010519005	刘亚平	越南语	80.0	82.0	86.0	248.0	82.7
5	010519004	陈一平	越南语	80.0	**53.0**	84.0	217.0	72.3
6	010519013	周海燕	越南语	65.0	80.0	86.0	231.0	77.0
7	010519006	张小珊	越南语	65.0	63.0	**48.0**	176.0	58.7
8	010519020	韦雪	园林	92.0	80.0	84.0	256.0	85.3
9	010519017	陈敏岚	园林	83.0	92.0	82.0	257.0	85.7
10	010519010	黄光宇	园林	83.0	90.0	82.0	255.0	85.0
11	010519009	韦小冉	园林	65.0	84.0	86.0	235.0	78.3
12	010519002	李成	物联网	92.0	78.0	84.0	254.0	84.7
13	010519001	李大伟	物联网	85.0	86.0	85.0	256.0	85.3
14	010519019	胡桂松	物联网	85.0	86.0	98.0	269.0	89.7
15	010519014	蒋婷婷	物联网	70.0	87.0	78.0	235.0	78.3
16	010519018	蔡贝贝	交通运输	84.0	95.0	80.0	259.0	86.3
17	010519015	周振杰	交通运输	80.0	**53.0**	86.0	219.0	73.0
18	010519003	程晓晓	交通运输	75.0	87.0	78.0	240.0	80.0
19	010519008	张浩然	交通运输	**58.0**	**45.0**	65.0	168.0	56.0
20	010519007	李美	会计	84.0	85.0	80.0	249.0	83.0
21	010519016	韦胜华	会计	80.0	80.0	86.0	246.0	82.0
22	010519012	陈光标	会计	65.0	63.0	**50.0**	178.0	59.3
23	010519011	李数	会计	**58.0**	**45.0**	60.0	163.0	54.3

图4-27 多条件排序结果

⑤ 在工作表“数据管理（3）”中，筛选出“越南语”专业的记录，结果如图 4-28 所示。

	A	B	C	D	E	F	G	H
1	学生成绩表							
3	学号	姓名	专业	计算机	大学英	高等数	总分	平均分
7	010519004	陈一平	越南语	80.0	**53.0**	84.0	217.0	72.3
8	010519005	刘亚平	越南语	80.0	82.0	86.0	248.0	82.7
9	010519006	张小珊	越南语	65.0	63.0	**48.0**	176.0	58.7
16	010519013	周海燕	越南语	65.0	80.0	86.0	231.0	77.0

图4-28 数据自动筛选最终效果

⑥ 在工作表“数据管理（4）”中，筛选出“越南语”专业的平均分大于 70 分的记录，结果如图 4-29 所示。

	A	B	C	D	E	F	G	H
1	学生成绩表							
3	学号	姓名	专业	计算机	大学英	高等数	总分	平均分
7	010519004	陈一平	越南语	80.0	**53.0**	84.0	217.0	72.3
8	010519005	刘亚平	越南语	80.0	82.0	86.0	248.0	82.7
16	010519013	周海燕	越南语	65.0	80.0	86.0	231.0	77.0

图4-29 数据复杂自动筛选效果

⑦ 在工作表“数据管理（5）”中，利用高级筛选，筛选出三门课程成绩都大于或等于 80 分的记录，结果如图 4-30 所示。

	A	B	C	D	E	F	G	H	I	J	K	L	M	N
1	学生成绩表													
3	学号	姓名	专业	计算机	大学英语	高等数学	总分	平均分				计算机	大学英语	高等数学
4	010519001	李大伟	物联网	85.0	86.0	85.0	256.0	85.3				>=80	>=80	>=80
5	010519002	李成	物联网	92.0	78.0	84.0	254.0	84.7						
6	010519003	程晓晓	交通运输	75.0	87.0	78.0	240.0	80.0						
7	010519004	陈一平	越南语	80.0	**53.0**	84.0	217.0	72.3						
8	010519005	刘亚平	越南语	80.0	82.0	86.0	248.0	82.7						
9	010519006	张小珊	越南语	65.0	63.0	**48.0**	176.0	58.7						
10	010519007	李美	会计	84.0	85.0	80.0	249.0	83.0						
11	010519008	张浩然	交通运输	**58.0**	**45.0**	65.0	168.0	56.0						
12	010519009	韦小冉	园林	65.0	84.0	86.0	235.0	78.3						
13	010519010	黄光宇	园林	83.0	90.0	82.0	255.0	85.0						
14	010519011	李数	会计	**58.0**	**45.0**	60.0	163.0	54.3						
15	010519012	陈光标	会计	65.0	63.0	**50.0**	178.0	59.3						
16	010519013	周海燕	越南语	65.0	80.0	86.0	231.0	77.0						
17	010519014	蒋婷婷	物联网	70.0	87.0	78.0	235.0	78.3						
18	010519015	周振杰	交通运输	80.0	**53.0**	86.0	219.0	73.0						
19	010519016	韦胜华	会计	80.0	80.0	86.0	246.0	82.0						
20	010519017	陈敏岚	园林	83.0	92.0	82.0	257.0	85.7						
21	010519018	蔡贝贝	交通运输	84.0	95.0	80.0	259.0	86.3						
22	010519019	胡桂松	物联网	85.0	86.0	98.0	269.0	89.7						
23	010519020	韦雪	园林	92.0	80.0	84.0	256.0	85.3						
24														
25														
26														
27	学号	姓名	专业	计算机	大学英语	高等数学	总分	平均分						
28	010519001	李大伟	物联网	85.0	86.0	85.0	256.0	85.3						
29	010519005	刘亚平	越南语	80.0	82.0	86.0	248.0	82.7						
30	010519007	李美	会计	84.0	85.0	80.0	249.0	83.0						
31	010519010	黄光宇	园林	83.0	90.0	82.0	255.0	85.0						
32	010519016	韦胜华	会计	80.0	80.0	86.0	246.0	82.0						
33	010519017	陈敏岚	园林	83.0	92.0	82.0	257.0	85.7						
34	010519018	蔡贝贝	交通运输	84.0	95.0	80.0	259.0	86.3						
35	010519019	胡桂松	物联网	85.0	86.0	98.0	269.0	89.7						
36	010519020	韦雪	园林	92.0	80.0	84.0	256.0	85.3						
37														

图4-30 数据复杂自动筛选效果

⑧ 在工作表“数据管理（6）”中进行分类汇总：统计各专业的学生三门课程的平均分以及人数，结果如图 4-31 所示。

	A	B	C	D	E	F	G	H
1	学生成绩表							
3	学号	姓名	专业	计算机	大学英语	高等数学	总分	平均分
4	010519007	李美	会计	84.0	85.0	80.0	249.0	83.0
5	010519011	李数	会计	**58.0**	**45.0**	60.0	163.0	54.3
6	010519012	陈光标	会计	65.0	63.0	**50.0**	178.0	59.3
7	010519016	韦胜华	会计	80.0	80.0	86.0	246.0	82.0
8			**会计 计数**	4				
9			**会计 平均值**	71.8	68.3	69.0		
10	010519003	程晓晓	交通运输	75.0	87.0	78.0	240.0	80.0
11	010519008	张浩然	交通运输	**58.0**	**45.0**	65.0	168.0	56.0
12	010519015	周振杰	交通运输	80.0	**53.0**	86.0	219.0	73.0
13	010519018	蔡贝贝	交通运输	84.0	95.0	80.0	259.0	86.3
14			**交通运输 计数**	4				
15			**交通运输 平均值**	74.3	70.0	77.3		
16	010519001	李大伟	物联网	85.0	86.0	85.0	256.0	85.3
17	010519002	李成	物联网	92.0	78.0	84.0	254.0	84.7
18	010519014	蒋婷婷	物联网	70.0	87.0	78.0	235.0	78.3
19	010519019	胡桂松	物联网	85.0	86.0	98.0	269.0	89.7
20			**物联网 计数**	4				
21			**物联网 平均值**	83.0	84.3	86.3		
22	010519009	韦小冉	园林	65.0	84.0	86.0	235.0	78.3
23	010519010	黄光宇	园林	83.0	90.0	82.0	255.0	85.0
24	010519017	陈敏岚	园林	83.0	92.0	82.0	257.0	85.7
25	010519020	韦雪	园林	92.0	80.0	84.0	256.0	85.3
26			**园林 计数**	4				
27			**园林 平均值**	80.8	86.5	83.5		
28	010519004	陈一平	越南语	80.0	**53.0**	84.0	217.0	72.3
29	010519005	刘亚平	越南语	80.0	82.0	86.0	248.0	82.7
30	010519006	张小珊	越南语	65.0	63.0	**48.0**	176.0	58.7
31	010519013	周海燕	越南语	65.0	80.0	86.0	231.0	77.0
32			**越南语 计数**	4				
33			**越南语 平均值**	72.5	69.5	76.0		
34			**总计数**	20				
35			**总计平均值**	76.5	75.7	78.4		

图4-31　嵌套分类汇总最终效果

任务实施

操作 1：打开 EX3.xlsx 工作簿，以“EX3+学号.xlsx”为文件名另存到“EX3+学号”文件夹中，在“公式和函数”的工作表中，使用公式或函数统计及格人数，根据总分或平均分给出排名和总评情况，如图 4–24 所示。

操作过程：

① 打开 EX3.xlsx 工作簿，以“EX3+学号.xlsx”为文件名另存到“EX3+学号”文件夹中。

② 统计及格人数。选定单元格 D17，单击编辑栏中的“插入函数”按钮 *fx*，打开“插入函数”对话框，选择 COUNTIF 函数。在函数参数对话框中，设置计算区域 Range 为 D3:D12，统计条件 Criteria 为“>=60”，按【Enter】键确认。求其他课程的及格人数使用填充柄快速填充完成，如图 4-32 所示。

③ 求排名情况。选定单元格 I3，单击编辑栏中的“插入函数”按钮 *fx*，打开“插入函数”对话框，选择 RANK 函数。在“函数参数”对话框中，按图 4-33 进行设置（注意在设置 Ref 值时，要使用绝对引用符号）。求其他学生的排名使用填充方式完成。

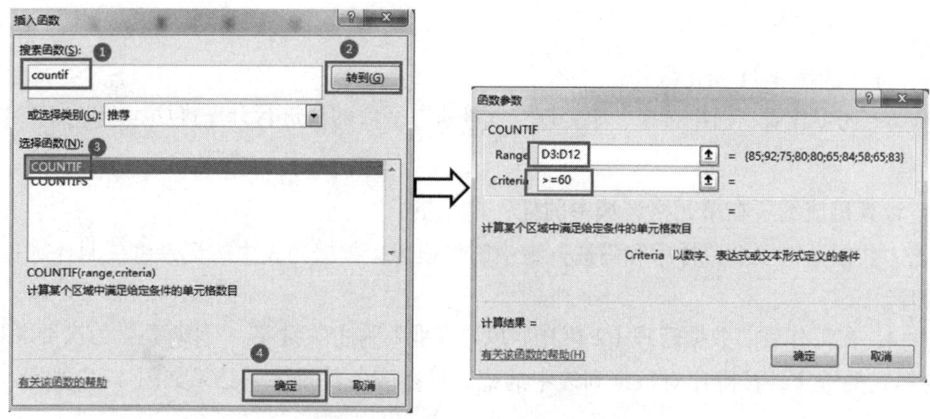

图4-32　统计及格人数过程图

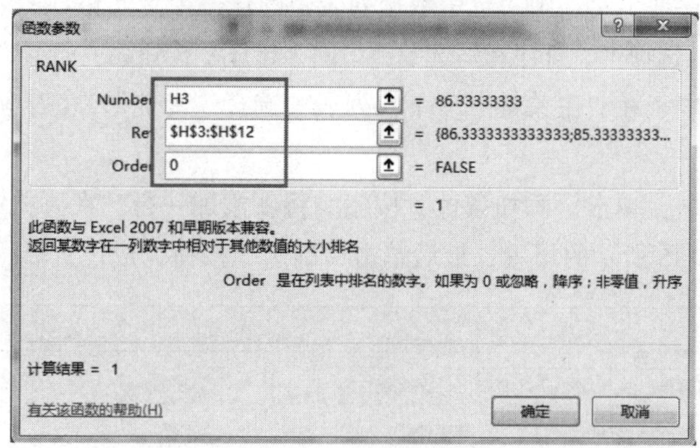

图4-33　统计排名情况

④ 求总评情况。选定单元格 J3，单击编辑栏中的“插入函数”按钮 f_x，打开“插入函数”对话框，选择 IF 函数。在“函数参数”对话框中，按图 4-34 进行设置（注：文本框中的双引号不用手动输入，只需在相应位置输入文字即可）。求其他学生的总评情况使用填充方式完成。

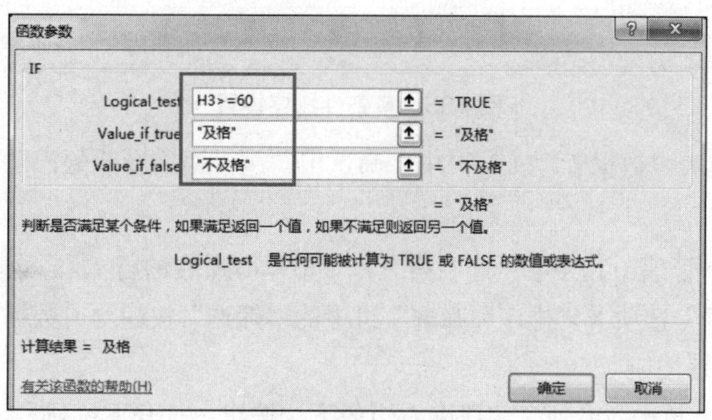

图4-34　求总评情况

操作 2：为工作表“数据管理”建立五个副本“数据管理（2）”、“数据管理（3）”、“数据管理（4）”、“数据管理（5）”和“数据管理（6）”，将工作表“数据管理”更名为“简单排序”后，移动到最左侧位置，结果如图 4–25 所示。

操作过程：

方法同任务 2 的图 4-11 所示操作。

操作 3：在工作表“简单排序”中，按“计算机”字段的值进行升序排序，结果如图 4–26 所示。

操作过程：

① 选定计算机成绩所在单元格区域中的任一单元格。

② 单击“数据”选项卡“排序和筛选”组中的按钮，数据列表中的记录将按照计算机成绩由低到高完成排序。

操作 4：在工作表“数据管理（2）”中，以“专业”为主关键字，“计算机”为次要关键字，“大学英语”为第三关键字，按降序对数据列表中的记录进行多条件排序，结果如图 4–27 所示。

操作过程：

① 在工作表“数据管理（2）”中，选中数据列表中的任一个单元格。

② 单击选择“数据”选项卡“排序和筛选”组中的“排序”按钮，打开“排序”对话框。

③ 在打开的对话框中，在“主关键字”下拉列表中选择“专业”，在对应的“次序”下拉列表框中选择“降序”。

④ 在同样的对话框中，单击“添加条件”按钮，将新添加一行“次要关键字”，再次单击“添加条件”按钮，进行如图 4-35 所示的设置，最后单击“确定”按钮完成设置。

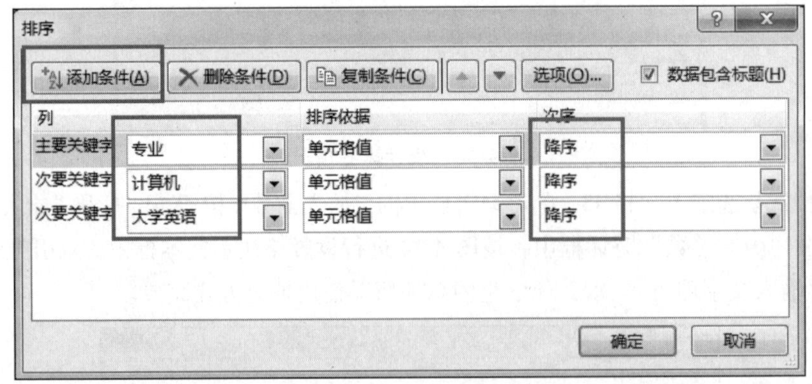

图4-35　多条件排序设置

操作 5：在工作表“数据管理（3）”中，筛选出“越南语”专业的记录，结果如图 4–28 所示。

操作过程：

① 在工作表“数据管理（3）”中，选中第三行（即学号所在的行）。

② 单击选择“数据”选项卡“排序和筛选”组中的“筛选”按钮，数据列表的标题行各字段名右边将出现一个下拉列表按钮。

③ 如图 4-36 所示，单击“专业”字段名右边的下拉按钮，打开下拉列表，选择“越南语”选项，单击“确定”按钮，符合条件的记录就会被显示出来，其他记录将被隐藏。

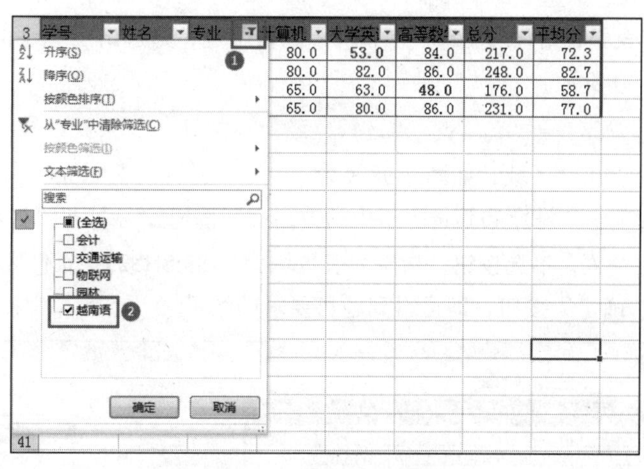

图4-36　简单自动筛选

操作 6：在工作表“数据管理（4）”中，筛选出“越南语”专业的平均分大于 70 分的记录，结果如图 4-29 所示。

操作过程：

① 按照操作 5 筛选出“越南语”专业的记录。

② 单击“平均分”字段名右边的下拉按钮，打开下拉列表，选择“数字筛选”命令，在弹出的子菜单中选择“大于”命令（见图 4-37），将会打开“自定义自动筛选方式”对话框。

③ 在对话框的“大于”列表框右边的列表框中输入 70，单击“确定”按钮。

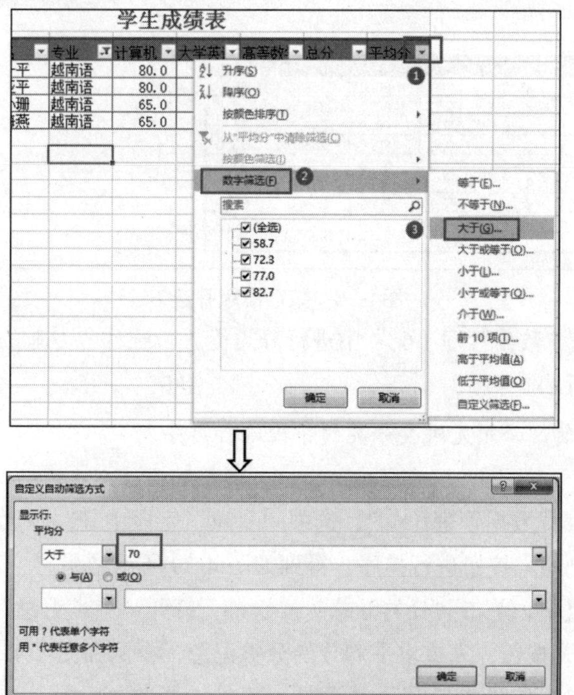

图4-37　自定义自动筛选

操作 7：在工作表“数据管理（5）”中，利用高级筛选，筛选出三门课程成绩都大于或等于 80 分的记录，结果如图 4–30 所示。

操作过程：

① 在数据列表外建立条件区域，如图 4-38 所示。

② 单击“数据”选项卡“排序和筛选”组中的“高级”按钮，打开“高级筛选”对话框，选中“将筛选结果复制到其他位置”单选按钮，指定列表区域为$A$3:$H$23，条件区域为$L$4:$N$5，复制到$A$27:$H$27，单击“确定”按钮，即可得到题目要求的结果。

学生成绩表

学号	姓名	专业	计算机	大学英语	高等数学	总分	平均分
010519001	李大伟	物联网	85.0	86.0	85.0	256.0	85.3
010519002	李成	物联网	92.0	78.0	84.0	254.0	84.7
010519003	程晓晓	交通运输	75.0	87.0	78.0	240.0	80.0
010519004	陈一平	越南语	80.0	53.0	84.0	217.0	72.3
010519005	刘亚平	越南语	80.0	82.0	86.0	248.0	82.7
010519006	张小珊	越南语	65.0	63.0	48.0	176.0	58.7
010519007	李美	会计	84.0	85.0	80.0	249.0	83.0
010519008	张浩然	交通运输	58.0	45.0	65.0	168.0	56.0
010519009	韦小冉	园林	65.0	84.0	86.0	235.0	78.3
010519010	黄光宇	园林	83.0	90.0	82.0	255.0	85.0
010519011	李数	会计	58.0	45.0	60.0	163.0	54.3
010519012	陈光标	会计	65.0	63.0	50.0	178.0	59.3
010519013	周海燕	越南语	65.0	80.0	86.0	231.0	77.0
010519014	蒋婷婷	物联网	70.0	87.0	78.0	235.0	78.3
010519015	周振杰	交通运输	80.0	53.0	86.0	219.0	73.0
010519016	韦胜华	会计	80.0	80.0	86.0	246.0	82.0
010519017	陈敏岚	园林	83.0	92.0	82.0	257.0	85.7
010519018	蔡贝贝	交通运输	84.0	95.0	80.0	259.0	86.3
010519019	胡桂松	物联网	85.0	86.0	98.0	269.0	89.7
010519020	韦雪	园林	92.0	80.0	84.0	256.0	85.3

计算机	大学英语	高等数学
>=80	>=80	>=80

高级筛选
方式
在原有区域显示筛选结果(F)
将筛选结果复制到其他位置(O)
列表区域(L): $A$3:$H$23
条件区域(C): $L$4:$N$5
复制到(T): $A$27:$H$27
选择不重复的记录(R)
确定 取消

学号	姓名	专业	计算机	大学英语	高等数学	总分	平均分
010519001	李大伟	物联网	85.0	86.0	85.0	256.0	85.3
010519005	刘亚平	越南语	80.0	82.0	86.0	248.0	82.7
010519007	李美	会计	84.0	85.0	80.0	249.0	83.0
010519010	黄光宇	园林	83.0	90.0	82.0	255.0	85.0
010519016	韦胜华	会计	80.0	80.0	86.0	246.0	82.0
010519017	陈敏岚	园林	83.0	92.0	82.0	257.0	85.7
010519018	蔡贝贝	交通运输	84.0	95.0	80.0	259.0	86.3
010519019	胡桂松	物联网	85.0	86.0	98.0	269.0	89.7
010519020	韦雪	园林	92.0	80.0	84.0	256.0	85.3

图4-38 数据高级筛选

操作 8：在工作表“数据管理（6）”中进行分类汇总：统计各专业的学生三门课程的平均分以及人数，结果如图 4–31 所示。

说明：*在做分类汇总前，必须先对要分类的字段进行排序。*

操作过程：

① 排序：打开工作表“数据管理（6）”，选中“专业”字段中任一单元格，单击“数据”选项卡“排序与筛选”组中的“升序”按钮进行排序，得到如图 4-39 所示结果。

② 在“分级显示”组中，单击“分类汇总”按钮，打开“分类汇总”对话框。按如图 4-40 所示进行设置，单击“确定”按钮，完成求平均分的分类汇总，得到如图 4-41 所示的结果。

③ 按照上述方法，进行如图 4-42 所示的设置。注：在“分类汇总”对话框中，“替换当前分类汇总”复选框不能选中，两次的汇总结果如图 4-31 所示。

如若要取消分类汇总，可在“分类汇总”对话框中，单击“全部删除”按钮进行删除。

学生成绩表

学号	姓名	专业	计算机	大学英语	高等数学	总分	平均分
010519007	李美	会计	84.0	85.0	80.0	249.0	83.0
010519011	李数	会计	**58.0**	**45.0**	60.0	163.0	54.3
010519012	陈光标	会计	65.0	63.0	**50.0**	178.0	59.3
010519016	韦胜华	会计	80.0	80.0	86.0	246.0	82.0
010519003	程晓晓	交通运输	75.0	87.0	78.0	240.0	80.0
010519008	张浩然	交通运输	**58.0**	**45.0**	65.0	168.0	56.0
010519015	周振杰	交通运输	80.0	**53.0**	86.0	219.0	73.0
010519018	蔡贝贝	交通运输	84.0	95.0	80.0	259.0	86.3
010519001	李大伟	物联网	85.0	86.0	85.0	256.0	85.3
010519002	李成	物联网	92.0	78.0	84.0	254.0	84.7
010519014	蒋婷婷	物联网	70.0	87.0	78.0	235.0	78.3
010519019	胡桂松	物联网	85.0	86.0	98.0	269.0	89.7
010519009	韦小冉	园林	65.0	84.0	86.0	235.0	78.3
010519010	黄光宇	园林	83.0	90.0	82.0	255.0	85.0
010519017	陈敏岚	园林	83.0	92.0	82.0	257.0	85.7
010519020	韦雪	园林	92.0	80.0	84.0	256.0	85.3
010519004	陈一平	越南语	80.0	**53.0**	84.0	217.0	72.3
010519005	刘亚平	越南语	80.0	82.0	86.0	248.0	82.7
010519006	张小珊	越南语	65.0	63.0	**48.0**	176.0	58.7
010519013	周海燕	越南语	65.0	80.0	86.0	231.0	77.0

图4-39　分类汇总一

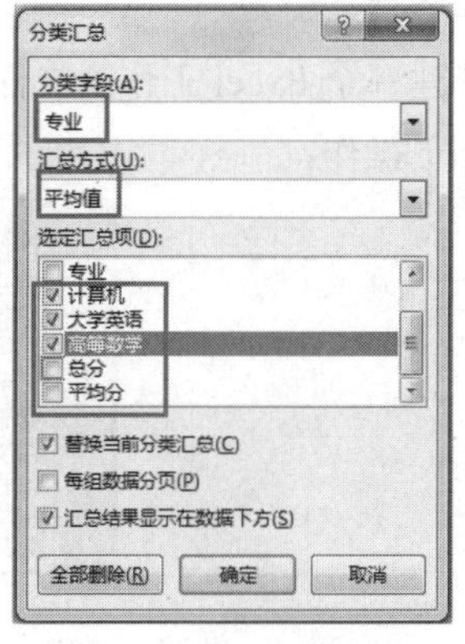

图4-40　分类汇总二

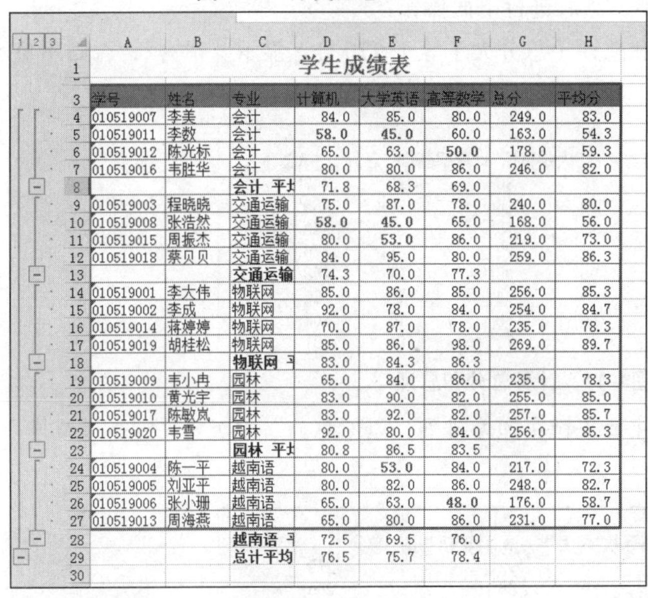

	A	B	C	D	E	F	G	H
1	学生成绩表							
3	学号	姓名	专业	计算机	大学英语	高等数学	总分	平均分
4	010519007	李美	会计	84.0	85.0	80.0	249.0	83.0
5	010519011	李数	会计	**58.0**	**45.0**	60.0	163.0	54.3
6	010519012	陈光标	会计	65.0	63.0	**50.0**	178.0	59.3
7	010519016	韦胜华	会计	80.0	80.0	86.0	246.0	82.0
8			**会计 平均**	71.8	68.3	69.0		
9	010519003	程晓晓	交通运输	75.0	87.0	78.0	240.0	80.0
10	010519008	张浩然	交通运输	**58.0**	**45.0**	65.0	168.0	56.0
11	010519015	周振杰	交通运输	80.0	**53.0**	86.0	219.0	73.0
12	010519018	蔡贝贝	交通运输	84.0	95.0	80.0	259.0	86.3
13			**交通运输**	74.3	70.0	77.3		
14	010519001	李大伟	物联网	85.0	86.0	85.0	256.0	85.3
15	010519002	李成	物联网	92.0	78.0	84.0	254.0	84.7
16	010519014	蒋婷婷	物联网	70.0	87.0	78.0	235.0	78.3
17	010519019	胡桂松	物联网	85.0	86.0	98.0	269.0	89.7
18			**物联网 平**	83.0	84.3	86.3		
19	010519009	韦小冉	园林	65.0	84.0	86.0	235.0	78.3
20	010519010	黄光宇	园林	83.0	90.0	82.0	255.0	85.0
21	010519017	陈敏岚	园林	83.0	92.0	82.0	257.0	85.7
22	010519020	韦雪	园林	92.0	80.0	84.0	256.0	85.3
23			**园林 平均**	80.8	86.5	83.5		
24	010519004	陈一平	越南语	80.0	**53.0**	84.0	217.0	72.3
25	010519005	刘亚平	越南语	80.0	82.0	86.0	248.0	82.7
26	010519006	张小珊	越南语	65.0	63.0	**48.0**	176.0	58.7
27	010519013	周海燕	越南语	65.0	80.0	86.0	231.0	77.0
28			**越南语 平**	72.5	69.5	76.0		
29			**总计平均**	76.5	75.7	78.4		
30								

图4-41　分类汇总三

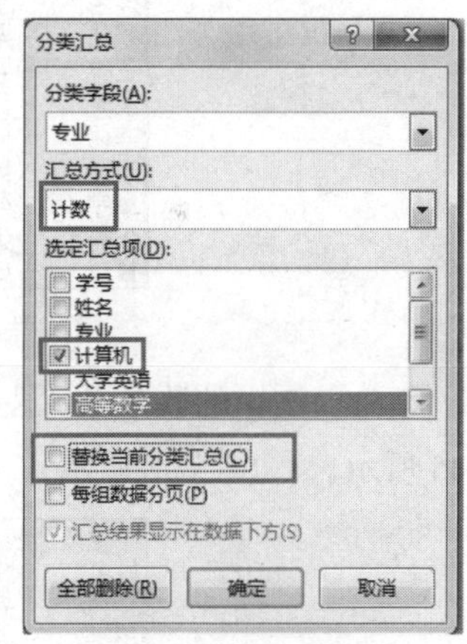

图4-42　分类汇总四

① COUNTIF 函数的使用。单击编辑栏中的“插入函数”按钮，打开“插入函数”对话框，选择 COUNTIF 函数。设置计算区域 Range 和统计条件，按【Enter】键确认。

② 排序。单击“数据”选项卡“排序和筛选”组中的“升序”按钮，数据列表中的记录将按照计算机成绩由低到高完成排序。

③ 筛选。单击“数据”选项卡“排序和筛选”组中的“筛选”按钮，数据列表的标题行各字段名右边将出现一个下拉按钮。

④ 高级筛选。建立条件区域，单击“数据”选项卡“排序和筛选”组中的“高级”按钮，打开

"高级筛选"对话框，选中"将筛选结果复制到其他位置"单选按钮，指定列表区域和条件区域，最后单击"确定"按钮。

课后实训

新建一个 Excel 工作簿文件"EXKH3+学号.xlsx"，并在 Sheet1 工作表中输入如图 4-43 所示内容，完成如下操作：

	A	B	C	D	E	F	G
1	学生成绩表						
2	姓名	性别	高等数学	大学英语	计算机基础	总分	总评
3	张伟	男	78	80	90		
4	王维	男	89	86	80		
5	王芳	女	79	75	86		
6	李伟	男	90	92	88		
7	李娜	女	96	95	97		
8	章宇	男	69	74	79		
9	张秀英	女	60	68	75		
10	覃华	女	72	79	80		

图4-43　Sheet1工作表内容

① 将 Sheet1 的数据复制到 Sheet2 中，然后进行下面操作：

• 在 Sheet2 中计算每个学生的总分和总评（总分大于等于 270 分，显示"优秀"，否则不显示），如图 4-44 所示。

学生成绩表						
姓名	性别	高等数学	大学英语	计算机基础	总分	总评
张伟	男	78	80	90	248	
王维	男	89	86	80	255	
王芳	女	79	75	86	240	优秀
李伟	男	90	92	88	270	优秀
李娜	女	96	95	97	288	
章宇	男	69	74	79	222	
张秀英	女	60	68	75	203	
覃华	女	72	79	80	231	

图4-44　计算总分和总评

• 将 Sheet2 中的数据以"性别"为主要关键字递增排列，以"总分"为次要关键字递减排列，如图 4-45 所示。

学生成绩表						
姓名	性别	高等数学	大学英语	计算机基础	总分	总评
李伟	男	90	92	88	270	
王维	男	89	86	80	255	
张伟	男	78	80	90	248	
章宇	男	69	74	79	222	优秀
李娜	女	96	95	97	288	
王芳	女	79	75	86	240	
覃华	女	72	79	80	231	
张秀英	女	60	68	75	203	

图4-45　排序结果

• 将 Sheet2 工作表中的表格自动套用"橙色，表格样式浅色 10"格式。

• 在 Sheet2 中，筛选出总分大于 240 及小于 270 的男生记录，如图 4-46 所示。

姓名	性别	高等数学	大学英语	计算机基础	总分	总评
王维	男	89	86	80	255	
张伟	男	78	80	90	248	

图4-46　筛选结果

② 新建 Sheet4 工作表，将 Sheet1 中的数据复制到 Sheet4 中，然后对 Sheet4 中的数据进行下列分类汇总操作：

• 以“性别”为分类字段，进行各科平均分的分类汇总。

• 在原有分类汇总的基础上，在汇总出男生和女生的人数，如图 4-47 所示。

	A	B	C	D	E	F	G
1	学生成绩表						
2	姓名	性别	高等数学	大学英语	计算机基础	总分	总评
7		**男 计数**	4				
8		**男 平均值**	81.5	83	84.25		
13		**女 计数**	4				
14		**女 平均值**	76.75	79.25	84.5		
15		**总计数**	8				
16		**总计平均**	79.125	81.125	84.375		

图4-47 分类汇总结果

③ 对 Sheet4 工作表进行如下页面设置，并打印预览。

• 纸张大小为 A4，文档打印时水平居中，上下边距为 3 cm。

• 设置页眉为“分类汇总”、居中、粗斜体，设置页脚为当前日期，靠右。

理论习题

一、填空题

1. 在 Excel 中，对数据列表进行分类汇总以前，必须先对作为分类依据的字段进行________操作。

2. 当利用函数或公式对某些单元格内容（简称数据源）进行统计后，若改变数据源的某些值，系统________修改统计结果。

3. 在 Excel 中，进行了如下操作：单击 A3，按住【Shift】键并单击 B9，再按住【Shift】键并单击 C6，则选定的区域是________。

4. 在 Excel 的某工作表中，已知 A 列第 2 行至第 E 列第 8 行是学生成绩，若要求出其中的最大值放入 F8 单元格，则 F8 中应填入________。

5. ________就是指把符合条件的记录筛选显示出来，将不满足条件的记录暂时隐藏起来。

二、选择题

1. 在 Excel 中，函数（　　）计算选定的单元格区域内数值的最大值。

A. SUM　　B. COUNT　　C. AVERAGE　　D. MAX

2. 若某单元格中的公式为“=IF("教授">"助教",TRUE,FALSE)”，其计算结果为（　　）。

A. TRUE　　B. FALSE　　C. 教授　　D. 助教

3. 如果将 B3 单元格中的公式“=C3-$D5”复制到同一工作表的 D7 单元格中，该单元格公式为（　　）。

A. =C3-$D5　　B. =D7-$E9　　C. =E7-$D9　　D. =E7-$D5

4. 在 Excel 中，要在公式中引用某个单元的数据时就在公式中输入该单元格的（　　）。

A. 格式　　B. 附注　　C. 数据　　D. 名称

5. 要在当前工作表（Sheet1）的 A2 单元格引用另一个工作表（如 Sheet4）中 A2:A7 单元格的和，

则在当前工作表的 A2 单元格输入的表达式应为（　　）。

A. =SUM(Sheet4!A2: Sheet4!A7)　　B. =SUM(Sheet4!A2:A7)

C. =SUM(Sheet4)A2:A4　　D. =SUM((Sheet4)A2: (Sheet4)A7

6. Excel 的运算符有算术运算符、比较运算符、文本运算符，其中符号“<>”属于（　　）。

A. 算术运算符　　B. 比较运算符

C. 文本运算符　　D. 逻辑运算符

7. 在 Excel 中，当使用错误的参数或运算对象类型，或者当自动更正公式功能不能更正时，将产生错误值（　　）。

A. #####!　　B. #VALUE!

C. #Name?　　D. #div/0

8. 为了取消分类汇总的操作，必须（　　）。

A. 选择“数据”选项卡，在“数据工具”组中单击“删除重复项”

B. 按【Del】键

C. 在分类汇总对话框中单击“全部删除”按钮

D. 以上都不可以

9. 若单元格 A1、B1、C1、D1 中的数据为 5、3、7、3，则公式=SUM(A1:C1)/D1 的结果为（　　）。

A.4　　B.5　　C.15　　D.18

10. 在 Excel 中，“排序”对话框中提供了指定三个关键排序方式，其中（　　）。

A. 三个关键字都必须指定　　B. 三个关键都不必指定

C. “主要关键字”必须指定　　D. 主、次关键必须指定

任务4　Excel 2016工作表数据图表化

任务要求

① 打开 EX4.xlsx 工作簿，以“EX4+学号.xlsx”为文件名另存到“EX4+学号”文件夹中，在该工作簿中新建一个工作表，并重命名为“数据图表化”。把工作表“数据管理”中的所有数据和格式复制到这个新工作表中。

② 在“数据图表化”工作表中创建柱形图。

- 图表类型为“三维簇状柱形图”，图表高度 10 cm，宽度 18 cm。
- 设置图表标题的字体为宋体、字号 20 磅、加粗、字体颜色为“深蓝”。
- 坐标轴标题如图 4-48 所示。图例和坐标轴标题文字设置为宋体 12 磅，字体颜色为“黑色，文字 1，淡色 35%”，字体加粗；数值轴的最大值及主要刻度单位；分类轴的文字方向为纵向。
- 图表的背景墙进行图案填充，图案选择 25%，填充前景色为“蓝色，个性色 1”，背景色为“白色，背景 1”，图表区填充“蓝色面巾纸”纹理。
- 其他设置如图 4-48 所示。

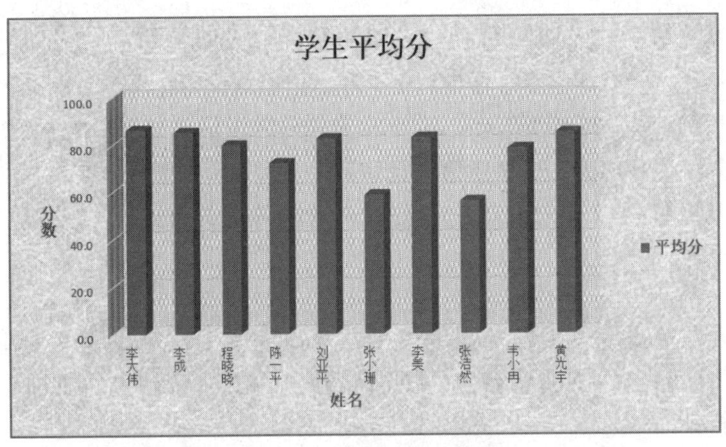

图4-48 三维簇状柱形图

③ 为工作表“数据管理”建立一个副本“数据管理（2）”，并在工作表“数据管理（2）”中创建一个学生各门课程成绩的柱形迷你图，如图 4-49 所示。

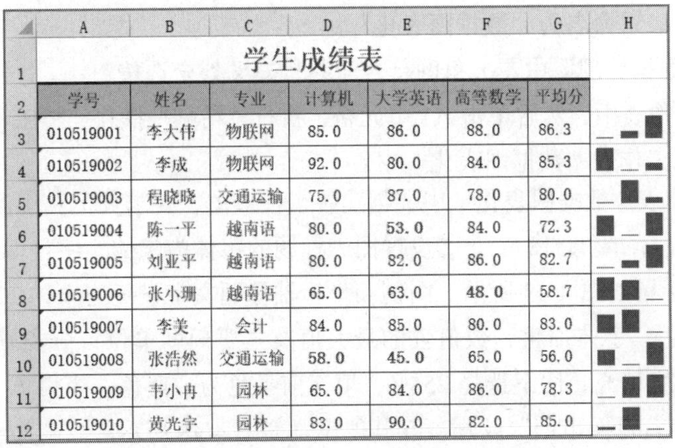

	A	B	C	D	E	F	G	H
1	学生成绩表							
2	学号	姓名	专业	计算机	大学英语	高等数学	平均分	
3	010519001	李大伟	物联网	85.0	86.0	88.0	86.3	
4	010519002	李成	物联网	92.0	80.0	84.0	85.3	
5	010519003	程晓晓	交通运输	75.0	87.0	78.0	80.0	
6	010519004	陈一平	越南语	80.0	53.0	84.0	72.3	
7	010519005	刘亚平	越南语	80.0	82.0	86.0	82.7	
8	010519006	张小珊	越南语	65.0	63.0	48.0	58.7	
9	010519007	李美	会计	84.0	85.0	80.0	83.0	
10	010519008	张浩然	交通运输	58.0	45.0	65.0	56.0	
11	010519009	韦小冉	园林	65.0	84.0	86.0	78.3	
12	010519010	黄光宇	园林	83.0	90.0	82.0	85.0	

图4-49 创建迷你图

④ 在工作表“数据管理”中创建如下一个饼图，图表类型为“三维饼图”，图表标题设置为宋体，字号 20 磅，加粗，深蓝色，其他如图 4-50 所示。

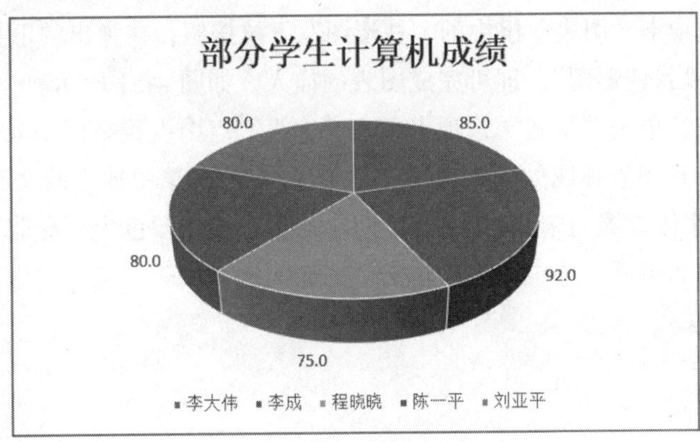

图4-50 三维饼图

⑤ 对工作表“监考表”进行如下页面设置，并进行打印预览。

• 纸张大小为 A4，文档打印时水平居中，上下左右边距均设为 2 cm。

• 设置页脚为“第 X 页，共 Y 页”。

• 设置打印区域为 A1：F194；表格中第一行和第二行为打印标题行。

• 对工作表进行冻结，在工作表滚动表时保持行、列标题始终可见。

任务实施

操作 1：打开 EX4.xlsx 工作簿，以“EX4+学号.xlsx”为文件名另存到“EX4+学号”文件夹中，在该工作簿中新建一个工作表，并重命名为“数据图表化”。把工作表“数据管理”中的所有数据和格式复制到这个新工作表中。

操作过程：

① 打开 EX4.xlsx 工作簿，以“EX4+学号.xlsx”为文件名另存到“EX4+学号”文件夹中。

② 在“EX4+学号.xlsx”文件中，单击工作表标签行的“插入工作表”按钮，即可新建一个工作表 Sheet1，将该工作表重命名为“数据图表化”。

③ 右击工作表“数据管理”中左上角的行号与列号交叉处全选按钮，选择“复制”命令，切换到“数据图表化”工作表中，然后单击 A1 单元格，执行“粘贴”操作，将工作表“数据管理”中的数据和结构全部复制到工作表“数据图表化”中。

操作 2：在工作表“数据图表化”中，创建一个柱形图，要求如下：①图表类型为“三维簇状柱形图”，图表高度 10 cm，宽度 18 cm。②设置图表标题的字体为宋体、字号 20 磅、加粗、字体颜色为“深蓝”。③坐标轴标题如图 4-48 所示。图例和坐标轴标题文字设置为宋体 12 磅，字体颜色为“黑色，文字 1，淡色 35%”，字体加粗；数值轴的最大值及主要刻度单位；分类轴的文字方向为纵向。④图表的背景墙进行图案填充，图案选择 255%，填充前景色为“蓝色，个性色 1”，背景色为“白色，背景 1”，图表区填充“蓝色面巾纸”纹理。⑤其他设置如图 4-48 所示。

操作过程：

① 在工作表“数据图表化”中，选中“姓名”列（即单元格区域 B2:B12），然后按住【Ctrl】键的同时选择“平均分”列（即单元格区域 G2:G12）数据所在的单元格区域。

② 单击“插入”选项卡“图表”组中的“柱形图”下拉按钮，在弹出的下拉列表中，选择“三维柱形图”栏中的“三维簇状柱形图”，即可完成图表的插入，如图 4-51 所示。

③ 选中生成的图表，单击“格式”选项卡，在“大小”组中设置高度 10 cm，宽度 18 cm。

④ 设置图表标题。在图表标题处输入文字“学生平均分”，选中输入的文字，单击“开始”选项卡，在“字体”组中将字体设置为宋体、字号 20 磅、加粗、字体颜色为“深蓝”。

⑤ 设置坐标轴标题和图例：选中图表，单击“图表元素”按钮，选中“坐标轴标题”和“图例”复选框，如图 4-52 所示。

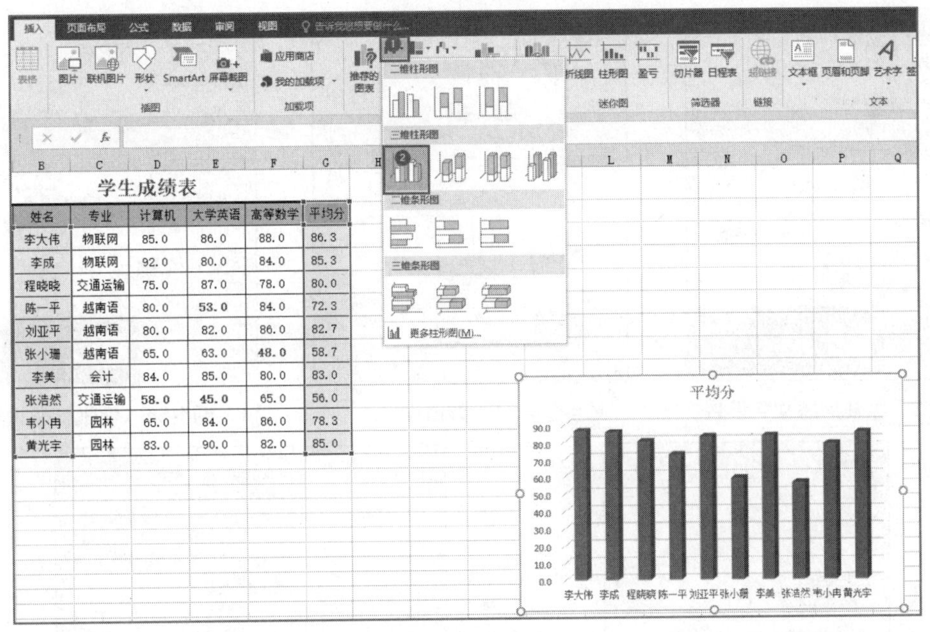

姓名	专业	计算机	大学英语	高等数学	平均分
李大伟	物联网	85.0	86.0	88.0	86.3
李成	物联网	92.0	80.0	84.0	85.3
程晓晓	交通运输	75.0	87.0	78.0	80.0
陈一平	越南语	80.0	53.0	84.0	72.3
刘亚平	越南语	80.0	82.0	86.0	82.7
张小珊	越南语	65.0	63.0	48.0	58.7
李美	会计	84.0	85.0	80.0	83.0
张浩然	交通运输	58.0	45.0	65.0	56.0
韦小冉	园林	65.0	84.0	86.0	78.3
黄光宇	园林	83.0	90.0	82.0	85.0

图4-51　创建图表一

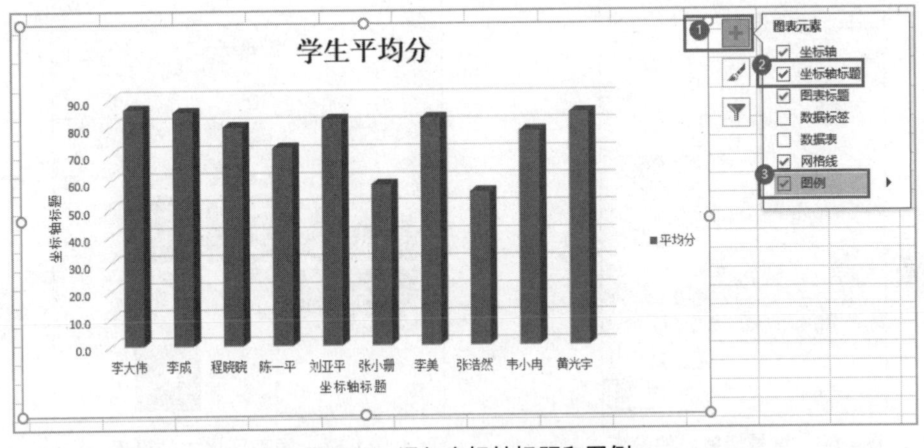

图4-52　添加坐标轴标题和图例

⑥ 在图表中的坐标轴标题处，输入纵轴标题文字“分数”和横轴标题文字“姓名”，选中“分数”两字，在“设置坐标轴标题格式”框中，设置文字方向为“竖排”，如图 4-53 所示。分别选中坐标轴标题文字和图例文字，单击“开始”选项卡，在“字体”组中将字体设置为宋体、字号 12 磅、加粗、字体颜色为“黑色，文字 1，淡色 35%”。

⑦ 选中垂直（值）轴，在“设置坐标轴格式”框中，设置最大值为 100，主要单位为 20，如图 4-54 所示；选中水平（类别）轴，在“设置坐标轴格式”框中，设置文字方向为“竖排”，如图 4-55 所示。

⑧ 图表背景墙的设置：选中图表背景墙，在“设置背景墙格式”对话框中，进行图案填充，按图 4-56 设置。

⑨ 图表区设置：选中图表区，在“设置图表区格式”对话框中，进行“蓝色面巾纸”填充，按图 4-57 设置。完成三维簇状柱形图的创建。

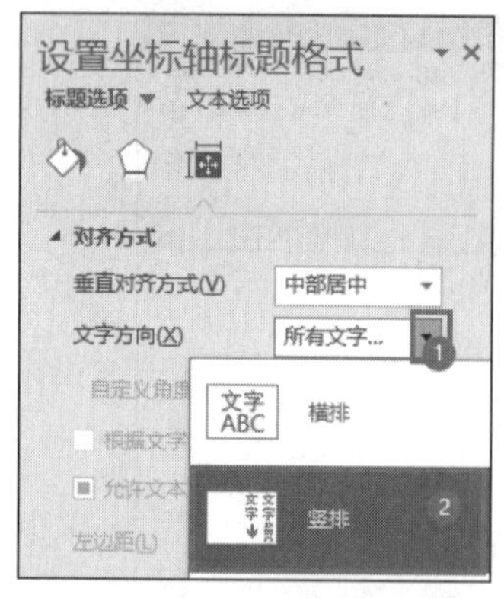

图4-53　纵轴标题文字设置

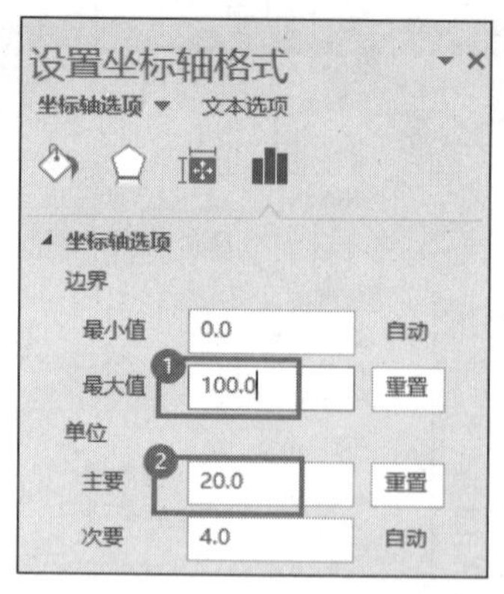

图4-54　数值设置

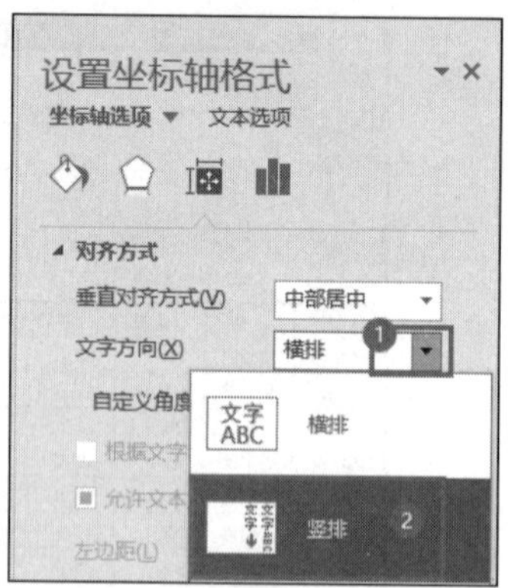

图4-55　横轴标题设置

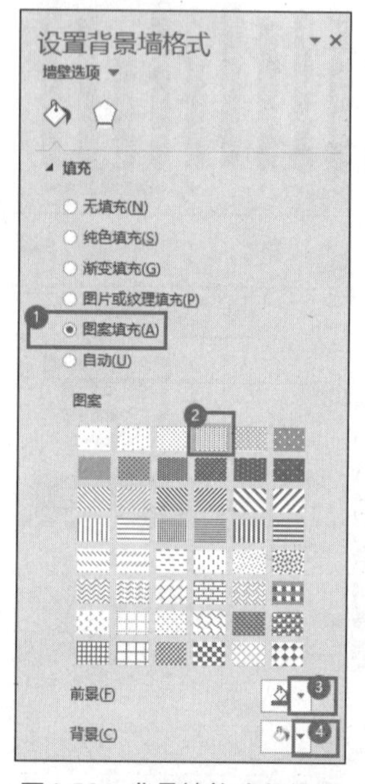

图4-56　背景墙格式的设置

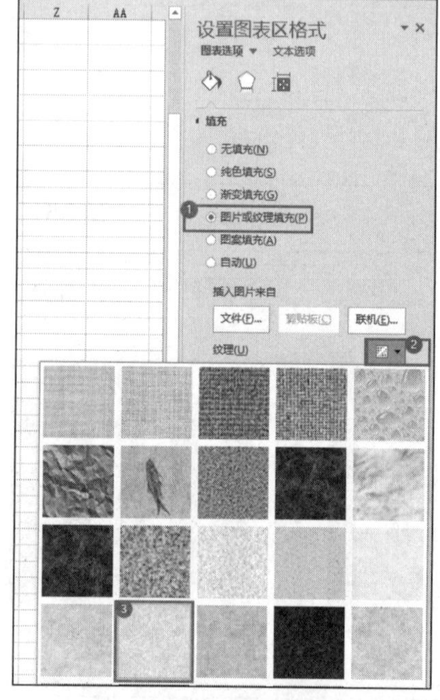

图4-57　图表区格式的设置

操作 3：为工作表“数据管理”建立一个副本“数据管理（2）”，并在工作表“数据管理（2）”中创建一个学生各门课程成绩的柱形迷你图，如图 4-49 所示。

操作过程：

① 为工作表“数据管理”建立一个副本“数据管理（2）”。

② 选中 H3 单元格，单击“插入”选项卡“迷你图”组中的“柱形图”按钮，打开“创建迷你图”对话框，如图 4-58 所示。

③ 在对话框的“数据范围”编辑框中选取该学生三门课程成绩所在的单元格区域 D3:F3，单击“确定”按钮，即可创建迷你图，如图 4-58 所示。

④ 选中 H3 单元格，使用填充柄快速填充其他学生的迷你图，最后得到结果图 4-49。

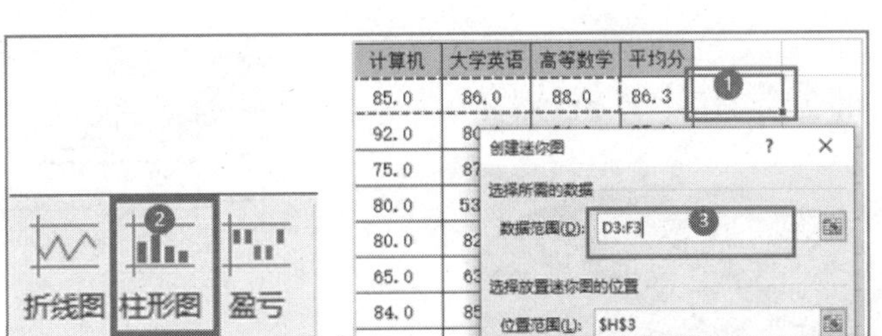

图4-58　创建迷你图

操作 4：在工作表“数据管理”中创建下一个饼图，图表类型为“三维饼图”，图表标题设置为宋体，字号 20 磅，加粗，深蓝色，其他如图 4–50 所示。

操作过程：

① 在工作表“数据图表化”中，选中“姓名”列（即单元格区域 B2:B7），然后按住【Ctrl】键的同时选择“计算机”列（即单元格区域 D2:D7）数据所在的单元格区域。

② 单击“插入”选项卡“图表”组中的“饼图”下拉按钮，在弹出的下拉列表中选择“三维饼图”栏的“三维饼图”图标，即可完成图表的插入，如图 4-59 所示。

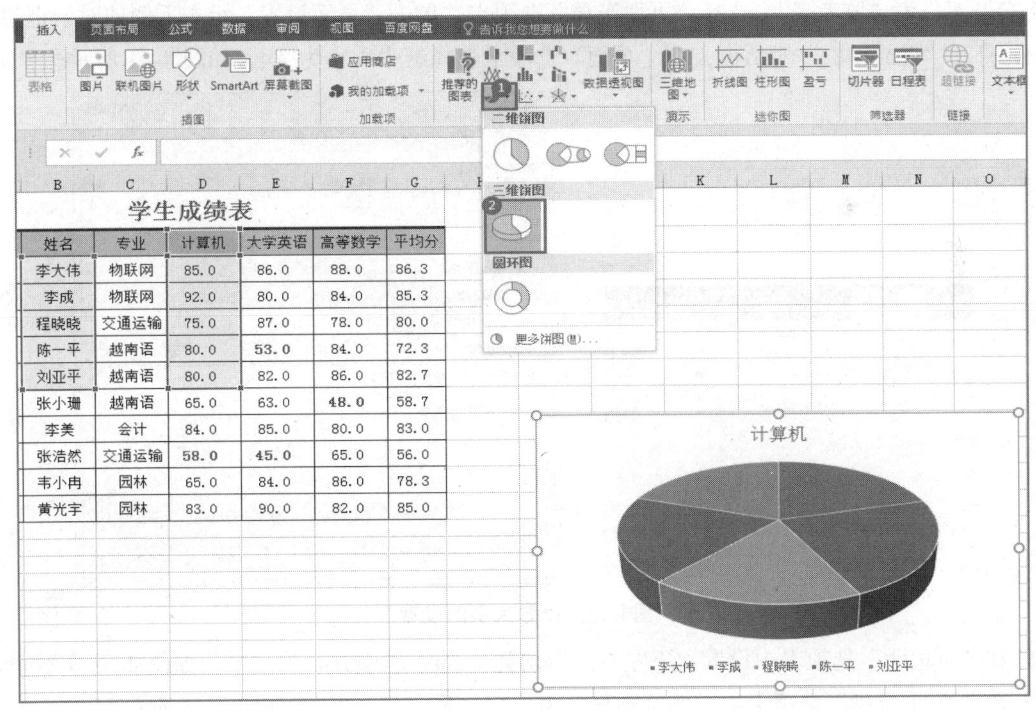

图4-59　饼图的创建

③ 设置图表标题：在图表标题处输入文字“部分学生计算机成绩”，选中输入的文字，单击“开始”选项卡，在“字体”组中将字体设置为宋体、字号 20 磅、加粗、字体颜色为“深蓝”。

④ 设置数据标签：在图表区选中图表后，单击“图表元素”按钮，选中“数据标签”复选框，在下拉列表中选择“数据标签外”，如图 4-60 所示，最终得到如图 4-50 所示的效果图。

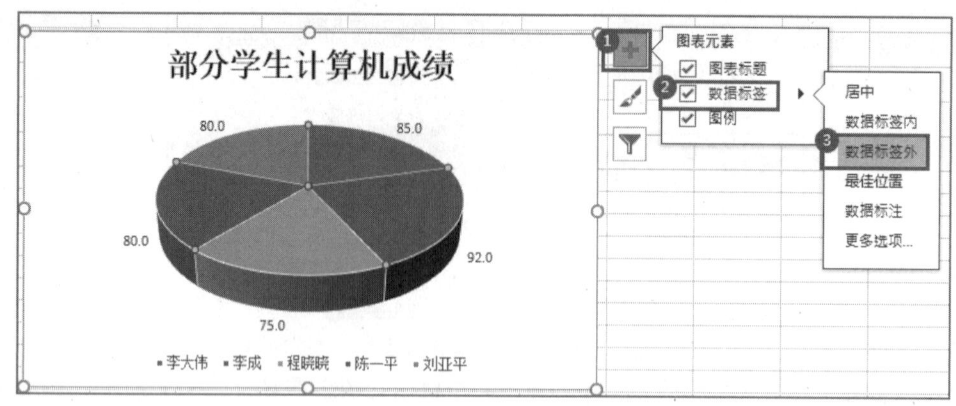

图4-60　数据标签的设置

操作 5：对工作表“监考表”进行如下页面设置，并进行打印预览。①纸张大小为 A4，文档打印时水平居中，上下左右边距均设为 2 cm。②设置页脚为“第 X 页，共 Y 页”。③设置打印区域为 A1:F194；表格中第一行和第二行为打印标题行。④对工作表进行冻结，在工作表滚动表时保持行、列标题始终可见。

操作过程：

①打开工作表“监考表”，选择“页面布局”选项卡，单击“页面设置”组右下侧的对话框启动器按钮，打开“页面设置”对话框，在“页面”选项卡选择纸张大小为 A4，如图 4-61 所示。

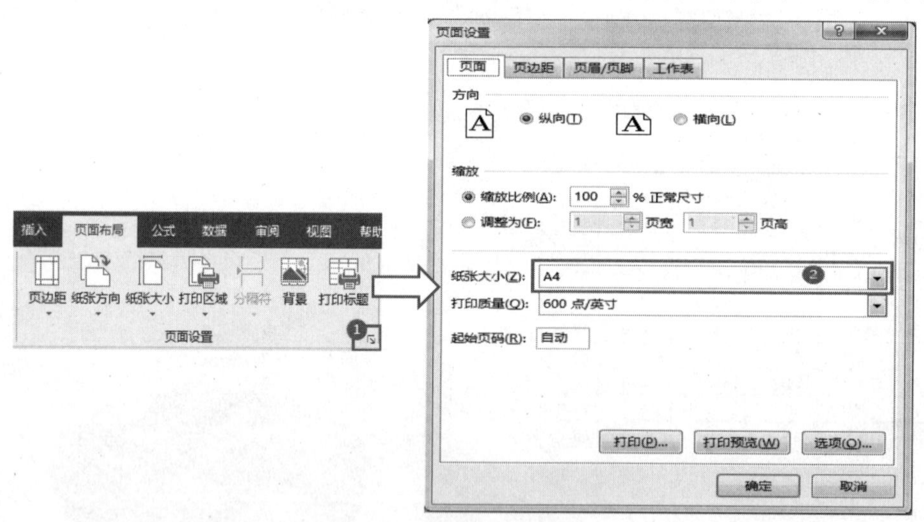

图4-61　纸张大小的设置

② 在“页边距”选项卡中设置上下左右边距均为 2 cm，居中方式为水平，如图 4-62 所示。

③ 在“页眉/页脚”选项卡中设置页脚显示为“第 1 页，共？页”，如图 4-63 所示。

④ 在“工作表”选项卡中设置打印区域、打印标题，如图 4-64 所示，单击“确定”按钮完成设置。单击快速访问工具栏中的“打印预览”按钮，即可看到页面设置效果。

⑤ 工作表冻结。将光标定位于单元格 B3，单击“视图”选项卡“窗口”组中的“冻结窗格”按钮，在下拉列表中选择“冻结窗格”命令，完成设置，如图 4-65 所示。

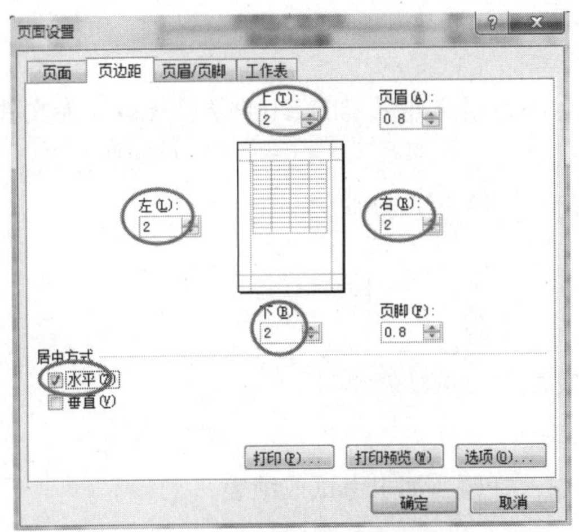

图4-62 页边距的设置

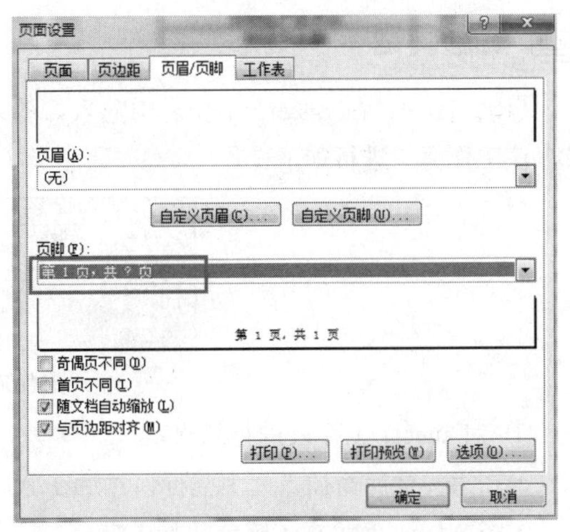

图4-63 页眉/页脚的设置

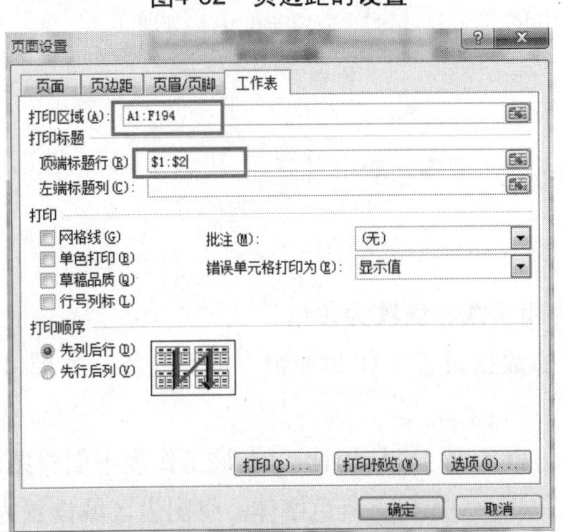

图4-64 页边距的设置

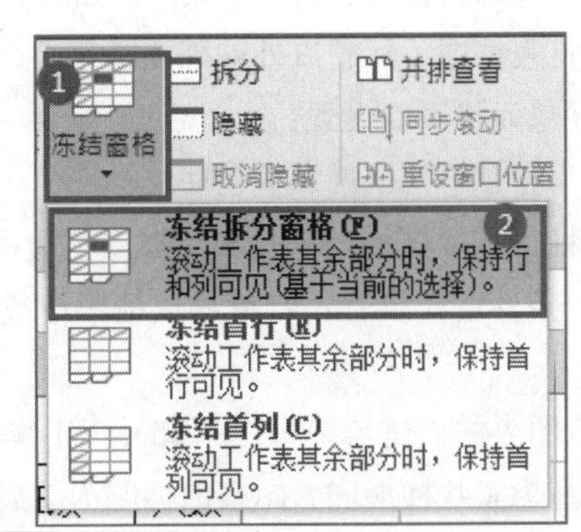

图4-65 冻结窗格设置

任务小结

① Excel 2016 文档中建立图表。选中数据所在的单元格区域，单击“插入”选项卡“图表”组中的相应按钮进行图表建立。

② Excel 2016 中对图表进行格式化操作。选中建立好的图表，单击“图表工具-格式”选项卡，在“大小”组中调整高度和宽度；选中建立好的图表，单击右上角的“图表元素”按钮，选中相应选项就可在图表中添加相应选项，例如选中“图例”，即可在图表中添加“图例”选项；选中图表背景墙，在“设置背景墙格式”对话框中进行格式设置。

③ Excel 2016 文档中进行页面设置。单击“页面布局”选项卡“页面设置”组右下侧的对话框启动器按钮，打开“页面设置”对话框，在“页面”选项卡选择纸张大小，在“页边距”选项卡中设置上下左右边距，在“页眉/页脚”选项卡中设置页脚，在“工作表”选项卡中设置打印区域、打印标题。

课后实训

启动 Excel，在 Sheet1 工作表中输入如图 4-66 所示的数据，并以“EXKH4+学号.xlsx”为文件名另存该工作簿。进行如下操作：

	A	B	C	D	E
1	姓名	数学	英语	物理	总分
2	张云	85	87	67	
3	李海三	78	90	89	
4	刘畅	65	92	67	
5	石磊	64	83	90	

图4-66　成绩表数据

① 对 sheet1 工作表进行编辑：

· 在第一行前面插入一个空行，然后在 A1 单元格输入标题“期末考试成绩表”。

· 将 A1:E1 单元格区域合并及居中。

② 函数和公式的应用：利用公式，计算机每个学生的总分（总分=数学+英语+物理）。

③ 工作表的编辑：

· 将标题设置为：18 号、隶书、红色。

· 将表格中（标题以外除外）文字及数据设置为 14 号，楷体，居中对齐。

④ 单元格属性设置：

· 为标题单元格增加蓝色底纹。

· 将 A2:E6 区域的单元格添加黑色边框线，线型为粗实线，底纹为黄色。

⑤ 条件格式设置：将单科成绩小于或等于 85 分的数据设置字体为加粗、橙色底纹，如图 4-67 所示。

⑥ 图表的创建与编辑：将 Sheet1 工作表建立副本，命名为“成绩统计”，在该工作表中创建图表，图表类型为簇状柱形图，图表的标题为“成绩统计图”，宋体，加粗，蓝色字体。将图表区域设置为渐变填充。最终效果如图 4-68 所示。

期末考试成绩表				
姓名	数学	英语	物理	总分
张云	85	87	67	239
李海三	78	90	89	257
刘畅	65	92	67	224
石磊	64	83	90	237

图4-67　格式设置结果

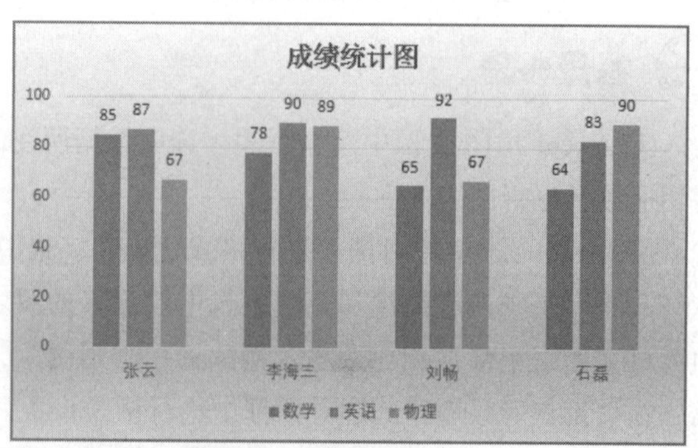

图4-68　创建图表的结果

⑦ 函数的应用：将 Sheet1 工作表重命名为“总分排名”，在总分后添加一列，表头名为“名次”，通过函数计算出几位同学的排名情况，排序并适当美化表格。最终效果如图 4-69 所示。

期末考试成绩表					
姓名	数学	英语	物理	总分	名次
李海三	78	90	89	257	1
张云	85	87	67	239	2
石磊	64	83	90	237	3
刘畅	65	92	67	224	4

图4-69 总分排名结果

理论习题

一、填空题

1. 在 Excel 中通过工作表创建的图表有两种 ，分别为________图表和________图表。

2. 在 Excel 中，如果要将工作表冻结便于查看，可以用________功能区的“冻结窗格”来实现。

3. 在 Excel 中，若只需打印工作表的一部分数据时，应先__________。

4. 在 Excel 工作表中，要在屏幕内同时查看同一工作表中不同区域的内容，可以使用________操作。

5. 在 Excel 2016 中，选中图表后，选项区会多出_______、________两个菜单项。

二、单选题

1. 在 Excel 中，要查找数据清单中的内容 ，可以通过筛选功能，(　　)符合指定条件的数据行。

　A. 部分隐藏　　B. 只隐藏　　C. 部分显示　　D. 只显示

2. 当对建立的图表进行修改时，下列叙述正确的是（　　）。

　A. 先修改工作表的数据，再对图表中相关数据进行修改

　B. 先修改工作表中的数据点，再对工作表中相关数据进行修改

　C. 工作表的数据和相应的图表是关联的，用户只要对工作表的数据进行修改，图表就会自动相应更改

　D. 如果在图表中删除了某个数据点，则工作表中相关数据也被删除

3. 对图表对象的编辑，下列叙述不正确的是（　　）。

　A. 图例的位置可以在图表区的任何处

　B. 对图表区对象的字体改变，将同时改变图表区内所有对象的字体

　C. 鼠标指向图表区的八个方向控制点之一拖放，可进行对图表的缩放

　D. 不能实现将嵌入图表与独立图表的互转

4. 建立图表后，在（　　）选项卡中，可更改图表的数据源。

　A. 设计　　B. 布局　　C. 格式　　D. 图表

5. 对于 Excel 所提供的数据图表，下列说法正确的是（　　）。

　A. 独立式图表是与工作表相互无关的表

　B. 独立式图表是将工作表数据和相应图表分别存放在不同的工作簿

　C. 独立式图表是将工作表数据和相应图表分别存放在不同的工作表

　D. 当工作表数据变动时，与它相关的独立式图表不能自动更新

6. 在 Excel 中，设置已建立柱形图系列的颜色，选中图表后，可在（　　）选项卡中选择“颜色”

进行设置。

A．图表元素　　B．图表样式　　C．图表编辑　　D．图表工具

7．关于筛选掉的记录的叙述，下列错误的是（　　）。

A．不能打印出来　　B．不显示　　C．永远丢失　　D．可以恢复

8．作 Excel 饼图时，选中的数值行列（　　）。

A．只有末一行或末一列有用　　B．只有前一行或前一列有用

C．各列都有用在　　D．各列都无用

9．在 Excel 2016 中要想设置行高、列宽，应选用（　　）功能区中的“格式”命令。

A．开始　　B．插入　　C．页面布局　　D．视图

10．在 Excel 中，图表是工作表数据的一种视觉表示形式，图表是动态的，改变图表的（　　）后，系统会自动更新图表。

A．X 轴数据　　B．Y 轴数据　　C．图例　　D．所依赖数据

任务5　Excel 2016 综合实训

任务要求

1．实训操作（一）

打开工作簿 EX51.xlsx，以“EX51+学号.xlsx”为文件名另存到“EX5+学号”文件夹中，并完成下列操作：

① 在 Sheet1 工作表中输入浮动率的具体数值，结果如图 4-70 所示。

	A	B	C	D	E
1	序号	姓名	原工资	浮动率	浮动额
2	1	李军	4500	0.70%	
3	2	王芸	4800	1.20%	
4	3	李洛	5300	1.50%	
5	4	张明	5580	1.00%	
6	总计				

图4-70　工资表中的原始数据

② 在第一行前插入一新行，并在 A1 单元格中输入标题“工资情况表”，将该标题合并居中于 A1：E1 单元格。

③ 将“李军”一行与“李洛”一行互换位置。

④ 计算浮动额。计算公式为：浮动额=原工资 × 浮动率。

⑤ 用公式或者函数计算原工资和浮动额的“总计”结果。

⑥ 将标题设置为 20 号、隶书、红色，表格中其他所有的文字及数据均为 14 号、仿宋，表格中的数据内容居中。

⑦ 设置表格内容的边框线。外边框为红色粗实线，内边框为黄色的双划线。

⑧ 建立“三维簇状柱形图”图表，图表标题为“职工工资情况表”，图表的背景用蓝色面巾纸纹理填充，图表标题为宋体、14 磅、深蓝色、加粗，坐标轴标题和图例设置为宋体、10 磅、加粗，并将

工作表 Sheet1 更名为“工资情况表”。最终结果如图 4-71 所示。

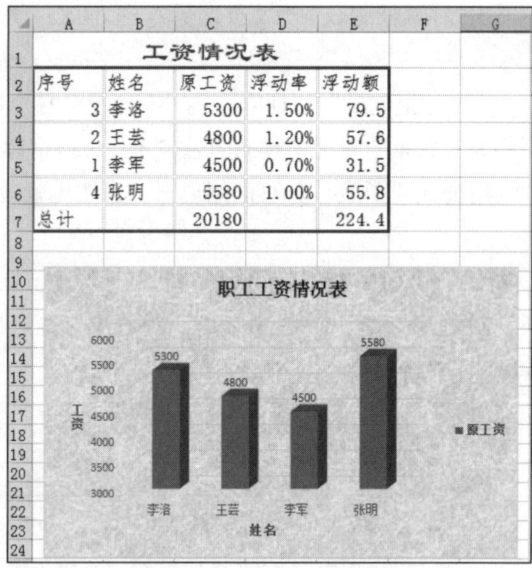

工资情况表				
序号	姓名	原工资	浮动率	浮动额
3	李洛	5300	1.50%	79.5
2	王芸	4800	1.20%	57.6
1	李军	4500	0.70%	31.5
4	张明	5580	1.00%	55.8
总计		20180		224.4

图4-71　sheet1工作表样张

⑨ 在 Sheet2 工作表中，统计出各类职称教师年终总分的平均值，结果如图 4-72 所示。

外国语学院教师积分表							
姓名	性别	职称	出勤奖分	评教得分	竞赛奖分	其它	年终总分
刘英	女	副教授	78	87	75	84	324
杨凤	女	副教授	78	96	65	78	317
叶华	女	副教授	75	87	84	75	321
		副教授 平均值					320.6667
李国	男	讲师	71	85	74	84	314
石富	男	讲师	79	86	85	86	336
张宝	男	讲师	77	88	85	87	337
		讲师 平均值					329
孔德	男	教授	78	85	78	87	328
李武	男	教授	76	87	74	74	311
李珍	女	教授	77	78	57	85	297
石清	女	教授	74	68	74	78	294
		教授 平均值					307.5
		总计平均值					317.9

图4-72　第9题结果样张

⑩ 使用 Sheet3 工作表中的数据，将甲乙两部门的数据进行求和合并计算，并将标题设置为“第一季度销售总表”，将工作表 Sheet3 更名为“合并计算”，结果如图 4-73 所示。

第一季度销售总表			
名称	1月	2月	3月
新飞冰箱	98285	83238	78951
格力空调	174820	109424	65082
水仙洗衣机	70824	50824	31750
格兰士微波炉	143883	101115	92893
熊猫电视	117498	131748	51496
荣声冰箱	104942	1174992	73094
长虹电视	106656	96359	40172

图4-73　合并计算结果

2．实训操作（二）

打开文件 EX52.xlsx，以“EX52+学号.xlsx”为文件名另存到“EX5+学号”文件夹中，并完成下列操作：

① 在 Sheet1 工作表中，在“5 月用电量”后插入一列“6 月用电量”数据：68，66，0，70。

② 在 Sheet1 工作表中，将为 0 数据的单元格插入批注“6 月份该宿舍全体外出实习”。

③ 在 Sheet1 工作表中，利用公式或函数计算总的用电量，总用电量 = 4 月用电量 + 5 月用电量 + 6 月用电量。

④ 在 Sheet1 工作表中，对 6 月份的用电量进行从高到低进行排序。

⑤ 将 Sheet1 整个工作表复制到 Sheet2 中，在 Sheet2 工作表中，筛选出 4 月份用电总量小于 80，用电总量超过 210 的宿舍，如图 4-74 所示。

1	宿舍号	班别	4月用电量	5月用电量	6月用电量	用电总量
3	1-601	网络2001	73	70	68	211
4	1-602	网络2001	76	72	66	214

图4-74　Sheet2筛选结果

⑥ 在 Sheet1 工作表中，建立四间宿舍用电量的簇状柱形图，并嵌入本工作表中，将绘图区进行图案填充，适当美化，结果如图 4-75 所示。

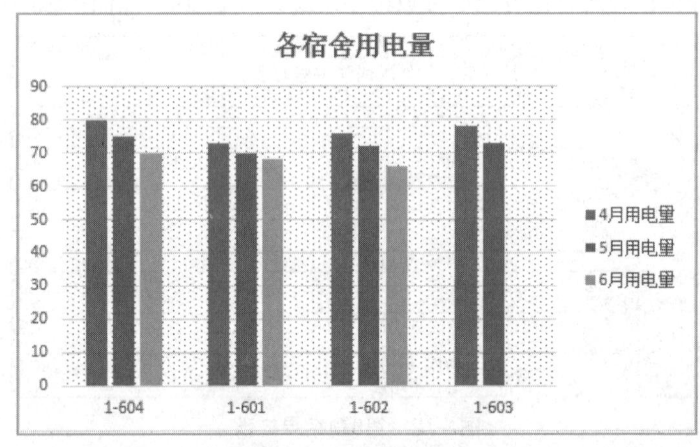

图4-75　项目二样张

任务实施

（只说明该任务中第 1 个实训练习中的第 9 题和第 10 题，其他题的操作步骤参考任务 3 的其他任务操作步骤）

操作 1：在 Sheet2 工作表中，统计出各类职称教师年终总分的平均值，结果如图 4–72 所示。

操作过程：

① 考核的是分类汇总知识点。

② 先对“职称”这类字段进行升序排序。

③ 进行分类汇总设置。具体知识点可参考“任务 3 Excel 2016 工作表计算与数据管理”的相关

操作。

操作 2：使用 Sheet3 工作表中的数据，将甲乙两部门的数据进行求和合并计算，并将标题设置为“第一季度销售总表”，将工作表 Sheet3 更名为“合并计算”，结果如图 4–73 所示。

操作过程：

① 打开 Sheet3，将光标定位于单元格 A27，单击“数据”选项卡“数据工具”组中的“合并计算”按钮，打开相应对话框；将光标定位于“引用位置”处，选择 A2:D9 作为第一个引用位置，单击“添加”按钮，再选择 A15:D22 作为第 2 个引用位置，单击“添加”按钮，从而选择了两部分区域作为合并计算的引用位置；选中“首行”复选框，按图 4-76 所示进行操作。

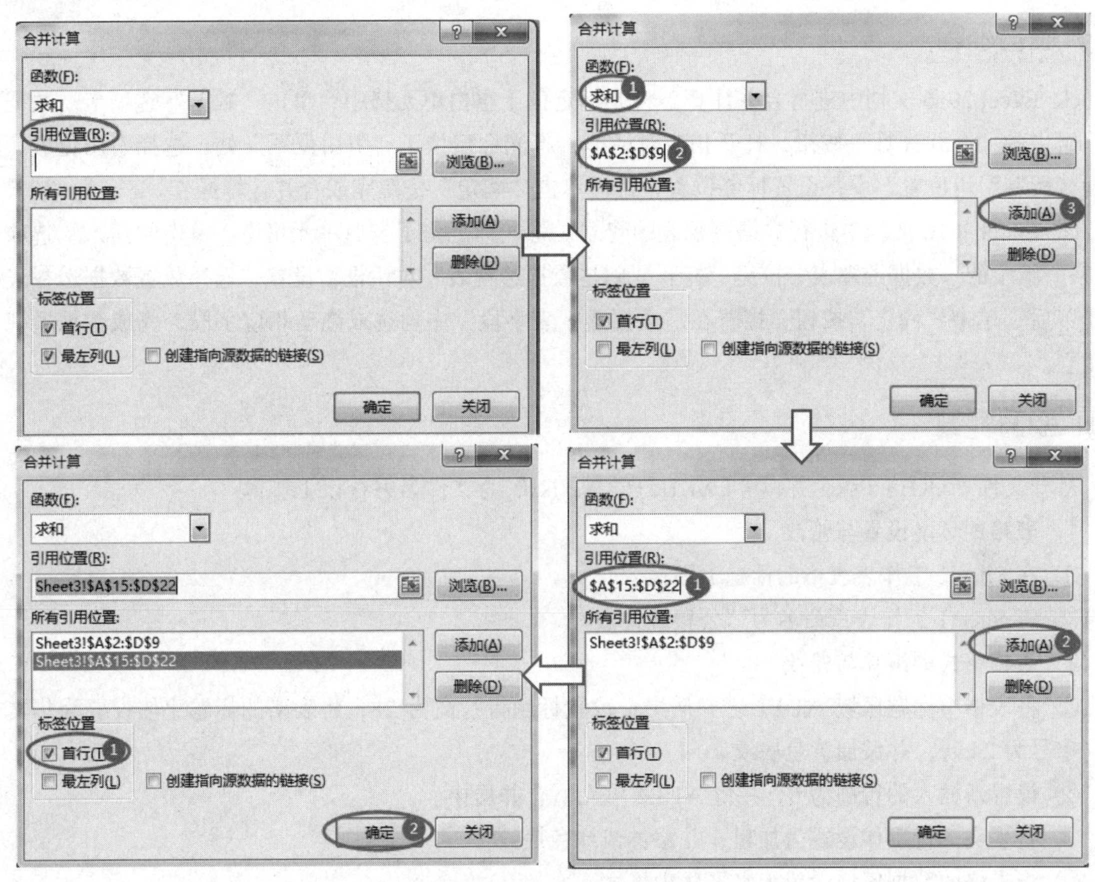

图4-76 合并计算过程

② 得到如图 4-77 所示结果，再次单击“合并计算”按钮，打开相应对话框，选中“最左列”复选框（见图 4-78），单击“确定”按钮。

③ 得到图 4-79 所示的结果，在单元格 A26 输入标题“第一季度销售总表”。

④ 适当调整列宽，将工作表 Sheet3 更名为“合并计算”，结果如图 4-73 所示。

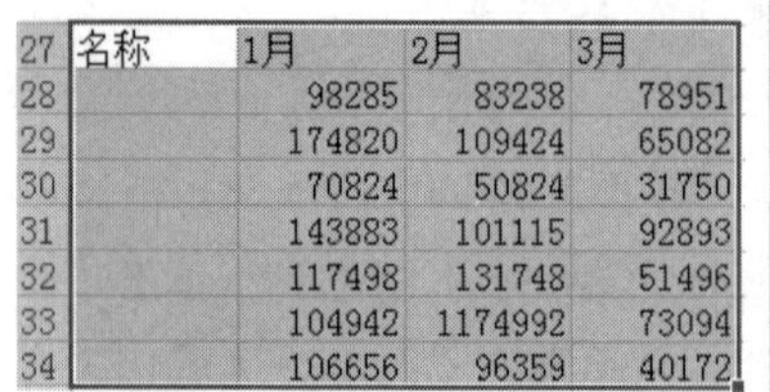

27	名称	1月	2月	3月
28		98285	83238	78951
29		174820	109424	65082
30		70824	50824	31750
31		143883	101115	92893
32		117498	131748	51496
33		104942	1174992	73094
34		106656	96359	40172

图4-77 初始合并计算

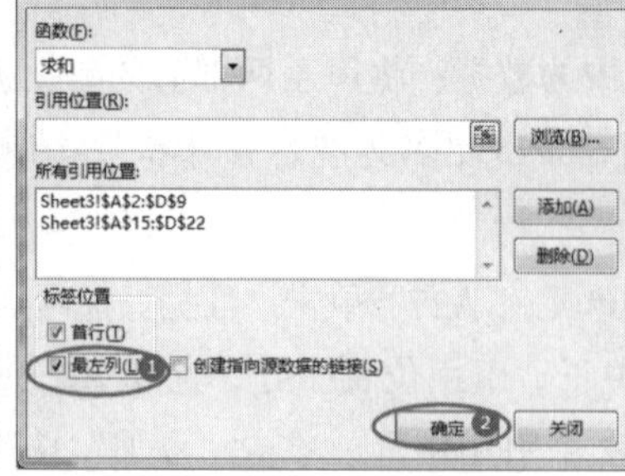

图4-78 合并计算过程

27	名称	1月	2月	3月
28	新飞冰箱	98285	83238	78951
29	格力空调	174820	109424	65082
30	水仙洗衣	70824	50824	31750
31	格兰士微	143883	101115	92893
32	熊猫电视	117498	131748	51496
33	荣声冰箱	104942	1174992	73094
34	长虹电视	106656	96359	40172

图4-79 合并计算结果

任务小结

① Excel 2016 文档中进行合并计算。将光标定位于空白单元格中，单击“数据”选项卡“数据工具”组中的“合并计算”按钮，打开相应对话框；将光标定位于“引用位置”处，选择引用位置，添加到“所有引用位置”中，设置标签位置，最后单击“确定”按钮完成合并计算操作。

② Excel 2016 文档中进行数据透视表的建立。将光标定位于空白单元格中，单击“插入”选项卡“表格”组中的“数据透视表”按钮，打开“创建数据透视表”对话框，设置“选择放置数据透视表的位置”后，单击“确定”按钮，接着在“数据透视表字段”中勾选或拖动相应字段，完成数据透视表的建立。

课后实训

打开文件 EXKH5.xlsx，并以“EXKH5+学号.xlsx”为文件名另存该工作簿。

1. 表格的环境设置与修改

① 在 Sheet1 工作表表格的标题下面插入一行。

② 将 Sheet1 工作表重命名为“公粮统计表”。

2. 表格格式的编排与修改

① 将表格中标题区域 A1:E1 合并居中；设置标题行行高为 28；将表格的标题字体设置为华文行楷，字号为 24 磅，并添加黄色底纹。

② 设置新插入的行高为 5，并将 A1:E2 单元格合并居中。

③ 将表头一行字体设置为加粗，并添加浅绿色底纹。

④ 将表格的数据区域设置为水平居中格式。

⑤ 为 A1:E9 添加单实线边框，如图 4-80 所示。

	A	B	C	D	E
1	大李乡缴售公粮统计表				
3	编号	农产品名称	负责人	实缴数量(千克)	应缴数量(千克)
4	1	小麦	李旺盛	5665	5560
5	2	玉米	周民义	6476	6400
6	3	大豆	田翠花	6464	5124
7	4	花生	田翠花	2155	2140
8	5	水稻	周民义	4145	4211
9	6	油菜	李旺盛	6532	6542

图4-80 公粮统计表

3. 数据的管理与分析

① 在 Sheet2 工作表中，利用数据透视表功能统计各专业的男、女生人数，在 Sheet2 工作表的 L4 单元格建立数据透视表，如图 4-81 所示。

② 使用 Sheet3 工作表中的内容，利用公式计算出超额部分的数据（超额=实缴数量—应缴数量）。结果如图 4-82 所示。

计数项:学号	性别		
专业	男	女	总计
会计	2	2	4
交通运输	3	1	4
物联网	2	2	4
园林	2	2	4
越南语	2	2	4
总计	11	9	20

图4-81 数据透视表

	A	B	C	D	E	F
1	大李乡缴售公粮统计表					
2	编号	农产品名称	负责人	实缴数量(千克)	应缴数量(千克)	超额(千克)
3	1	小麦	李旺盛	5665	5560	105
4	2	玉米	周民义	6476	6400	76
5	3	大豆	田翠花	6464	5124	1340
6	4	花生	田翠花	2155	2140	15
7	5	水稻	周民义	4145	4211	-66
8	6	油菜	李旺盛	6532	6542	-10

图4-82 公粮超额数量

4. 创建折线图表

利用 Sheet3 工作表中相应的数据，在 Sheet3 工作表中创建一个带数据标记的折线图图表，如图 4-83 所示。

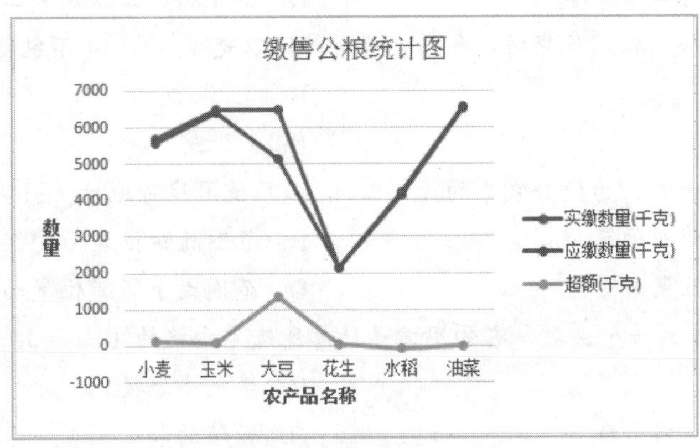

图4-83 缴售公粮折线图

理论习题

一、填空题

1. 要对某单元格中的数据加以说明，一般在该单元格插入________，然后输入说明性文字。

2. 在 Excel 中，已输入的数据清单含有字段：学号、姓名和成绩，若希望只显示成绩处于前 5 名的学生信息，可以使用________功能。

3. Excel 的运算符有算术运算符、比较运算符、文本运算符，其中符号&属于__________。

二、单选题

1. 要把当前单元格的数值 2011 逐个递增向右填充，应按（　　）的同时手动填充柄。

A. Alt　　B. Ctrl

C. Shift　　D. Tab

2. 在Excel中的某个单元格内输入文字，要文字能自动换行，可利用“设置单元格格式”对话框的（　　）选项卡，选择“自动换行”。

A. 数字　　B. 对齐　　C. 图案　　D. 保护

3. 设A2单元格为文字“一百”，A3与A4单元格中分别为数值“200”和“300”，则=Count(A2:A4)值为（　　）。

A. 600　　B. 500　　C. 3　　D. 2

4. 在Excel工作表中已输入的数据如下：

	A	B	C	D
1	20	12	2	=$A$1*C1
2	30	16	3	

如果将D1单元格中的公式复制到D2单元格，那么D2单元格的值为（　　）。

A. ####　　B. 60　　C. 40　　D. 90

5. 在Excel中，一个数据清单由（　　）组成。

A. 区域、记录和字段　　B. 公式、数据和记录

C. 工作表、数据和工作簿　　D. 单元格、工作表和工作簿

6. 在Excel的单元格内输入日期时，年、月分隔符可以是（　　）（不包括引号）。

A. “/” 或” “-”　　B. “ ” 或 “/”

C. “/” 或 “\”　　D. “\” 或 “-”

7. 在Excel公式复制时，为使公式中的（　　），必须使用绝对地址（引用）。

A. 单元格地址随新位置而变化　　B. 范围随新位置而变化

C. 范围不随新位置而变化　　D. 范围大小随新位置而变化

8. Count是Excel中的一个函数，它的用途是计算所选单元格的（　　）。

A. 数据的和　　B. 单元格个数

C. 有数值的单元格个数　　D. 数值的和

9. 当选定了不相邻的多张工作表进行复制时，选定的工作表将（　　）。

A. 一起复制到新位置　　B. 只复制一张到新位置

C. 复制后仍不相邻　　D. 显示现错信息

10. 在Excel中，在B1单元格中输入数据$12345，确定后B1单元格的格式为（　　）。

A. $12345　　B. $12,345

C. 12345　　D. 12,345

工匠精神

李刚：方寸间插接百条线路

李刚是中国中铁装备集团的电气高级技师。他有一双长了眼睛的手，凭着这双手，闭上眼睛也能在狭小的接线盒里把密如蛛网的线路连接得分毫不差。他手上的这项绝活是几十年蒙着眼睛练插线练

出来的。李刚手上的绝活，助力着人们开山入地。图 4-84 所示为李刚的日常练习。

1965 年 7 月，北京 1 号线地铁开建，采用地面全挖掘式的方法，长安街为此大开膛。如今，中国正在修建世界上最庞大的城市地铁交通网，到 2020 年中国已有 45 座以上城市建有地铁。但是看不见哪一处工地为了建地铁而把整条街道大开膛。这全靠地下有一条钢铁巨蟒，前头嘴里啃，尾后直接吐，地铁通道就此成型。这就是开凿地下隧道的终极武器——盾构机。在中国中铁装备集团的车间里，工匠们正在忙碌。他们要率先制造出世界上独一无二的马蹄形盾构机，这种能够直接开凿出马蹄形隧道的盾构机，相对于传统型盾构机而言，机械构造发生了改变，电路系统也要求要做出全新布局，电气元器件将成倍增加。

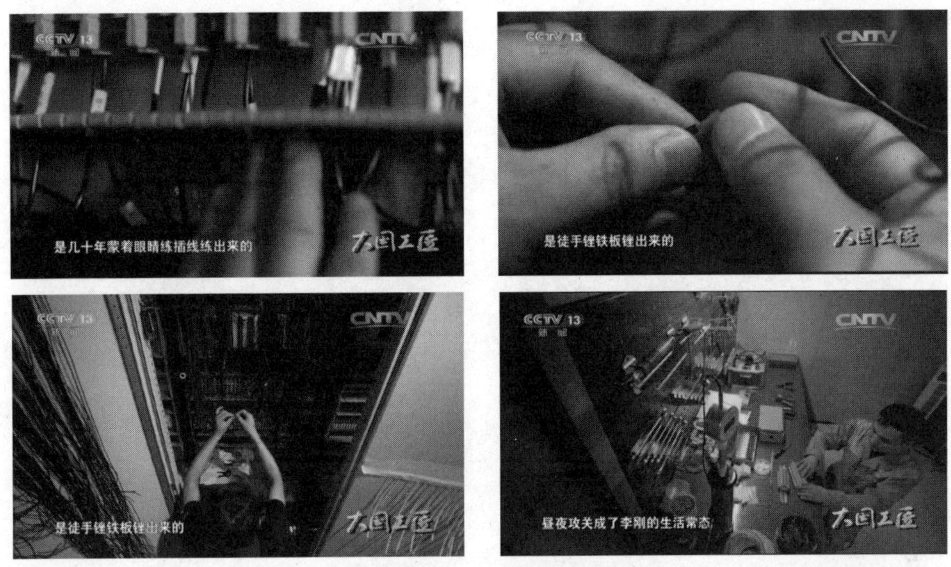

图4-84 日常练习图

接线盒貌似很普通的电工小件，在盾构机上，它却是“神经中枢”，连通着盾构机的每一个机械运动。整台盾构机的电路系统被 50 多个接线盒所控制，每个接线盒都有 100 多根电线经过，形成一个巨大的神经网络，直接决定着盾构机的行动能力。那是一个严整的设计系统。从世界上第一台盾构机诞生到现在，初始结构的盾构机接线盒虽然曾经有过一代代的高手试图予以改进，但最终还是只能原样不动。但中国马蹄形盾构机的整体创新却要求中国工匠必须改变那个全世界同行都未曾撼动过的“祖宗之制”，而且这个重大改进是紧迫的、限期完成的。从第一台国产复合式盾构机的电气组装到现在，李刚已经高质量地完成了 300 多台盾构的电气系统组装。四年前，李刚研发制造的盾构机核心部件液位传感器打破了国外企业的百年垄断，性能跃居世界第一。这一次，李刚发起的技术冲击目标依然是世界第一。马蹄形盾构机的电路系统拥有 4 万多根电缆电线，4 100 个元器件，1 000 多个开关，如果其中有一根线接错，一个器件使用有误，就会导致整个盾构机“神经错乱”，甚至线路会被大面积地烧毁。李刚投入的这场技术改进是风险巨大的，而它所要求的精细、精准、精微、精妙，几乎时时在挑战人类操作的极限。昼夜攻关成了李刚的生活常态。58 天的殚思竭虑，李刚终于设计出了一套与马蹄形盾构机相适应的新型脑神经系统。李刚和工友们的工作成为马蹄形盾构机项目推进的重要保障。2016 年 7 月 17 日，世界首创的中国马蹄形盾构机成功下线，表明中国实现了异型盾构装备生产的全面自主化，也标志着世界异型隧道掘进机研制技术跨入了新阶段。

蒙眼插线，穿插自如，李刚在方寸之间也能插接百条线路，绝活的背后是无数个昼夜的练习。秉承着对工作精雕细琢、精益求精、更完美的精神理念，李刚不断改善自己的工艺，享受着马蹄形盾构机在双手中升华的过程，最终成就领跑世界的“中国制造”。

作为一名在校大学生，我们应当学习李刚这种严谨认真、一丝不苟，耐心、专注、坚持的工匠精神，在学习中耐心专注、坚持不懈、专业敬业，力争第一。

资料来源参考：根据网络资源改写

项目 5 PowerPoint 2016 的使用

项目导入

李晓晓是一名大学生，她热爱摄影，加入了一个摄影团，并成了摄影团的团长，摄影团准备给新生做一次团队介绍。因此，李晓晓需做一个演示文稿。

项目分析

在做演示文稿之前，李晓晓需要先了解要介绍团队的什么特色，从哪几个方面介绍，搜集相关的照片、视频等素材。

职业能力目标与要求

根据分析，李晓晓要完成介绍团队的演示文稿，可以概括为以下三个任务：

① PowerPoint 2016 的基本操作。

② PowerPoint 的基本编辑。

③ PowerPoint 2016 的美化和放映。

任务1　PowerPoint 2016 的基本操作

任务要求

创建一个如图 5-1 所示的 6 张幻灯片的“团队介绍”演示文稿，要求幻灯片的 office 主题都为“标题和内容”，根据样图 5-1 前六页所示分别在每张幻灯片的标题和文件框内输入内容，保存到本地磁盘 E 盘里。

在第一张幻灯片前插入一张新的幻灯片，幻灯片 Office 主题选择“空白”。在“空白”幻灯片中插入“艺术字”新视野影视公司，并添加第 3 行第 4 列的艺术字效果，字体为楷体，大小为 66 磅，艺术字文本效果设置为“双波形：上下”。

图5-1 插入6张幻灯片和一张空白幻灯片

任务实施

操作 1：启动 PowerPoint 2016，认识窗口的组成。

操作过程：

① 单击“开始”按钮，在“搜索程序和文件”框中输入 PowerPoint，在上面的列表中找到 PowerPoint，单击启动演示文稿，或者右击桌面空白处，选择“新建”→“Microsoft PowerPoint 演示文稿”命令，即可在桌面建立一个演示文稿。

② 观察 PowerPoint 2016 的窗口组成，如图 5-2 所示。

图5-2 PowerPoint 2016 窗口

操作 2：创建一个如图 5-1 所示的 6 张幻灯片的“团队介绍”演示文稿，要求幻灯片的 Office 主题都为“标题和内容”，保存到本地磁盘 E 盘里。

操作过程：

① 单击“开始”选项卡“幻灯片”组中的“新建幻灯片”按钮在出现的“Office 主题”框中选“标题和内容”，如图 5-3 所示。重复以上步骤添加 6 张幻灯片。

② 根据样图 5-1 分别在每张幻灯片的标题和文件框内输入内容。

③ 选择“文件”→“另存为”命令，单击“浏览”按钮，在打开的“另存为”对话框中选择 E 盘，文件名设置为“团队介绍.pptx”，单击“保存”按钮。

操作 3：在第一张幻灯片前插入一张新的幻灯片，幻灯片 Office 主题选择“空白”。

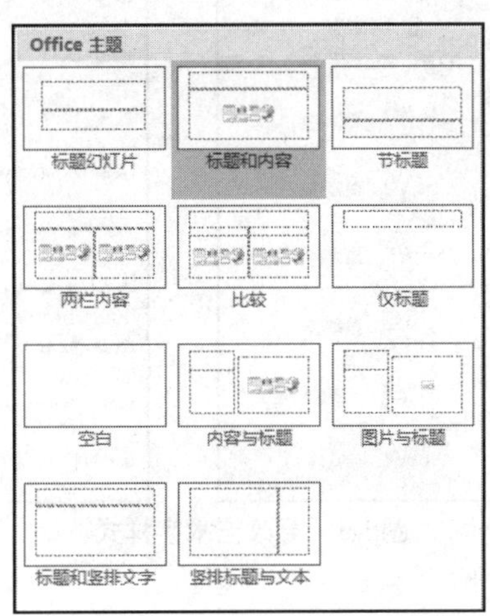

图5-3 Office主题

操作过程：在第一张幻灯片顶上方单击，此时可以看到第一张幻灯片上方有一条横直线在闪动，然后单击“幻灯片”组中的“新建幻灯片”按钮，在出现的“Office 主题”框中选择“空白”。

操作 4：在“空白”幻灯片中插入艺术字“新视野影视公司”，并添加第 3 行第 4 列的艺术字效果，字体为楷体，大小为 66 磅，艺术字文本效果设置为“双波形：上下”，完成后效果如图 5-4 所示。

操作过程：

① 单击“插入”选项卡 “文本”组中的“艺术字”按钮，然后选择第 3 行第 4 列的艺术字效果，并输入“新视野影视公司”文本，在“开始”选项卡的“字体”中，选择字体为楷体，字号框中输入 66，如图 5-4 所示。

插入

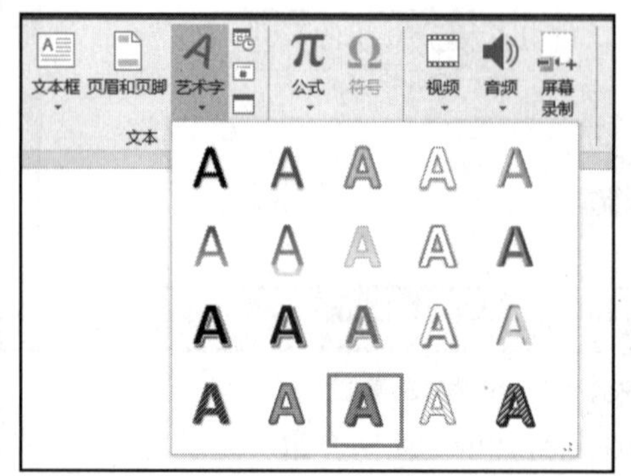

图5-4　插入艺术字

② 选中艺术字，并在“开始”选项卡的“字体”中设置字形和字体大小。单击“绘图工具—形状格式”选项卡“艺术字样式”组中的“文本效果”下拉按钮，选择“转换”→“弯曲”效果中第 5 行第 4 列的“波形：上下”。具体操作如图 5-5 所示。

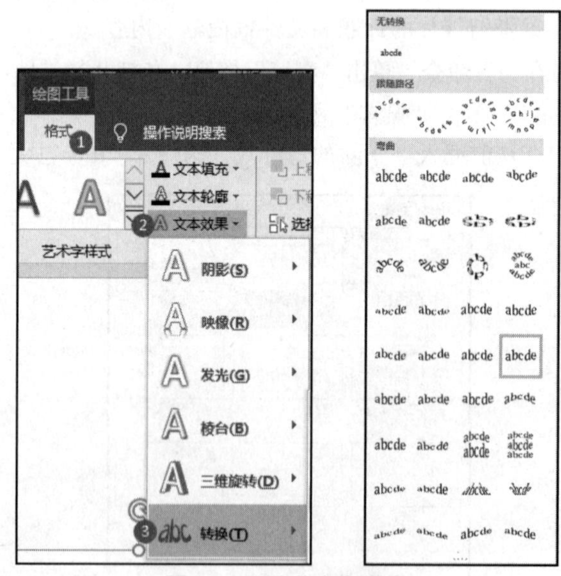

图5-5　更改艺术字样式

操作 5：保存并退出演示文稿。

操作过程：选择“文件”→“保存”命令即可保存演示文稿，完成后关闭演示文稿。

任务小结

① 基本概念：演示文稿、幻灯片、主题、版式。

② 新建幻灯片的三种方法：

- 将光标定位到目标位置，右击，选择“新建幻灯片”命令。
- 将光标定位到幻灯片浏览窗格中需要添加幻灯片的位置，直接按键盘上的【Enter】键。
- 在幻灯片浏览窗格中，将光标定位到目标位置，单击“开始”选项卡“幻灯片”组中的“新建幻灯片”按钮，在下拉列表中选择需要的版式。

③ 幻灯片的基本操作：新建、复制、移动、删除幻灯片。

④ 插入艺术字：单击“插入”选项卡→“文本”→“艺术字”按钮。

⑤ 插入并编辑 SmartArt 图形：单击“插入”选项卡“插图”组中的 SmartArt 按钮。

课后实训

打开 pxs1 文件夹中的 pxs1.pptx，按如下要求完成操作：

1. 设置演示文稿的页面格式

① 将第 1 张幻灯片的标题字体设置为华文行楷，60 磅，红色。

② 在第 1 张幻灯片中添加艺术字副标题（副标题内容为：红日实业公司），艺术字样式为第 2 行第 2 个，设置艺术字的字体为楷体，字号为 40 磅，形状为“波形：上”，形状填充颜色为深蓝色，形状轮廓线条颜色为红色。

③ 将所有幻灯片的页脚设置为“汪洋工作室”。

2. 演示文稿的插入设置

① 在第 4 张幻灯片中插入如图 5-6 所示的组织结构图。

② 将第 2 张幻灯片中插入链接第 1 张和下一张幻灯片的动作按钮。

3. 设置幻灯片放映

① 设置全部幻灯片切换效果为分割，声音为鼓声，换页方式为单击换页。

② 设置第 1 张幻灯片中标题文本的动画效果为旋转，按字母顺序，打字机的声音，单击启动动画效果。

③ 设置第 2 张幻灯片中标题和正文文本的动画效果为自左侧飞入，按字母顺序，打字机的声音，在上一动画后 1 s 启动动画效果。

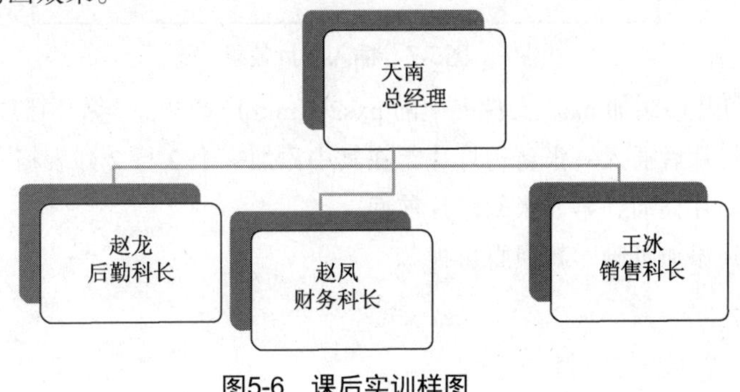

图5-6 课后实训样图

理论习题

选择题

1. PowerPoint 是一种（　　）软件。

   A. 表格处理　　B. 图像处理　　C. 演示文稿制作　　D. 文字处理

2. 下列（　　）操作不能退出 PowerPoint 演示文稿。

   A. 按【Esc】键　　B. 右击标题栏上方空白处，选择“关闭”命令

   C. 单击窗口右上角的“关闭”按钮　　D. 按【Alt+F4】组合键

3. 在 PowerPoint 中能显示单个幻灯片以进行文本编辑的视图是（　　）。

   A. 幻灯片放映视图　　B. 普通视图　　C. 幻灯片浏览视图　　D. 阅读视图

4. PowerPoint 中有不同的视图模式，其中默认的视图模式为（　　）。

   A. 普通视图　　B. 幻灯片放映视图　　C. 幻灯片浏览视图　　D. 阅读视图

5. 可以对幻灯片进行复制、移动和设置切换效果等操作，但不能编辑幻打片中的具体内容的视图是（　　）。

   A. 幻灯片放映视图　　B. 普通视图　　C. 幻灯片浏览视图　　D. 阅读视图

任务2　PowerPoint 2016 的基本编辑

任务要求

① 把除第 1 张幻灯片外的所有幻灯片标题文本设置为华文行楷，36 磅，加粗，蓝色字体。用幻灯片母版一次性把除标题外的所有幻灯片中的文本内容设置为仿宋，28 磅。

② 在第 6 张幻灯片中插入 pxs2 文件夹中的三张图片，效果如图 5-7 所示。

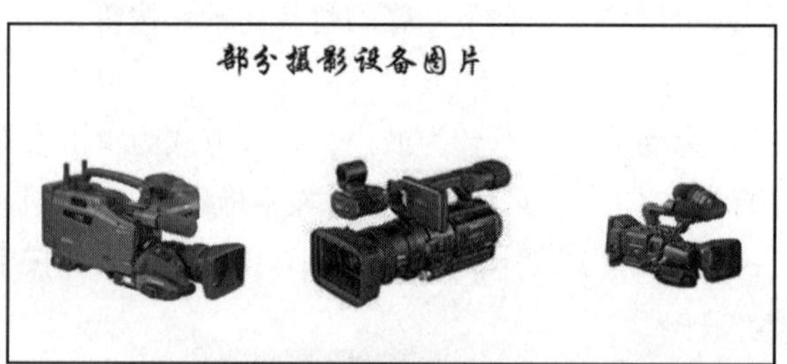

图5-7　插入图片效果

③ 在第 2 张幻灯片中添加 pxs2 文件夹中的 pxs2-2.mid 声音文件，循环播放直到停止，放在左上角。

④ 在第 7 张幻灯片后插入一张新幻灯片，在其中添加一个 2 行 2 列表格，内容如图 5-8 所示。

⑤ 把第 7 张幻灯片移动到第 6 张幻灯片前面。

⑥ 为所有幻灯片添加页脚“新视野影视”。

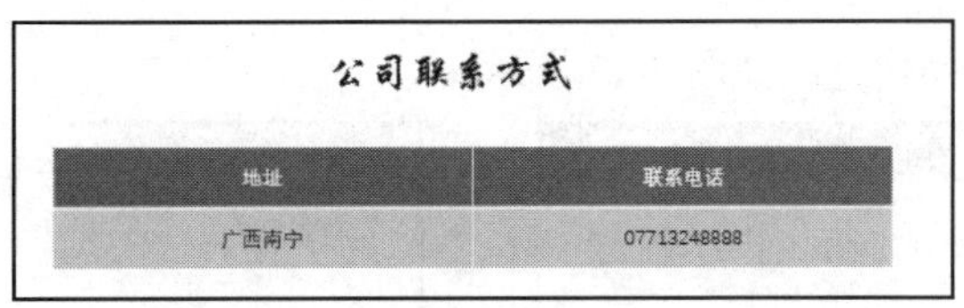

公司联系方式

地址	联系电话
广西南宁	07713248888

部分摄影设备图片

图5-8　在第7张后面新幻灯片插入表格效果

任务实施

操作 1：把除第 1 张幻灯片外的所有幻灯片标题文本设置为华文行楷，36 磅，加粗，蓝色字体。用幻灯片母版一次性把除标题外的所有幻灯片中的文本内容设置为仿宋，28 磅。

操作过程：

① 选中第 2 张幻灯片的标题文本，单击“开始”选项卡，在“字体”组中按要求分别设置字体，如图 5-9 所示；或者在选中的文字上右击，然后“字体”中进行相应的设置，如图 5-10 所示。其他幻灯片的标题文字用同样方法设置。

图5-9　字体设置

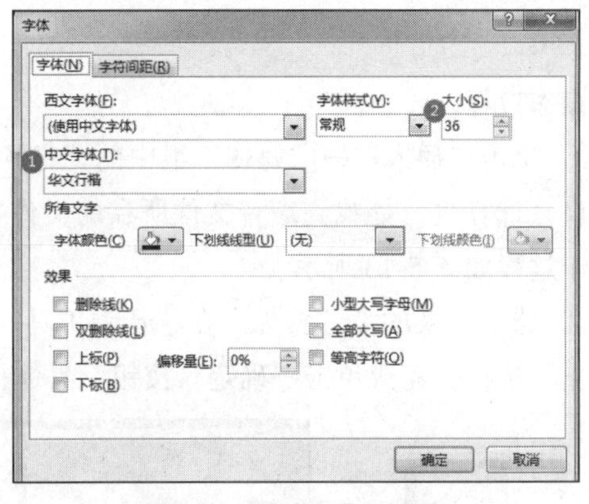

图5-10　“字体”对话框

② 幻灯片母版的使用：单击选中第 2 张幻灯片，单击“视图”→“母版视图”→“幻灯片母版”按钮，将鼠标放在第 1 张幻灯片上会显示该母版由 1～7 张幻灯片使用，选中该幻灯片中的“单击此处编辑母版文本样式”字体，单击“开始”按钮，在“字体组中设置”字体为仿宋，字号为 28 磅，完成后单击菜单栏中的幻灯片母版，单击“关闭母版视图”按钮完成设置。具体操作过程如图 5-11 所示。

操作 2：在第 6 张幻灯片中插入 pxs2 文件夹中的三张图片，效果如图 5–7 所示。

操作过程：单击“插入”→“图片”按钮，在“插入图片”对话框中找到图片所在的文件夹后，选中第一张图片后，再按住【Ctrl】键，再单击选中其他两张图片，单击“插入”按钮，插入幻灯片的三张图片都是选中状态，单击其他地方，取消图片选中状态，再一张一张选中图片，调整图片大小和位置以达到美观状态。具体操作过程如图 5-12 所示。

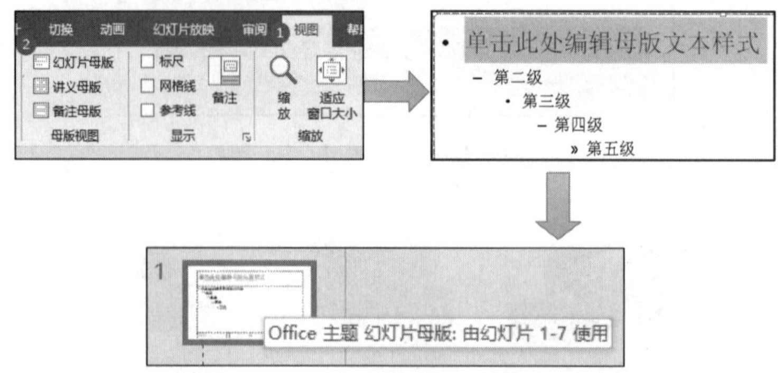

图5-11　使用幻灯片母版一次性设置字体

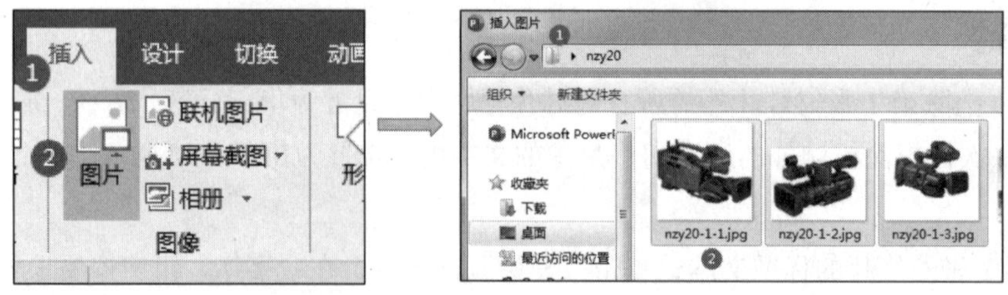

图5-12　向幻灯片中插入图片

操作 3：在第 2 张幻灯片中添加 pxs2 文件夹中的 pxs2–2.mid 声音文件，循环播放直到停止，放在左上角。

操作过程：

① 单击“插入”→“媒体”组中的“音频”按钮，选择“PC 上的音频”，在“插入音频”对话框左窗口“计算机”处找到声音文件所在的文件夹后选中音频文件 pxs2-2.mid，单击“插入”按钮。具体操作过程如图 5-13 所示。

② 选中插入的声音图标，在“音频工具-播放”选项卡的“音频选项”组中选中“循环播放，直到停止”选框，完成单击“确定”按钮，具体操作过程如图 5-13 所示。

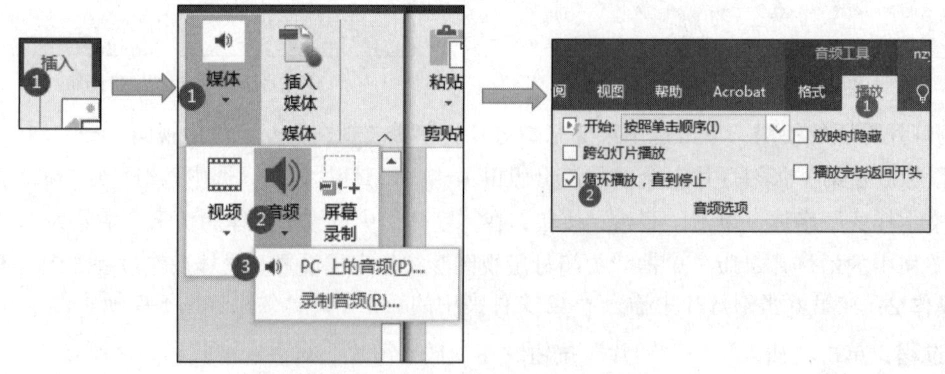

图5-13　向幻灯片中插入声音文件

操作 4：在第 7 张幻灯片后插入一张新幻灯片，在其中添加一个 2 行 2 列表格，内容如图 5–8

所示。具体操作过程如图 5–14 所示。

操作过程：单击“插入”选项卡“表格”组中的“表格”下拉按钮，选择“插入表格”命令，在“插入表格”对话框中设置表格的行列数，单击“确定”按钮。

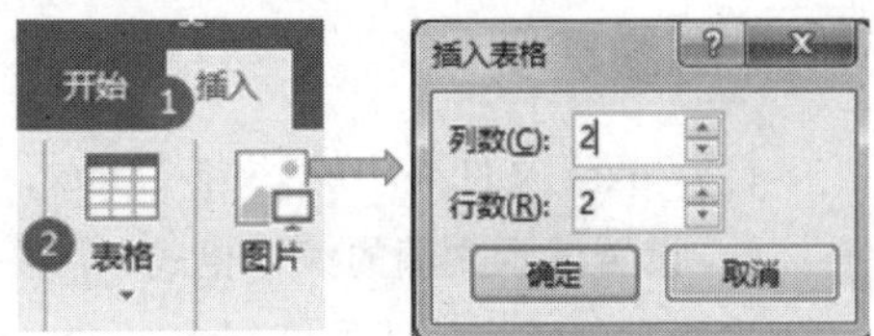

图5-14 向幻灯片中插入表格

操作 5：把第 7 张幻灯片移动到第 6 张幻灯片前面，删除某张幻灯片。

操作过程：选中第 7 张幻灯片按住左键不放，往第 6 张幻灯片上面移动鼠标，当看到第 6 张幻灯片上方出现一条横线时松开鼠标即可以完成。

操作 6：为所有幻灯片添加页脚“新视野影视”。

操作过程：单击“插入”选项卡 “文本”组中的“页眉和页脚”按钮，在打开的“页眉和页脚”对话框中选中“页脚”复选框并在文本框内输入“新视野影视”，然后单击“全部应用”按钮。具体操作如图 5-15 所示。

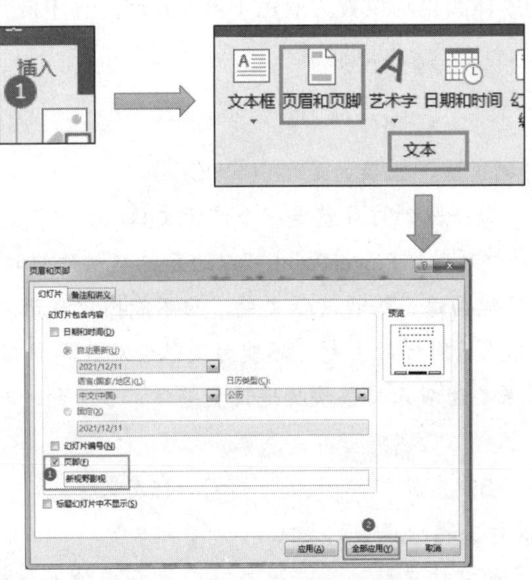

图5-15 向幻灯片中添加页脚

任务小结

① 在幻灯片中插入图片、声音、影片等功能。单元“插入”→“图像”→“图片”或单击“插入”→“媒体”→“视频”或“音频”按钮。

② 幻灯片母版的使用。单击“视图”→“幻灯片母版”。

③ 添加页脚。单击“插入”→“文本”→“页眉和页脚”按钮，选中“页脚”复选框，在内容文本框输入页脚内容。

④ 插入并设置表格。单击“插入”→“表格”→“表格”按钮。

⑤ 插入并设置文本框。单击“插入”→“文本”→“文本框”按钮。

课后实训

打开 pxs2 文件夹中的 pxs2-2.pptx，按如下要求完成操作：

1．设置演示文稿的编排格式

将所有幻灯片的背景填充为 pxs2 文件夹中的图片 pxs2-3.jpg。

2．演示文稿的插入设置

① 在第 1 张幻灯片的下方插入一张标题和内容幻灯片，在标题框中输入“目录”，在内容文本框中输入后面两张幻灯片的标题作为目录内容。

② 将第 2 张幻灯片中的内容与下面的幻灯片建立链接。

3．设置演示文稿的页面格式

① 将第 1 张幻灯片的标题字体设置为华文彩云，60 磅，加粗，红色。

② 将第 1 张幻灯片中的副标题字体设置为华文行楷，36 磅，红色。

将第 2～4 张幻灯片中的字体颜色均设置为蓝色（第 2 张幻灯片中两行链接文字除外）。

理论习题

选择题

1．下列关于 PowerPoint 的说法，正确的是（　　）。

A．在 PowerPoint 中，每一张幻灯片就是一个演示文稿

B．每当插入一张新幻灯片时，PowerPoint 可以为用户提供幻灯片版式选择

C．使用 PowerPoint 只能创建、编辑演示文稿，而不能播放演示文稿

D．只能为所有幻灯片应用同样的主题，不能为某张幻灯片单独应用不同的主题

2．在 PowerPoint 中，如果要为演示文稿快捷地设置整体、专业的外观，可使用幻灯片“设计”选项卡中的（　　）功能区。

A．背景　　B．变体　　C．自定义　　D．主题

3．PowerPoint 中 关于设计主题，正确的是（　　）。

A．用户可以创建自己的设计主题　　B．所有设计主题都是系统自带的

C．演示文稿所用的设计主题不能更换　　D．设计主题文档的默认扩展名为 pptx

4．在 PowerPoint 中，要在幻灯片占位符中输入文字，方法是（　　）。

A．直接输入文字，鼠标会自动跳进占位符中

B．首先删除占位符中的系统显示的文字，然后才可输入文字

C．首先单击占位符，然后才可输入文字

D．首先删除占位符，然后才可输入文字

5．下列关于 PowerPoint 中文本的说法，不正确的是（　　）。

A．在 PowerPoint 中，艺术字的编辑理念和普通文本完全一样

B．有多种在幻灯片中创建文本的方法如文本占位符、文本框和自选图形添加文本等

C．在 PowerPoint 中可以设置文本的动画效果

D．给 PowerPoint 中的文本设置字体、字号、字形称为文本的格式化

任务3 PowerPoint 2016 的美化和放映

任务要求

① 打开素材 pxs3-1.pptx，把所有幻灯片的主题效果设置为平面，变体颜色为紫红色。

② 把所有幻灯片的切换效果设置为立方体，效果选项为自右侧、风铃的声音。

③ 把第 6 张幻灯片中的三张图片的动画效果设置为轮子，效果选项为轮辐图案 2、风铃的声音效果。

④ 为第 2 张幻灯片的文本内容与演示文稿中的相应幻灯片建立超链接。

⑤ 把第 6 张幻灯片背景样式设置为渐变填充预设渐变中的“浅色渐变——个性色 6”。

⑥ 按 1→2→7→3→6→5→4 顺序自定义幻灯片的放映顺序，并浏览幻灯片。

⑦ 为第 1 张幻灯片的标题建立超链接，链接到网址 www.baidu.com。

⑧ 在第 2 张幻灯片右下角插入 2 个动作按钮，第 1 个动作按钮连接到第 1 张幻灯片，第 2 个动作按钮连接到下一张幻灯片。

任务实施

操作 1：打开素材 pxs3-1.pptx，把所有幻灯片的主题效果设置为平面，变体颜色为紫红色。

操作过程：单击“设计”选项卡“主题”组中的“平面”主题，然后在“变体”组中“颜色”选择紫红色。具体操作过程如图 5-16 所示。

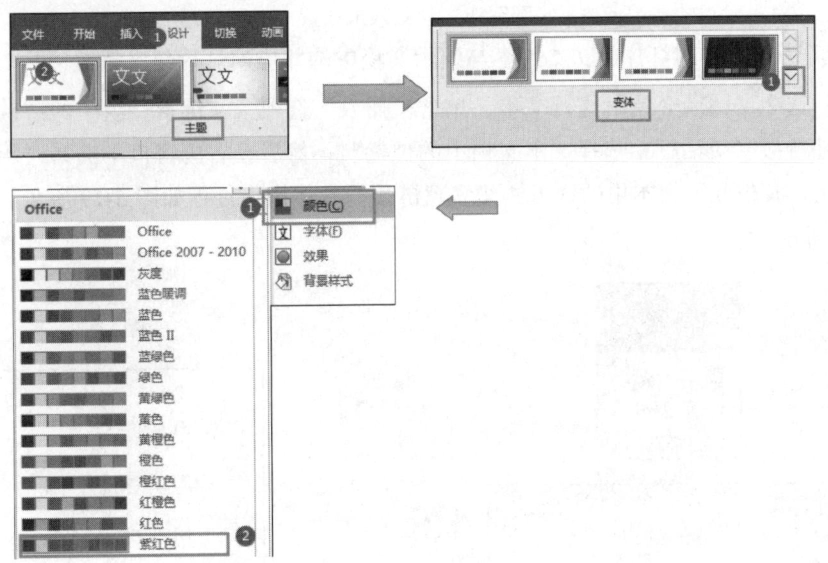

图5-16 主题效果设置

操作 2：把所有幻灯片的切换效果设置为立方体，效果选项为自右侧、风铃的声音。

操作过程：单击“切换”选项卡“切换到此幻灯片”组中的“立方体”，并在效果选项中选择“自右侧”效果，在“声音”处设置风铃声音效果，最后单击右下角的“全部应用”按钮。

具体操作过程如图 5-17 所示。

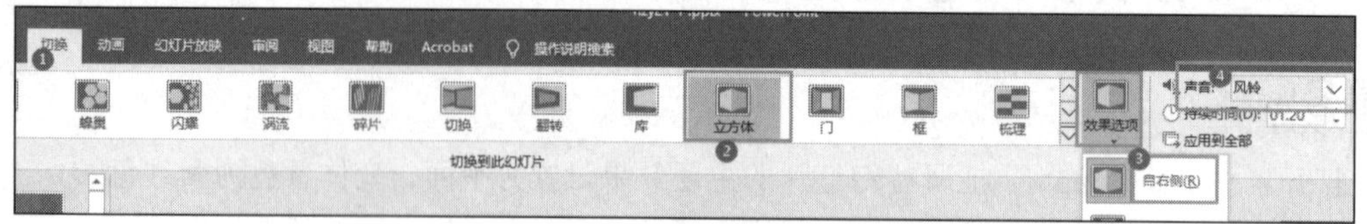

图5-17　切换效果设置

操作 3：把第 7 张幻灯片中的三张图片的动画效果设置为轮子，效果选项为轮辐图案 2、风铃的声音效果。

操作过程：选中 3 张图片，单击“动画”选项卡“动画”组中的“轮子”，单击“效果选项”组右下的对话框启动器按钮，打开“轮子”对话框，在“效果”选项卡的“辐射状”下拉列表中选择“2 轮辐图案（2）”，在“增强”选项的声音中选择“风铃”。具体操作过程如图 5-18 所示。

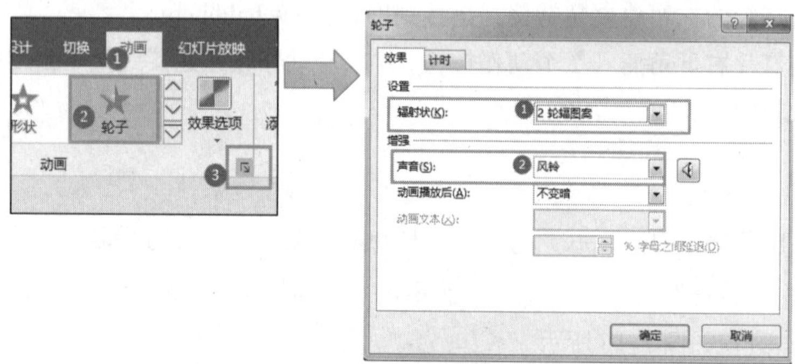

图5-18　动画效果设置

操作 4：为第 2 张幻灯片的文本内容与演示文稿中的相应幻灯片建立超链接。

操作过程：选中“团队介绍”这行文本，单击“插入”选项卡“链接”组中的“链接”按钮，在打开的“插入超链接”对话框中选择“本文档中的位置”，然后在右侧窗口中选择“团队介绍”，单击“确定”按钮，其他几行文本用同样方法建立超链接。具体操作过程如图 5-19 所示，超链接后的效果图如图 5-20 所示。

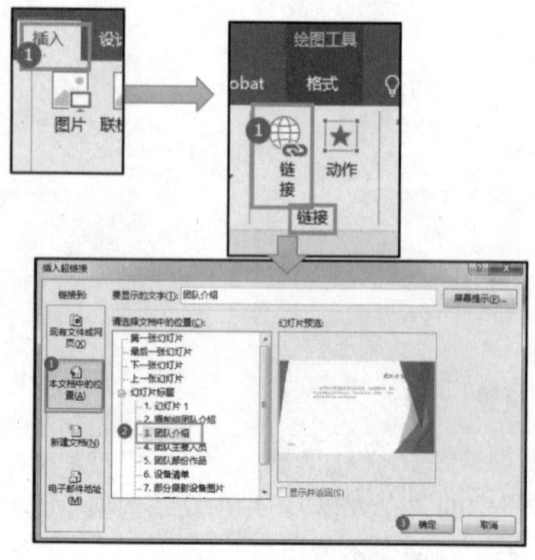

图5-19　建立超链接

图5-20　超链接后效果图

操作 5：把第 6 张幻灯片背景样式设置为渐变填充预设渐变中的“浅色渐变——个性色 6”。

操作过程：单击“设计”选项卡“自定义”组中的“设置背景格式”按钮，在打开的“设置背景格式”窗格中选择“渐变填充”，选择第 1 行第 6 个，具体操作过程如图 5-21 所示。

图5-21 背景样式设置

操作 6：按 1→2→7→3→6→5→4 顺序设置幻灯片放映顺序，并浏览幻灯片。

操作过程：单击“幻灯片放映”选项卡，“开始放映幻灯片”组中的“自定义幻灯片放映”按钮，选择“自定义放映”命令，在打开的“自定义放映”对话框中单击“新建”按钮，在出现的“定义自定义放映”对话框左侧按放映顺序依次单击需要的幻灯片并单击“添加”按钮放到右边列表中。具体操作过程如图 5-22 所示。

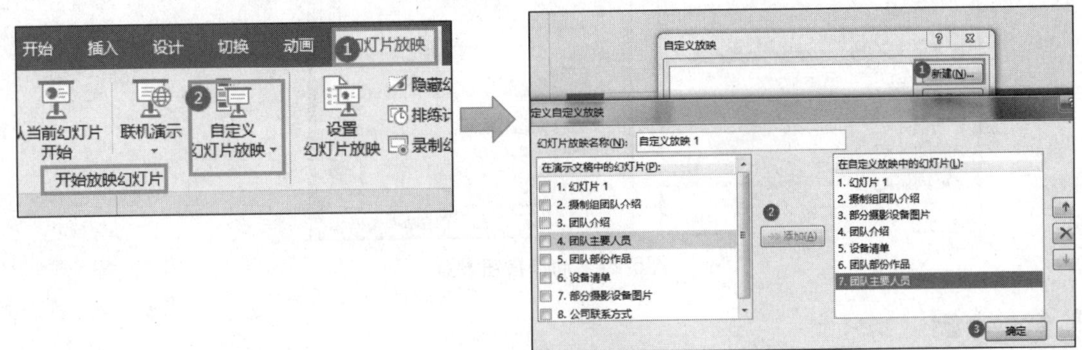

图5-22 自定义放映顺序

操作 7：为第 1 张幻灯片的标题建立超链接，链接到网址 www.baidu.com。

操作过程：选中标题文本“新视野影视公司”，然后单击“插入”选项卡“链接”组中的“链接”按钮，在打开的“插入超链接”对话框中选择“现有文件或网页”，在对话框地址栏中输入网址，单击“确定”按钮。具体操作如图 5-23 所示。

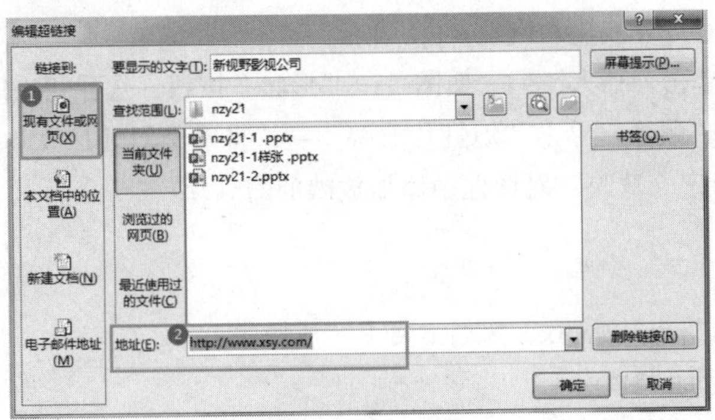

图5-23 建立超链接

操作 8：在第 2 张幻灯片右下角插入 2 个动作按钮，第 1 个动作按钮连接到第 1 张幻灯片，第 2 个动作按钮连接到下一张幻灯片。

操作过程：选中第 2 张幻灯片，单击“插入”选项卡“插图”组中的“形状”按钮，在“动作按钮”组分别选择第一、第二个按钮，按住左键不放在右下角适当拖动鼠标看到一定大小合适的按钮后放开左键，并在“超链接到”选项中按要求进行选择并完成设置。具体操作如图 5-24 所示。

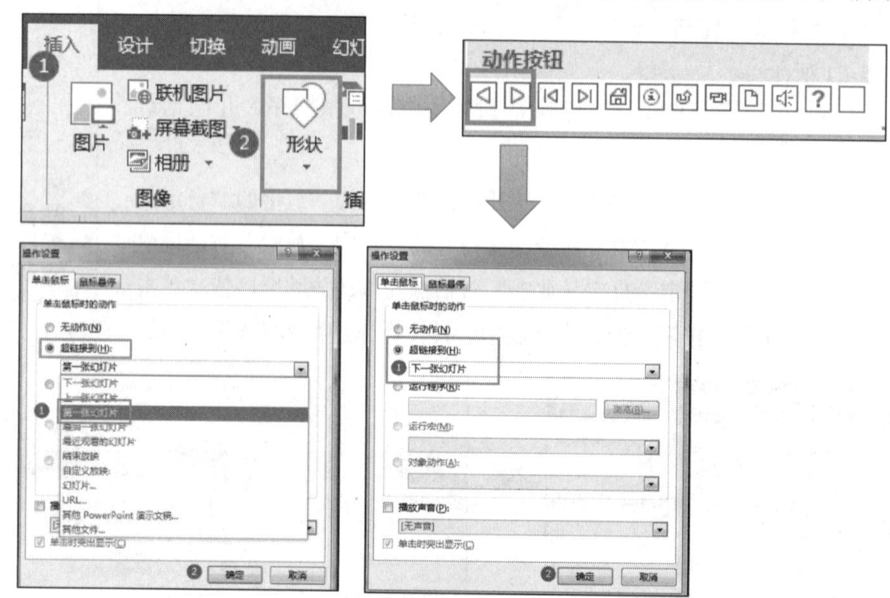

图5-24 动作按钮设置

任务小结

① 幻灯片主题的应用。单击“设计”选项卡，选择“主题”，设置“变体”及设置背景格式。

② 幻灯片的切换。单击“切换”选项卡“切换到此幻灯片”组右下侧的“其他”按钮，选择切换方案，选择效果选项。

③ 添加动画效果。选中要添加动画的内容，单击“动画”选项卡，选择动画方案，设置效果选项。

④ 设置超链接。选中要添加超链接的内容，单击“插入”→“链接”按钮，选中“本文档中的位置”，选中链接到的目标幻灯片或输入网址。

⑤ 添加动作按钮。单击“插入”→“插图”→“形状”按钮，选择相应的动作按钮。

⑥ 自定义幻灯片放映顺序。单击“幻灯片放映”→“自定义幻灯片放映”按钮，选择“自定义放映”命令，在打开的“自定义放映”对话框中添加放映的幻灯片。

课后实训

打开 pxs3 文件夹中的 pxs3-2.pptx，按如下要求完成操作：

1. 设置演示文稿的页面格式

① 将第 1 张幻灯片中的标题字体设置为华文行楷，字号为 60 磅，字体颜色为浅蓝色。

② 将副标题的字体颜色设置为浅蓝色。

2. 打演示文稿的编排格式

① 在第 2 张幻灯片文本占位符中的前四项内容与相应的幻灯片与相应的幻灯片建立超链接。

② 设置第 5 张幻灯片对象占位符中段落的项目符号为✧。此符号的字体（F）：Wingdings，字符代码为 178。

3. 设置幻灯片放映

① 设置所有幻灯片切换效果为显示，效果选项为从左侧淡出、爆炸的声音，单击换页。

② 使用幻灯片母版将所有幻灯片的标题和文本的动画效果设置为弹跳、风铃的声音，按字母顺序，单击鼠标启动动画效果。

理论习题

选择题

1. 在 PowerPoint 中，关于自定义动画，下列说法正确的是（　　）。

A. 可以调整顺序　　B. 有些可设置参数　　C. 可以带声音　　D. 其他三项都对

2. 在 PowerPoint 中，可以为一种元素设置（　　）动画效果。

A. 多种　　B. 仅一种　　C. 不多于两种　　D. 不多于三种

3. 下列各项可以作为幻灯片背景的是（　　）。

A. 图案　　B. 图片　　C. 纹理　　D. 其他三项都可以

4. 在 PowerPoint 中，当新插入的大尺寸图片遮挡住原来的对象时，下列说法不正确的是（　　）。

A. 只能删除这个图片，更换大小合适的图片

B. 可以调整图片的大小

C. 可以调整图片的位置

D. 调整图片的叠放次序，将被遮挡的对象提前

5. 在 PowerPoint 中打开了一个演示文稿，对文稿做了修改之后，马上进行“关闭”来作，则（　　）。

A. 弹出对话框，并询问是否保存对文稿的修改

B. 文稿被关闭，并自动保存修改后的内容

C. 文稿不能关闭，并提示出错

D. 文稿被关闭，修改后的内容不能保存

6. PowerPoint 的“超链接”命令的作用是（　　）。

A. 实现演示文稿幻灯片的移动　　B. 实现幻灯片内容的跳转

C. 中断幻灯片放映　　D. 在演示文稿中插入幻灯片

7. 在 PowerPoint 中，若一个演示文稿中有三张幻灯片，播放时要跳过第 2 张幻灯片，可（　　）。

A. 隐藏第 2 张幻灯片　　B. 取消第 2 张幻灯片的切换效果

C. 取消第 1 张幻灯片中的动画效果　　D. 只能删除第 2 张幻灯片

8. 在 PowerPoint 中，从当前幻灯片开始放映幻灯片的快捷键是【Shift+（　　）】组合键。

A. F5　　B. F2　　C. F3　　D. F4

9. PowerPoint 2016 版演示文稿文件默认的扩展名为（　　）。

A. pptx　　B. ppn　　C. pPs　　D. ppt

10. PowerPoint 中，有关自定义放映的说法中错误的是（　　）。

A. 通过这项功能，不用再针对不同的听众创建多个几乎完全相同的演示文稿

B. 自定义放映功能可以产生该演示文稿的多个版本，避免浪费磁盘空间

C. 创建自定义放映时，不能改变幻灯片的显示次序

D. 设置之后，用户可以在演示过程中右击，在弹出的快捷中选择“自定义放映”命令，然后单击所需的放映

11. 要进行幻灯片大小设置、主题选择，可以在（　　）选项卡中操作。

A. 设计　　B. 插入　　C. 视图　　D. 开始

12. 在幻灯处放映过程中，右击弹出快捷菜单，选择“指针选项”→“荧光笔”命令，在讲解过程中可以进行写和画，其结果是（　　）。

A. 写和画的内容可以保存起来，以便下次放映时显示出来

B. 如果画错了，允许在放映状态下拖动线条或编辑线条进行校正

C. 写和画的内容无法保存

D. 放映下一张幻灯片时，荧光笔痕迹就会自动消失

任务4　PowerPoint 2016 综合实训

任务要求

① 打开 pxs4 文件夹中的 pxs4-1.pptx，将第 1 张幻灯片的背景填充为 pxs4 文件夹中的 pxs4-1.gif 图片，并设置所有幻灯片的主题为内置主题“平面”，主题颜色为“中性”。

② 把第 1 张幻灯片中的标题字体设置为 Monotype Corsiva、72 磅、白色、有阴影。

③ 为所有幻灯片添加页脚“母亲节快乐”，字体为华文行楷，字号为 24，对齐方式为居中，字体颜色为绿色。

④ 把第 4 张幻灯片的文本部分设置为 1.5 倍行距，并将文本框填充为中心辐射的渐变效果。

⑤ 在第 1 张幻灯片中插入 pxs4 文件夹中的 pxs4-2.mid 声音文件，并设置其播放方式为单击时开始播放，且循环播放直到停止。

⑥ 在第 2 张幻灯片中插入 pxs4 文件夹中的 pxs4-3.gif 图片，设置图片的高度和宽度都为 7.5 cm，对比度为 30%，图片样式为“映像圆角矩形”。

⑦ 设置所有幻灯片的切换效果为水平百叶窗、风铃的声音，单击换页。

⑧ 把第 1 张幻灯片的标题文本动画效果设置为自顶部飞入、打字机的声音、按字母发送，单击启动动画。

任务实施

操作 1：打开 pxs4 文件夹中的 pxs4–1.pptx，将第 1 张幻灯片的背景填充为 pxs4 文件夹中的 pxs4–1.gif 图片，并设置所有幻灯片的主题为内置主题“平面”，变体颜色为“中性”。

操作过程：单击“设计”选项卡“自定义”组中的“设置背景格式”按钮，在“设置背景格式”窗格中选择“图片或纹理填充”，然后单击“插入”按钮，在路径中找到 pxs4-1.gif。具体操作过程如

图 5-25 所示。

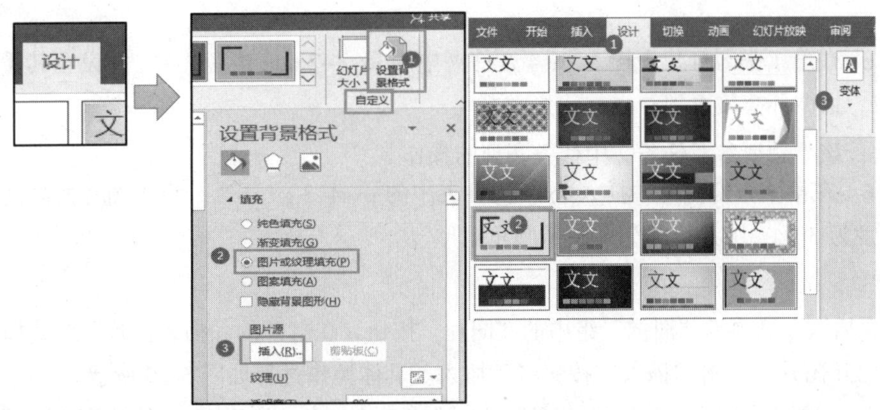

图5-25　背景填充图片设置

操作 2：把第 1 张幻灯片中的标题字体设置为 Monotype Corsiva、72 磅、白色、有阴影。

操作过程：单击“开始”选项卡，在“字体”组中进行设置，可以在字体框中输入字体的名称，按【Enter】键确认，具体操作过程如图 5-26 所示。

图5-26　字体设置

操作 3：为所有幻灯片添加页脚“母亲节快乐”，字体为华文行楷，字号为 24，对齐方式为居中，字体颜色为绿色。

操作过程：该部分操作请参考任务 2 任务实施的操作 6。

操作 4：把第 4 张幻灯片的文本部分设置为 1.5 倍行距，将文本框填充为中心辐射的渐变效果。

操作过程：

① 选中文本部分，单击“开始”选项卡“段落”组右下角的对话框启动器按钮，在打开的“段落”对话框中进行设置，具体操作过程如图 5-27 所示。

② 将文本框填充为中心辐射的渐变效果。具体操作过程如图 5-28 所示。

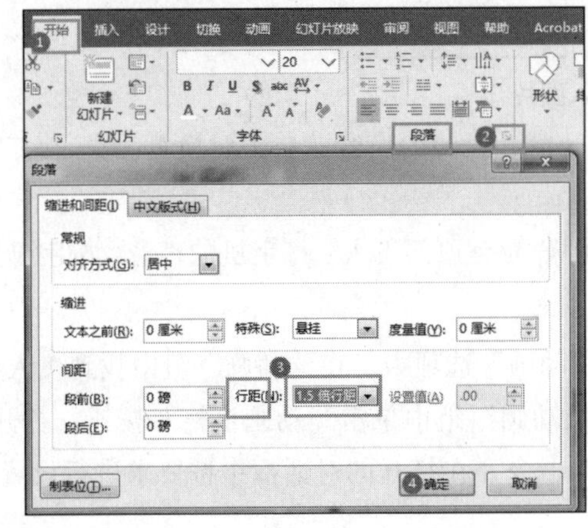

图5-27　行距和文本框的设置

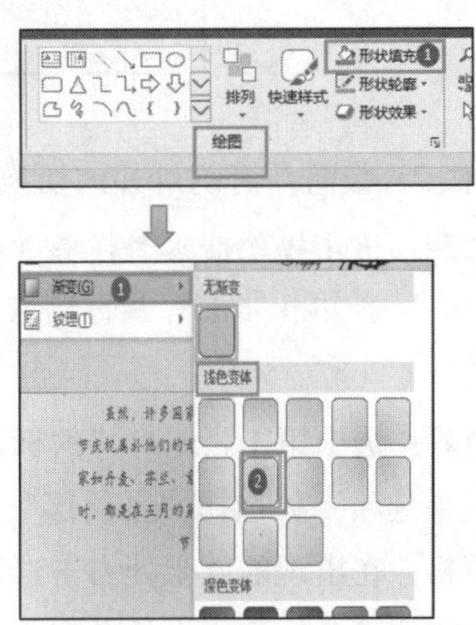

图5-28　中心辐射的设置

单击“开始”选项卡“绘图”组中的“形状填充”按钮，选择“渐变”中的“浅色变体”→“从中心”。

操作 5：在第 1 张幻灯片中插入 pxs4 文件夹中的 pxs4–2.mid 声音文件，并设置其播放方式为单击时开始播放，且循环播放直到停止。

操作过程：该小题请参考任务 2 中任务实施的操作 3。

操作 6：在第 2 张幻灯片中插入 pxs4 文件夹中的 pxs4–3.gif 图片，设置图片的高度和宽度都为 7.5 cm，对比度为 30%，图片样式为“映像圆角矩形”。

操作过程：

① 单击“插入”选项卡“图像”组中的“图片”按钮，在打开的“插入图片”对话框的相应路径中找到 pxs4-3.gif 图片，单击“插入”按钮将其插入。具体操作过程如图 5-29 所示。

② 选中插入的图片，然后单击“图片工具”“格式”选项卡“大小”组右下角的对话框启动器按钮，打开“设置图片格式”窗格，取消选中“锁定纵横比”复选框，然后在“高度”和“宽度”处设置高和宽的值，完成后单击“图片”按钮，在对比度中选择为 30%。关闭“设置图片格式”窗格，在“图片工具–格式”中单击“图片样式”组中的“其他”按钮，选择“映像圆角矩形”样式，具体操作过程如图 5-29 所示。

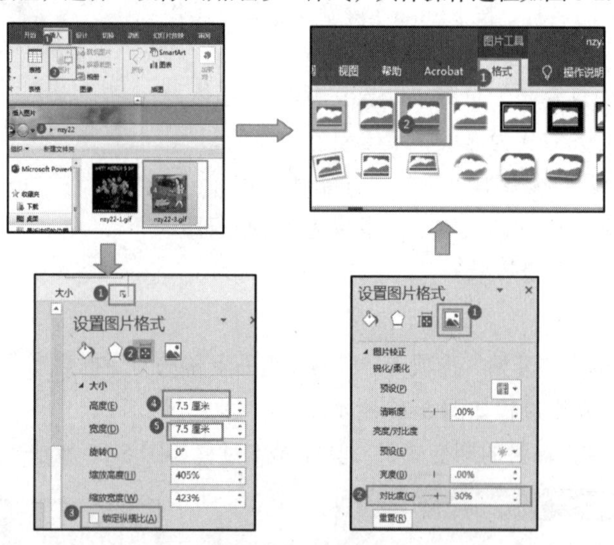

图5-29　插入图片

操作 7：设置所有幻灯片的切换效果为水平百叶窗、风铃的声音，单击时换页。

操作过程：该步操作请参考任务 3 中任务实施的操作 3。

操作 8：把第 1 张幻灯片标题文本的动画效果设置为自顶部飞入、打字机的声音，按字母顺序，单击启动动画。

操作过程：选中第 1 张幻灯片的标题文本，选择“动画”选项卡，在“动画”组中找到飞入效果，然后在“效果选项”处选择“自顶部”效果；在“高级动画”组中单击“动画窗格”按钮，打开“动画窗格”窗格，在出现的效果处右击选择“效果选项”命令，在打开的对话框中按要求进行设置。

该步操作请参考任务 3 中任务实施的操作 6。

任务小结

① 插入自选图形：单击“插入”选项卡“插图”组中的“形状”按钮。

② 编辑形状：从“绘图工具-格式”选项卡“形状样式”组中选择样式。

③ 添加备注：单击状态栏中“备注”视图。

④ 插入并设置图片：单击“插入”选项卡“图像”组中的“图片”按钮。

⑤ 插入超链接：单击“插入”选项卡“链接”组中的“链接”按钮。

课后实训

打开 pxs4 文件夹中的 pxs4-2.pptx，按如下要求完成操作：

1．设置演示文稿的页面格式

① 将第 1 张幻灯片的版式设置为标题幻灯片，录入标题文字“打击恐怖，维护和平”，并设置标题的字体为华文新魏，60 磅，深蓝色，带阴影效果；其他幻灯片的标题字体设置为华文行楷，48 磅，红色。

② 为第 5 张幻灯片文本占位符设置任意的编号。

2．演示文稿插入设置

① 在第 4 张幻灯片插入 pxs4 文件夹中的 pxs4-4.mid 声音文件，设置其播放方式为自动播放，且循环播放直到停止。

② 在第 6 张幻灯片中插入链接到首页的动作按钮，并将按钮的边缘柔化 10 磅。

3．设置幻灯片放映

① 设置所有幻灯片切换效果为显示，效果选项为从左侧淡出、爆炸的声音，单击鼠标换页。

② 使用幻灯片母版将所有幻灯片的标题和文本的动画效果设置为弹跳、风铃的声音，按字母发送，单击启动动画效果。

理论习题

选择题

1. 在 PowerPoint 中，若为幻灯片中的对象设置“飞入”，应选择（　　）选项卡。

A. 动画　　B. 幻灯片放映　　C. 幻灯片版式　　D. 特色功能

2. 下列关于 PowerPoint 的插入对象，说法不正确的是（　　）。

A. 能插入图片　　B. 不能插入公式　　C. 能插入视频　　D. 可以插入表格

3. 在设计幻灯片的背景时，如果单击“全部应用”按钮，结果是（　　）。

A. 所有对象全部被该背景覆盖

B. 仅当前一张应用该背景

C. 现有每一张及插入的新幻灯片都是该背景

D. 现有的每一张是该背景，插入的新幻灯片背景需要另外设置

4. 在 PowerPoint 中，“添加动画”的功能是（　　）。

A. 插入 Flash 动画　　B. 设置放映方式

C. 给幻灯片内的对象添加动画效果　　D. 设置幻灯片的放映方式

5. 已经设置了幻灯片的动画，但没有显示动画效果，是因为（　　）。
   A. 没有切换到幻灯片浏览视图　　B. 没有切换到普通视图
   C. 没有设置动画　　D. 没有切换到幻灯片放映视图
6. PowerPoint 中，下列说法中错误的是（　　）。
   A. 可以动态显示文本和对象　　B. 可以更改动画对象的出现顺序
   C. 图表中的元素不可以设置动画效果　　D. 可以设置幻灯片切换效果
7. PowerPoint 中，演示文稿中，插入超链接中所链接的目标不能是（　　）。
   A. 同一演示文稿的某一张幻灯片　　B. 另一个演示文稿
   C. 其他应用程序　　D. 幻灯片中的某个对象
8. PowerPoint 中关于设计主题正确的是（　　）。
   A. 用户可以创建自己的设计主题　　B. 所有的设计主题都是系统自带的
   C. 演示文稿所用的设计主题不能更换　　D. 设计主题文档的扩展名为 ppt
9. PowerPoint 中，下面说法正确的是（　　）。
   A. 更改幻灯片的主题是在“切换”选项卡中进行
   B. 每个演示文稿一定要有主题
   C. 一个演示文稿只能有一个主题
   D. 使用主题可能简化演示文稿的创建程
10. PowerPoint 2016 中，有关幻灯片母版的说法中错误的是（　　）。
   A. 可以更改占位符的大小和位置　　B. 可能更改文本格式
   C. 只有标题区、对象区、日期区、页脚区　　D. 可以设置占位符的格式

工 匠 精 神

“国之重器”——神威·太湖之光

2016 年 6 月 20 日，在德国法兰克福举办的 2016 年国际超级计算机大会上，出自江苏无锡的世界首台峰值运算速度超过十亿亿次的“神威·太湖之光”超级计算机系统荣获高性能计算机 500 强（TOP500）世界第一。这是科技创新领域取得的一项重大标志性自主创新成果，将引领我国计算机和新一代信息技术发展。

新华社美国盐湖城 2016 年 11 月 14 日电:新一期全球超级计算机 50 强（TOP500）榜单 14 日在美国盐湖域公布，中国“神威·太湖之光”以较大的运算速度优势轻松蝉联冠军。TOP500 榜单每半年发布一次。算上此前“天河二号”的六连冠，中国已连续 4 年占据全球超算排行榜的最高席位。更值得关注的是，“神威·太湖之光”首次采用国产核心处理器“申威 26010”实现了包括处理器在内的所有核心部件的全部国产化。

2014 年 3 月，国家科技部批准“神威·太湖之光”立项，总的科研建设投入超过 18 亿元，据 2016 年 6 月 20 日发布的世界最新高性能计算机 TOP500 排名数据显示，“神威·太湖之光”浮点峰值运算速度高达每秒 12.5 亿亿次、持续运算速度 9.3 亿亿次、性能功耗比为每瓦 60.51 亿次，是世界上首台

峰值运算速度超过十亿亿次的超级计算机，也是我国第一台全部采用国产处理器构建的超级计算机。该系统主机占地面积 1 000 m^2,包括 40 个运算机柜和 8 个网络机柜,全机采用了 40 960 个“申威 26010”高性能处理器，存储容量 20 PB。“申威 26010”处理器使用 64 位自主指令系统，260 核心，峰值性能 3TFLOPS，性能指标世界领先。

“神威·大湖之光”位于国家超级计算无锡中心，中心从 2015 年 12 月开始试运行。自 2016 年 6 月 20 日起，“神威·大湖之光”连续 4 次取得世界超级计算机冠军。

“神威·大湖之光”性能优异并取得了重大创新突破：首先，“神威·太湖之光”是我国第一台全部采用国产处理器构建的超级计算机，打破了国外技术封锁，具有里程碑意义。此外，我们还自主研发了全部软件，真正意义上实现了软硬件系统的自主可控、安全可靠。第二，“神威·太湖之光”是目前世界上第一台峰值运算速度突破十亿亿次的超级计算机，其一分钟的计算能力相当于全球 72 亿人使用计算器不间断计算 32 年。第三，“神威·太湖之光”是目前世界上绿色节能效果最好的超级计算机，比第二名（原冠军中国“天河二号”）系统节能 60%以上。

项目 6 互联网的设置与应用

项目导入

李晓晓购买了计算机，并且已经安装了 Windows 10 操作系统和相应的应用软件，她还需要通过互联网进行查阅资料、登录课程平台学习、发送电子邮件等。通信运营商已经将网络接入了宿舍。她想上网查阅全国计算机等级考试相关资料，并且把查到的资料跟其他同学分享。因此，她可购买无线路由器等必要的硬件，并通过相应的设置将自己的计算机接入互联网。

项目分析

想要使用互联网，必须将自己的计算机接入互联网。李晓晓需要了解网络和互联网基础知识，并且对无线路由器和计算机进行相应设置，确保计算机能够正确接入互联网。接入互联网后，还需要学习使用浏览器、注册电子邮箱并发送邮件等。

职业能力目标与要求

首先，李晓晓需要了解网络的基本原理和组成，学会连接并设置路由器，了解网络协议，学习浏览器的基本操作，注册邮箱并收发送电子邮件。具体可分成以下几个任务：

（1）互联网接入配置。

（2）上网查找资料。

（3）收发电子邮件。

任务1　互联网接入配置

任务要求

① 了解互联网。

② 掌握计算机 IP 地址的配置与网络测试。

③ 掌握家庭无线路由器的配置与组网。

任务实施

1. 了解互联网

（1）计算机网络的概念

要想学习计算机网络，首先要知道计算机网络是什么。计算机网络主要由一些通用、可编程的硬件互联而成，通过这些硬件，可以传送不同类型的数据，并且可以支持广泛和日益增长的应用。通俗来讲，计算机网络就是一些互联、自治的计算机系统的集合，并且这个集合还可以随着技术的发展而动态增加或减少。其主要是实现数据通信、资源共享、分布式处理、提高可靠性、负载均衡等。其中数据通信、资源共享又是最核心的功能。

（2）计算机网络的分类

计算机网络按照分布范围来讲，可以分为广域网、城域网、局域网。

① 广域网：广域网（Wide Area Network，WAN）是一种跨越大的、地域性的计算机网络的集合。通常跨越省、市，甚至一个国家。广域网包括大大小小不同的子网，子网可以是局域网，也可以是小型的广域网。

② 城域网：城域网（Metropolitan Area Network，MAN）所采用的技术与局域网类似，只是规模上要大一些。城域网既可以覆盖相距不远的几栋办公楼，也可以覆盖一个城市；既可以是私人网，也可以是公用网。城域网既可以支持数据和话音传输，也可以与有线电视相连。城域网一般只包含一到两根电缆，没有交换设备，因而其设计就比较简单。

③ 局域网：局域网（Local Area Network，LAN）是指在某一区域内由多台计算机互联成的计算机组。“某一区域”指的是同一办公室、同一建筑物、同一公司和同一学校等，一般是方圆几千米以内。局域网可以实现文件管理、应用软件共享、打印机共享、扫描仪共享、工作组内的日程安排、电子邮件和传真通信服务等功能。局域网是封闭型的，可以由办公室内的两台计算机组成，也可以由一个公司内的上千台计算机组成。

（3）互联网

互联网指的是网络与网络之间所串连成的庞大网络，这些网络以一组通用的协议相连，形成逻辑上的单一巨大国际网络。

2. 配置家庭网络

（1）准备设备与线缆

为了做好家庭小型无线网络 LAN 的连接配置，需要准备的设备与线缆有：运营商的调制解调器、无线路由器 1 台、计算机 1 台、双绞线（网线）若干。

（2）线路连接

用一根网线将调制解调器与无线路由器的 WAN 口连接起来，再用一根网线将路由器的 LAN 口（注：1～4 口中的任意一个 LAN 口均可以）与计算机连接起来，如图 6-1 所示。

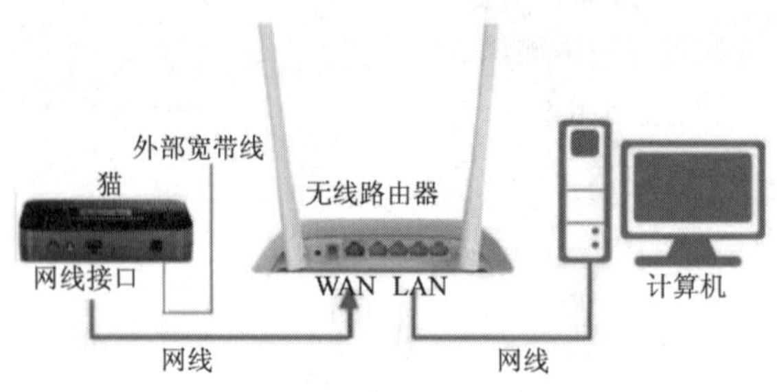

图6-1 线路连接

3．配置过程

（1）查看无线路由器设备信息

本配置以 TP-LINK 牌子的路由器作为演示设备，首先在无线路由器背面（见图 6-2）可以获得路由器的管理 IP（注：通常为 192.168.1.1，这个 IP 即为 LAN 口的管理地址，用于登录管理无线路由器）或是管理页面提示信息（如 tplogin.cn，用于登录无线路由器）及默认的登录用户名和密码（注：如果没有提示密码，在登录时就会提示先设置密码）。

图6-2 无线路由器背面信息

（2）计算机 IP 地址的配置

① 根据上一步中获得的无线路由器的 LAN 口 IP 地址信息，将自己的计算机网卡 IP 地址设置成与 LAN 口在同一网段上（注：如在本例中可以是 192.168.1.2～254 的任意一个 IP）。单击“开始”→“设置”按钮，进入“Windows 设置”界面，选择“网络与 Internet”→“以太网”，在右侧窗口“相关设置”下单击“更改适配器选项”出现如图 6-3 所示图标。

图6-3 以太网图标

② 右击图 6-3 中的以太网图标，选择“属性”命令，双击“Internet 协议版本 4 TCP/IPv4”，在出现的界面中填入计算机 IP 地址、网关（注：为无线路由器 LAN 口 IP 地址）及 DNS 信息，如图 6-4 所示。

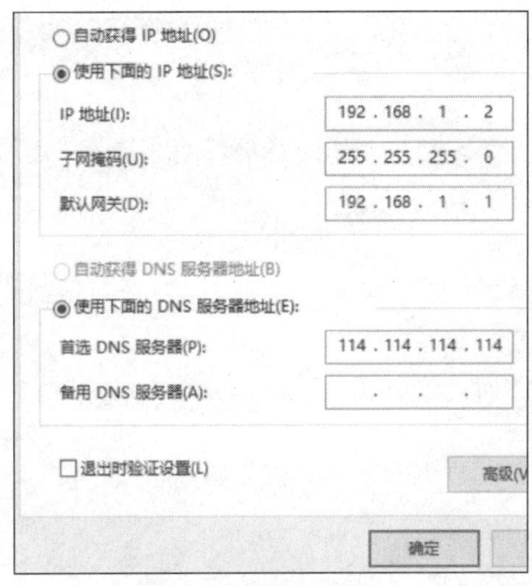

图6-4　电脑IP地址设置

（3）无线路由器配置

① 登录无线路由器。打开 IE 浏览器，在地址栏中输入无线路由器的 LAN 口管理 IP：192.168.1.1 登录设备，然后根据向导按要求创建管理员密码，具体设置如图 6-5 所示。

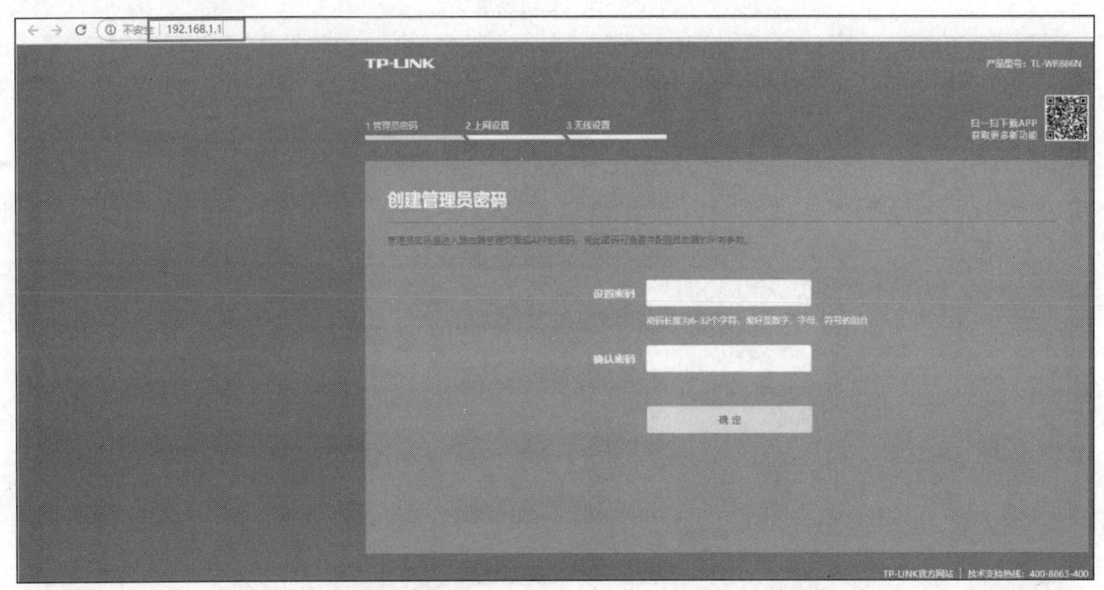

图6-5　登录无线路由器

② 上网设置。本步骤主要用于选择上网方式，如图 6-6 所示（注：如果向运营商申请宽带时得到的是一个账号和密码，就选择“宽带拨号上网”方式，有些其他品牌路由器显示为 PPOE 拨号；如果获得的是 IP 地址信息，就选择“固定 IP 地址”；其他请根据实际情况来选择上网方式），本案例以“固定 IP 地址”的上网方式进行讲解，配置如图 6-7 所示。

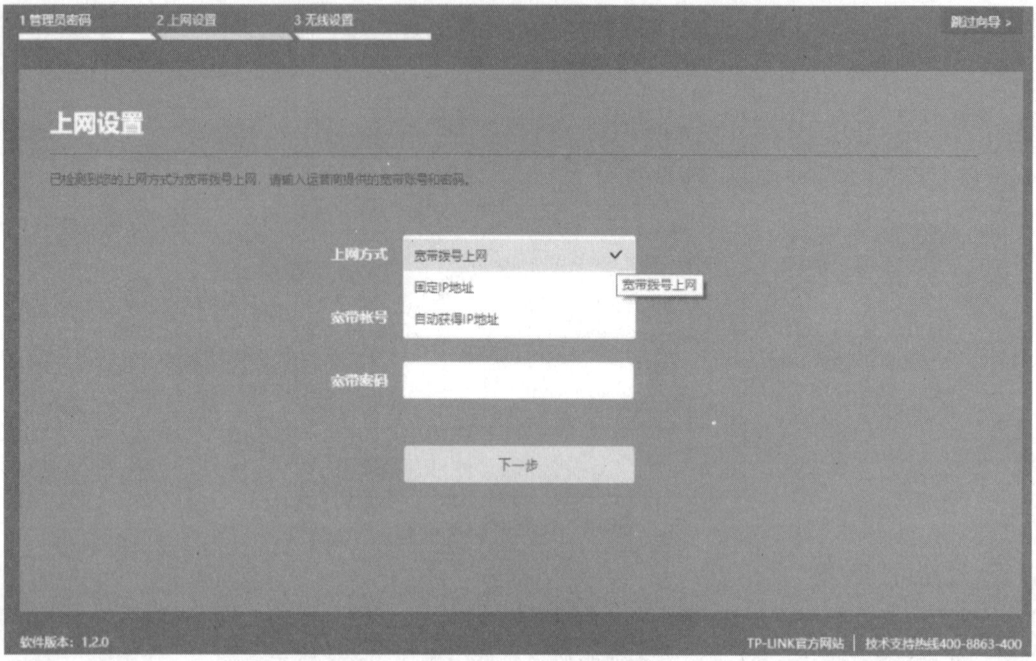

图6-6　上网设置

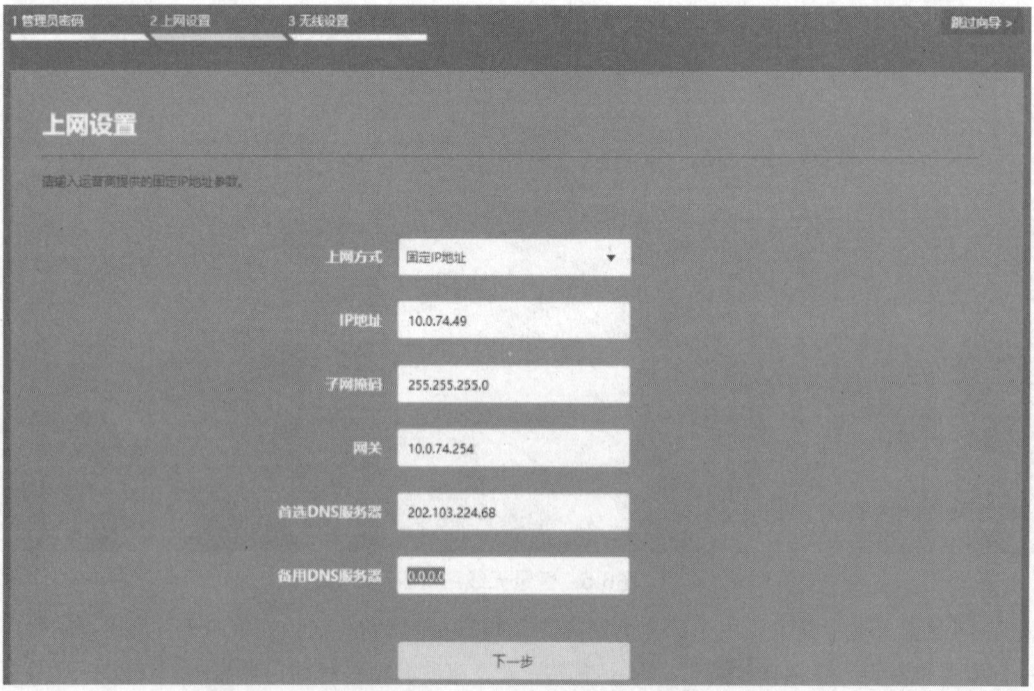

图6-7　上网方式设置

③ 无线设置。本操作主要用于配置无线路由器的 SSID 账号和密码，以便无线设备搜索到该 SSID 并连接上网，设置完成后即进入路由器主界面。此时，如果无线路由器默认开启 DHCP 服务，那么移动设备连接上 SSID 后即可上网；如果没有开启 DHCP 服务，可进入下一步“④DHCP 服务器配置”操

作，具体配置如图 6-8 所示。

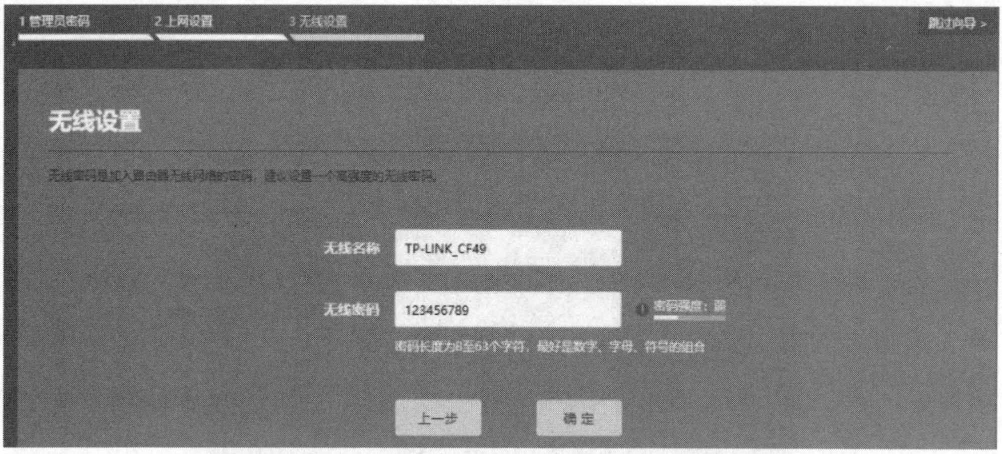

图6-8　无线SSID设置

④ DHCP 服务器配置。本操作主要用于配置 DHCP 服务器，并设置地址池，以便向连上 SSID 的无线设备提供 IP 地址。单击界面下方的“路由设置”按钮，并在左侧窗口“路由设置”下方选择“DHCP 服务器”，然后在右侧窗口中输入地址池的范围（如本例起始地址为 192.168.1.100，结束地址 192.168.1.99，共可向无线设备提供 100 个 IP 地址）、网关（注：该地址即为路由器 LAN 口的登录管理地址，本例应输入 192.168.1.1）和 DNS 服务器（注：该地址为相应运营商提供，本例输入 114.114.114.114），具体配置如图 6-9 所示。

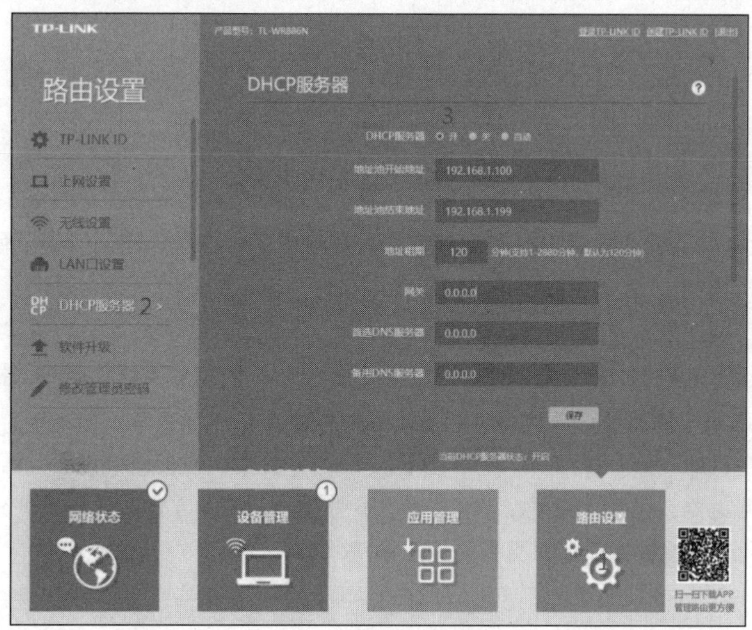

图6-9　DHCP配置

⑤ 测试网络。本操作主要用于测试网络是否能正常通信。首先在以图 6-4 中选中“自动获得 IP 地址”单选按钮，并在桌面左下角搜索框内输入 cmd 后按【Enter】键，在出现的命令提示符窗口中输

入“ping 对方 IP 地址”后按【Enter】键（注：ping 后面有一个空格符，再输入 IP），如测试网络内的计算机是否可以与无线路由器通信用 ping 192.168.1.1（注：192.168.1.1 地址为无线路由器 LAN 口 IP），出现如图 6-10 所示信息，表示网络可以正常通信。

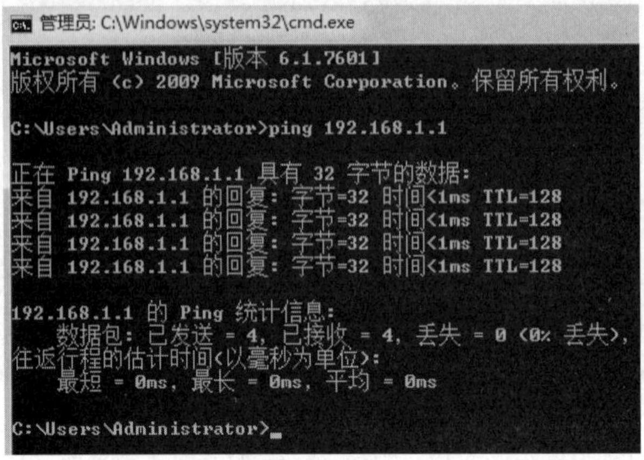

```
管理员: C:\Windows\system32\cmd.exe
Microsoft Windows [版本 6.1.7601]
版权所有 (c) 2009 Microsoft Corporation。保留所有权利。

C:\Users\Administrator>ping 192.168.1.1

正在 Ping 192.168.1.1 具有 32 字节的数据:
来自 192.168.1.1 的回复: 字节=32 时间<1ms TTL=128
来自 192.168.1.1 的回复: 字节=32 时间<1ms TTL=128
来自 192.168.1.1 的回复: 字节=32 时间<1ms TTL=128
来自 192.168.1.1 的回复: 字节=32 时间<1ms TTL=128

192.168.1.1 的 Ping 统计信息:
    数据包: 已发送 = 4，已接收 = 4，丢失 = 0 (0% 丢失)，
往返行程的估计时间(以毫秒为单位):
    最短 = 0ms，最长 = 0ms，平均 = 0ms

C:\Users\Administrator>_
```

图6-10　ping 命令的使用

任务小结

① 常见的网络类型有哪些？组建一个小型的家庭无线网络需要什么设备？

② 电脑主机 IP 地址的配置。

③ 无线路由器配置步骤：配置计算机主机 IP 与路由器同一网段、选择上网方式、配置 SSID、配置 DHCP 服务器（如设备默认没开启，则需要设置）。

④ 网络测试：在桌面左下角搜索框内输入 cmd，在出现的命令提示符窗口中输入“ping 对方 IP 地址”。

课后实训

李晓晓家里向电信运营商申请新拉了一条宽带，获得了一个账号和密码，为了使家里的计算机及无线设备能正常访问网络，其要完成以下任务：

① 要准备哪些硬件设备及线缆？

② 正确配置计算机的 IP 地址、子网掩码、网关及 DNS；使用双绞线（网线）把网卡和无线路由器的 WAN 口连接起来，从而使得该计算机能登录无线路由器。

③ 在计算机主机的“命令提示符”中学会 ping 命令的使用，以便测试网络是否正常。

④ 登录无线路由器，在“上网方式”中选择“宽带拨号上网”方式；配置无线 SSID 账号及密码；开启“DHCP 服务器”，设置地址池并配置网关及 DNS 信息。

理论习题

选择题

1.（　　）被认为是 Internet 的前身。

A. 万维网　　B. ARPANET　　C. HTTP　　D. APPLE

2. 两个不同类型的计算机网络能够相互通信是因为（　　）。

A. 它们使用了统一的网络协议　　B. 他们使用了交换机互联

C. 它们使用了兼容的硬件设备　　D. 他们使用了兼容的软件

3. Internet 中，发送 E-mail 的标准协议是（　　）。

A. 邮件传输协议　　B. 传输控制协议

C. 数据报控制协议　　D. 超文本传输协议

4. 一个学校内部网络一般属于（　　）。

A. 局域网　　B. 城域网　　C. 广域网　　D. 互联网

5. 一般传输速率最低的是（　　）。

A. 广域网　　B. 城域网　　C. 局域网　　D. 三者传输速率一样

6. 无线局域网的英文缩写是（　　）。

A. VLAN　　B. WAN　　C. WLAN　　D. VPN

任务2　上网查找资料

任务要求

① 掌握浏览器的使用。

② 学会通过浏览器查找资料并收藏相应页面。

任务实施

1. 将“百度”设置为首页

① 在计算机桌面上双击打开 Microsoft Edge 图标，启动浏览器，如图 6-11 所示。

② 单击浏览器右上角的“…”按钮，选择“设置”，打开如图 6-12 所示的对话框，在其左侧窗口中选择“开始、主页和新建标签页”选项，右侧窗口出现如图 6-13 所示界面。在“Microsoft Edge 启动时”选项下选择“打开以下页面”，并单击右侧的“添加新页面”按钮，在出现的界面中输入 www.baidu.com 即可完成设置。

图6-11　打开浏览器

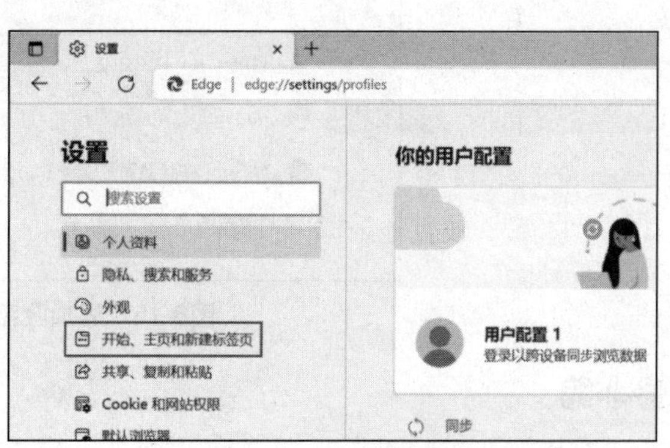

图6-12　进入设置页

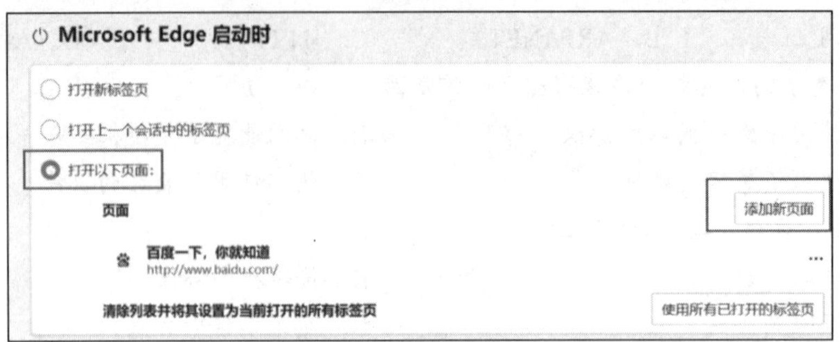

图6-13　添加首页

2．查找资料并收藏

① 查找“全国计算机等级考试”官网。打开 Microsoft Edge 浏览器，在百度首页搜索框中输入“全国计算机等级考试”并按【Enter】键，出现如图 6-14 所示的页面。

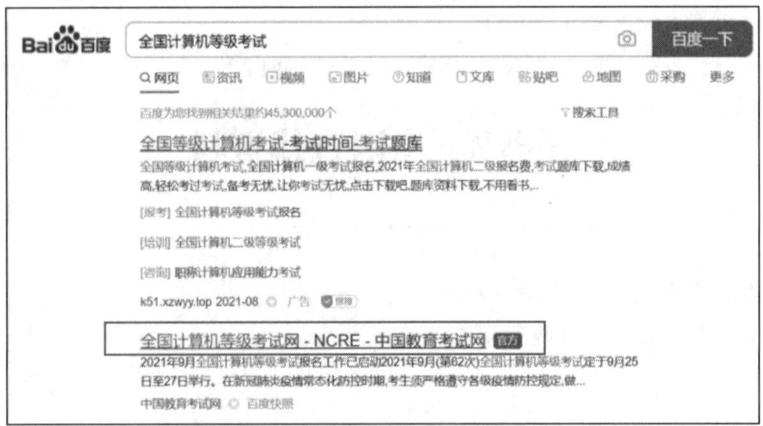

图6-14　搜索“全国计算机等级考试”

② 收藏“全国计算机等级考试”官网。单击“全国计算机等级考试”官网进入其首页，然后单击浏览器右上角的“…”按钮，选择“收藏夹”，出现如图 6-15 所示页面，单击页面顶部的“五角星”按钮即可完成。

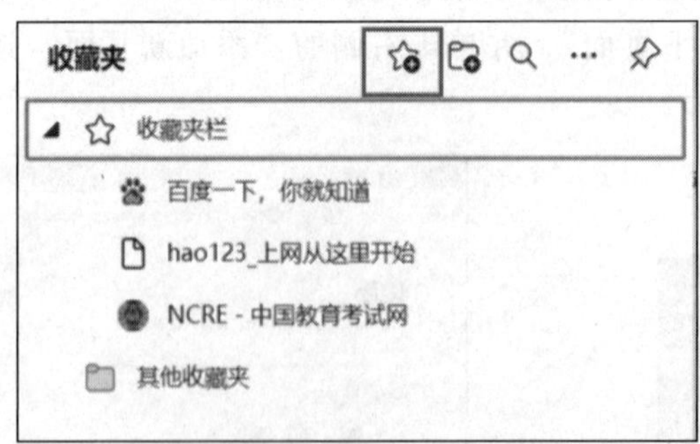

图6-15　添加收藏

任务小结

① 能够正确打开常见的浏览器，并输入合法的网址。

② 能够使用百度等搜索工具查找资料，同时收藏相应的页面等。

课后实训

（1）请运行 Microsoft Edge， 并完成下面的操作:

某网站的主页地址是: http://www. sina. com. cn，打开此主页，通过对 Microsoft Edge 浏览器参数进行设置，使其成为 Microsoft Edge 的默认主页。

（2）利用 Microsoft Edge 浏览器提供的搜索功能，选取搜索引擎 baidu（网址为:http:/www.baidu.cn/）查找“华为- 构建万物互联的智能世界”的资料。将搜索到的第一个网页内容以文本文件的格式保存到考生文件夹下，命名为 huawei. Txt。

（3）在计算机主机的“命令提示符”中学会 ping 命令的使用，以便测试网络是否正常。

（4）登录无线路由器，在“上网方式”中选择“宽带拨号上网”方式；配置无线 SSID 账号及密码；开启“DHCP 服务器”，设置地址池并配置网关及 DNS 信息。

理论习题

选择题

1. 下列关于 Web 格式的邮件,叙述错误的是（　　）。

   A. 一般 Web 格式的邮件会比普通的纯文本的邮件容量大,下载邮件时间长

   B. 有一些掌上计算机对 Web 格式的邮件不支持

   C. 每个邮件收发软件都支持 Web 格式的邮件

   D. Web 格式的邮件也可以发到手机上

2. IE 浏览器的功能是（　　）。

   A. 查看所有类型的文件　　B. 查看图片

   C. 浏览 WWW 网页　　D. 建立网站

3. 传输控制协议/网际协议即（　　），属工业标准协议，是 Internet 采用的主要协议。

   A. Telnet　　B. TCP/IP

   C. HTTP　　D. FTP

4. 当前我国的互联网（　　）主要以科研和教育为目的,从事非经营性的活动。

   A. 中国移动　　B. 中国电信

   C. 中国联通　　D. 中国教育和科研网

5. 下列说法中正确的是（　　）。

   A. 使用 Internet 的计算机必须是个人计算机

   B. 使用 Internet 的计算机必须是服务器

   C. 使用 Internet 的计算机必须使用 TCP/IP 协议

   D. 使用 Internet 的计算机在相互通信时必须运行同样的操作系统

6. 浙江大学和郑州大学的网站分别为 http://www.zju.edu.cn 和 www.zzu.edu.cn，以下说法不正确的是（　　）。

A. 它们同属中国教育科研网　　B. 它们都提供 www 服务
C. 它们分别属于两个学校的门户网站　　D. 它们使用同一个 IP 地址

7. HTTP 是一种（　　）。
A. 超文本传输协议　　B. 高级程序设计语言
C. 网址　　D. 域名

8. URL 的含义是（　　）。
A. 信息资源在网上什么位置及如何定位寻找的统一的描述方法
B. 信息资源在网上什么位置和如何访问的统一的描述方法
C. 信息资源在网上的业务类型和如何访问的统一的描述方法
D. 信息资源的网络地址的统一描述方法

9. HTML 是指（　　）。
A. 超文本文件　　B. 超文本标记语言
C. 超媒体文件　　D. 超文本传输协议

任务3　收发电子邮件

任务要求

① 了解电子邮件。
② 掌握电子邮箱的基本格式。
③ 学会注册电子邮箱。
④ 学会收发电子邮件。

任务实施

1. 认识电子邮件

电子邮件是一种用电子手段提供信息交换的通信方式，是互联网应用最广的服务。通过网络的电子邮件系统，用户可以非常低廉的价格（不管发送到哪里，都只需负担网费）、非常快速的方式（几秒钟之内可以发送到世界上任何指定的目的地），与世界上任何一个角落的网络用户联系。

2. 电子邮箱格式

电子邮箱具有单独的网络域名，其书写格式也有一定的要求。电子邮箱的格式通常为 xxx@xx.com，其中 xxx 为用户名（邮箱账户名），@后面的是域名。例如，腾讯的邮箱格式一般为 xxxx@qq.com，163 的邮箱格式一般为 xxxx @163.com 等。

3. 注册电子邮箱

本案例以注册一个网易 163 的为例，在浏览器输入 https://www.163.com，进入网易主页。进入免费邮箱注册界面。分别输入邮箱名、密码、手机号等信息，即可完成注册，如图 6-16 所示。

图6-16　注册邮箱

4. 发送电子邮箱

在浏览器输入 https://www.163.com，进入网易主页，进入邮箱登录界面，输入邮箱名和密码，登录并进入邮箱（见图 6-17），单击“写信”按钮，在出现的对话框中分别输入收件人邮箱、主题、添加附件及输入信的内容，单击“发送”按钮即可完成，如图 6-18 所示。

图6-17　邮箱首页

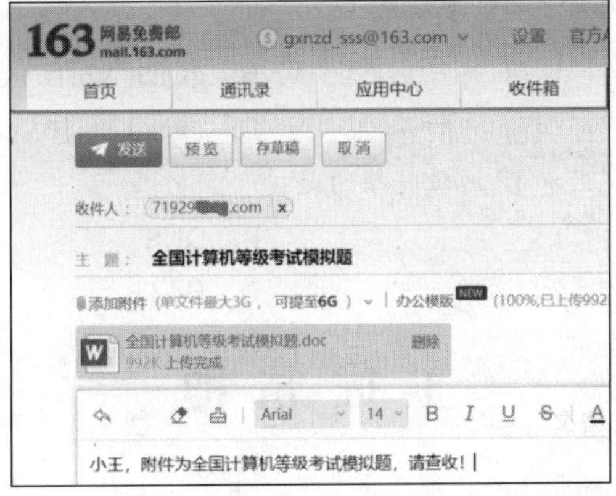

图6-18　发送邮件

任务小结

① 学会申请常见的邮箱，如网易、新浪、搜狐等邮箱。

② 能够正常收、发电子邮件。

课后实训

① 使用浏览器打开中国教育考试网（http://ncre.neea.edu.cn），将页面加入收藏夹。浏览页面右下角“考试服务”栏中的“补办合格证明”页面内容，并将它以文本文件的格式保存到“素材”文件夹下，命名为 BBHGZM.txt。

② 李晓晓向家住海南的同学李丽发送一封 E-mail，并将一张“建党 100 周年”的图片作为附件一起发送。

具体要求如下:

① 收件人：lily@qq.com；主题：建党 100 周年。

② 邮件内容：建党 100 周年，欢迎您到北京!

理论习题

选择题

1. 每台接入互联网的主机都有一个唯一可识别的地址，称为（　　）。

   A. TCP 地址　　B. IP 地址
   C. TCP/IP 地址　　D. URL

2. 在计算机网络中，英文缩写 LAN 的中文名是（　　）。

   A. 局域网　　B. 无线网
   C. 广域网　　D. 城域网

3. 根据域名代码规定，表示政府部门网站的域名代码是（　　）。

   A. .net　　B. .com
   C. .gov　　D. .org

4. 用户名为 gxnzd 的正确电子邮件地址是（　　）。

   A. gxnzd @bj163.com　　B. gxnzd &bj163.com
   C. gxnzd #bj163.com　　D. gxnzd $bj163.com

5. 互联网中，用于实现域名和 IP 地址转换的是（　　）。

   A. SMTP　　B. DNS
   C. FTP　　D. HTTP

工 匠 精 神

工匠精神是一丝不苟、精益求精的精神。重细节、追求完美是工匠精神的关键要素。几千年来，我国古代工匠制造了无数精美的工艺美术品，如历代精美陶瓷以及玉器。这些精美的工艺品是古代工匠智慧的结晶，同时也是中国工匠对细节完美追求的体现。现代机械工业尤其是智能工业对细节和精度有着十分严格的要求，细节和精度决定成败。对细节与精确度的把握，是长期工艺实践和训练的结果，通过训练培养成为习惯气质、成为品格，就能从心所欲不逾矩。“功夫”一词，不仅指的是武功，而且也是指各种工匠所应具有的习惯性能力。功夫是长期苦练得来的。不下一定的苦功，不可能出细活。工匠从细处见大，在细节上没有终点。2015年，中央电视台播出《大国工匠》纪录片，讲述了24位大国工匠的动人故事。这些大国工匠令人感动的地方之一，就是他们对精度的要求。高凤林，我国火箭发动机焊接第一人，能把焊接误差控制在0.16 mm之内，并且将焊接停留时间从0.1 s缩短到0.01 s；胡双钱，中国大飞机项目的技师，仅凭他的双手和传统铁钻床就可产生出高精度的零部件，等等。无数动人的故事告诉人们，我国作为制造大国，弘扬工匠精神、培育大国工匠是提升我国制造品质与水平的重要环节。

附录A 常用文件、文件夹操作汇总

1．文件和文件夹的选定

① 选定单个文件/文件夹：单击要操作的对象。

② 选定多个文件/文件夹。

连续选定：

- 单击第一个文件/文件夹，按住【Shift】键，再单击最后一个文件/文件夹。
- 拖动选择。
- 单击第一个文件/文件夹，按住【Shift】键，再用方向键选择。

选定不连续：单击第一个文件/文件夹，按住【Ctrl】键，再单击需选定的文件/文件夹。

③ 全部选定：

- 选择“编辑”→“全部选定”命令。
- 按【Ctrl+A】组合键。
- 拖动选择。
- 也可用选定连续文件/文件夹的方法。

④ 反向选择：先选择不需要选择的文件，然后“编辑”→“反向选择”（选中原来没选中的文件）命令。

2．文件和文件夹复制、移动操作的快捷键

① 复制文件：【Ctrl+C】。

② 剪切文件：【Ctrl+X】。

③ 粘贴文件：【Ctrl+V】。

3．文件和文件夹的重命名

① 选定文件，选择“文件”→“重命名”命令。

② 右击文件，选择“重命名”命令。

③ 两次单击要更名的文件。

④ 选定文件，按【F2】键。

4．撤销操作

① 菜单命令：选择“编辑”→“撤销××”命令。

② 快捷键：按【Ctrl+Z】组合键。

③ 快捷菜单命令：右击窗口空白处，选择“撤销××”命令。

④ 撤销按钮：单击按钮。

5．文件的三种属性

① 只读：只能读，不能修改。

② 隐藏：默认状态下不显示。

③ 存档：文件建立时的默认属性。

6．Windows 输入法的打开、关闭，切换快捷键

- 【Ctrl+空格】：进行中文输入法与英文输入法的切换。
- 【Ctrl+Shift】：进行各种输入法之间的切换。

附录 B 理论习题参考答案

项目1

任务 1

选择题

1. B 2. A 3. D 4. C 5. D 6. C 7. D 8. D

任务 2

选择题

1. A 2. A 3. C 4. C 5. C 6. C 7. C 8. C

任务 3

选择题

1. D 2. B 3. C 4. A 5. C 6. B 7. A 8. C

项目2

任务 1

选择题

1. B 2. B 3. B 4. A 5. A 6. C 7. D 8. C 9. D 10. B 11. B 12. B 13. D 14. D 15. B

任务 2

选择题

1. D 2. D 3. D 4. C 5. A 6. A 7. C 8. C 9. D 10. B

任务 3

选择题

1. C 2. C 3. C 4. C 5. B

任务 4

选择题

1. D 2. D 3. D 4. A 5. C 6. B 7. C 8. A 9. B 10. B

项目3

任务 1

一、填空题

1. 剪贴板 字体 段落 样式 编辑
2. 页面 表格 插图 加载项 媒体 链接 批注 页眉和页脚 文本 符号
3. 阅读
4. 模板
5. 文字处理和排版

二、选择题

1. C 2. C 3. B 4. C 5. D 6. A

任务 2

一、填空题

1. Ctrl+A Ctrl+C Ctrl+V Ctrl+X
2. Backspace Delete
3. 插入点
4. 光标 Enter
5. 选定栏 单击

二、选择题

1. C 2. B 3. A 4. D 5. C 6. B 7. D 8. D 9. B 10. A

任务 3

一、填空题

1. 字体 高级
2. 左对齐 右对齐 居中 两端对齐 分散对齐
3. 双击
4. 五号 小
5. 选定某一段落

二、选择题

1. A 2. B 3. C 4. C 5. A 6. D 7. C 8. C 9. C 10. B 11. D 12. B 13. C

任务 4

一、填空题

1. 插入表格　绘制表格

2. “合并单元格”按钮　快捷菜单

3. Delete　Backspace

4. 控制点图标

5. 转换为文本

二、选择题

1. A　2. B　3. B　4. C　5. C　6. D　7. B　8. A　9. C　10. A

任务 5

一、填空题

1. 艺术字

2. 嵌入型　四周型　紧密型　穿越型　上下型　衬于文字下方　浮于文字上方

3. 列表　流程　循环　关系　矩阵

4. 线条　基本形状　箭头　流程图　标注　星与旗帜

5. 插入　页眉和页脚

二、选择题

1. D　2. C　3. B　4. B　5. C　6. D　7. B　8. B　9. C　10. B

任务 6

一、填空题

1. 页边距　纸张　版式　文档网格

2. 文件　打印

3. 引用　目录　自定义目录

4. 引用　更新目录

5. 引用　题注　插入题注

二、选择题

1. C　2. A　3. C　4. B　5. A　6. D　7. B　8. A　9. C　10. A　11. D　12. A　13. A　14. A　15. D

项目4

任务 1

一、填空题

1. 填充

2. 工作簿　工作表

3. Ctrl+;

4. 右 左 科学计数法 截断

5. 0 2/5

6. .xlsx

二、选择题

1. B 2. B 3. C 4. D 5. C 6. B 7. C 8. C 9. D 10. B 11. C 12. A 13. D 14. B 15. A 16. D

任务2

选择题

1. C 2. A 3. D 4. C 5. A 6. D 7. C 8. C 9. D 10. C 11. B 12. C 13. C 14. D

任务3

一、填空题

1. 排序

2. 自动

3. A3:C6

4. =Max(A2:E8)

5. 数据筛选

二、选择题

1. D 2. B 3. C 4. D 5. A 6. B 7. B 8. C 9. B 10. C

任务4

一、填空题

1. 独立 嵌入式

2. 视图

3. 设置打印区域

4. 拆分窗口

5. 设计 格式

二、选择题

1. D 2. C 3. D 4. A 5. C 6. B 7. C 8. B 9. A 10. D

任务5

一、填空题

1. 批注

2. 筛选

3. 文本运算符

二、选择题

1. B 2. B 3. D 4. B 5. A 6. A 7. C 8. C 9. A 10. B

项目5

任务 1

选择题

1. C 2. A 3. B 4. A 5. C

任务 2

选择题

1. C 2. D 3. A 4. C 5. A

任务 3

选择题

1. D 2. A 3. A 4. A 5. B 6. A 7. A 8. C 9. A 10. A 11. A 12. A

任务 4

选择题

1. A 2. B 3. C 4. C 5. D 6. C 7. D 8. A 9. D 10. C

项目6

任务 1

选择题

1. B 2. A 3. A 4. B 5. A 6. C

任务 2

选择题

1. C 2. C 3. B 4. D 5. C 6. D 7. A 8. B 9. B

任务 3

选择题

1. B 2. A 3. C 4. A 5. B